21 世纪全国应用型本科土木建筑系列实用规划教材

砌体结构(第 2 版)

主　编　何培玲　尹维新

副主编　谢淮宁　任森智　余文晖

参　编　吴美琴　白应华

北京大学出版社
PEKING UNIVERSITY PRESS

内 容 简 介

"砌体结构"是土木工程专业的主要专业课程,本书结合应用型本科的培养目标和基本要求,加强针对性,突出应用性、实用性、先进性和创造性,力求理论部分概念清晰、简明扼要,突出并充实结构构造及工程应用等实用性内容,注意从工程实际的角度增强结构设计的系统性,尽量反映新技术的应用,具有与本学科发展相适应的科学技术水平。

本书共7章,内容包括:绪论,砌体材料及其基本力学性能,砌体结构构件的承载力计算,砌体结构房屋的墙体承载力验算,砌体结构墙体中的过梁、圈梁、构造柱、墙梁、挑梁,砌体结构的墙体设计和课程设计。

为方便学习,第2版每章除编有本章小结、思考题及习题外,还根据教材实际内容的需要,增加了教学目标和教学要点,并为展开线索导入了案例,主要章节还编有简明实用的工程设计实例和供巩固提高的大作业,增加了课程设计内容。

本书可作为土木工程专业及相关专业的教学用书,也可供土建工程技术人员阅读参考。

图书在版编目(CIP)数据

砌体结构/何培玲,尹维新主编. —2 版. 北京:北京大学出版社,2013.1
(21 世纪全国应用型本科土木建筑系列实用规划教材)
ISBN 978 - 7 - 301 - 19113 - 2

Ⅰ. ①砌⋯ Ⅱ. ①何⋯②尹⋯ Ⅲ. ①砌体结构—高等学校—教材 Ⅳ. ①TU36

中国版本图书馆 CIP 数据核字(2011)第 119060 号

书　　　名:	砌体结构(第 2 版)
著作责任者:	何培玲　尹维新　主编
策 划 编 辑:	吴　迪　卢　东
责 任 编 辑:	伍大维
标 准 书 号:	ISBN 978 - 7 - 301 - 19113 - 2/TU・0158
出 版 发 行:	北京大学出版社
地　　　址:	北京市海淀区成府路 205 号　100871
网　　　址:	http://www.pup.cn　新浪官方微博:@北京大学出版社
电 子 信 箱:	pup_6@163.com
电　　　话:	邮购部 62752015　发行部 62750672　编辑部 62750667　出版部 62754962
印　刷　者:	北京富生印刷厂
经　销　者:	新华书店
	787 毫米×1092 毫米　16 开本　13 印张　296 千字
	2006 年 1 月第 1 版
	2013 年 1 月第 2 版　2019 年 1 月第 3 次印刷(总第 5 次印刷)
定　　　价:	32.00 元

第 2 版前言

本书自 2006 年出版以来，经有关院校教学使用，反映良好。随着近年来国家关于建设工程的新政策、新法规的不断出台，一些新的规范、规程陆续颁布实施，为了更好地开展教学，适应大学生学习的要求，编者对本书第 1 版进行了修订。

这次修订主要做了以下工作：

（1）增补了新颁布实施的相关规范、规程等内容；

（2）增加了应用环节第 7 章课程设计的内容；

（3）修订增补了与当前砌体结构发展相关的内容；

（4）对全书的版式进行了全新的编排，每章增加了教学目标、教学要点、引例、本章小结、思考题及习题。

经修订，本书具有以下特点：

（1）注重编写体例新颖适用。借鉴优秀教材特点的写作思路、写作方法以及章节安排，编排清新活泼、图文并茂，内容深入浅出，适合当代大学生使用。

（2）注重人文科技结合渗透。通过对相关知识的历史、实例、理论来源等的介绍，增强教材的可读性，提高学生的人文素养。

（3）注重相关课程关联融合。明确知识点的重点和难点以及与其他课程的关联性，做到新旧知识内容的融合和综合运用。

（4）注重知识拓展应用可行。强调锻炼学生的思维能力以及运用概念解决问题的能力。在编写过程中有机融入最新的实例以及操作性较强的案例，并对实例进行有效的分析，以应用实例或生活类比案例来引出全章的知识点，从而提高教材的可读性和实用性。在提高学生学习兴趣和效果的同时，培养学生的职业意识和职业能力。

（5）注重知识体系实用有效。以学生就业所需的专业知识和操作技能为着眼点，在适度的基础知识与理论体系覆盖下，着重讲解应用型人才培养所需的内容和关键点，知识点讲解顺序与实际设计程序一致，突出实用性和可操作性，使学生学而有用，学而能用。

本书按 24 学时的教学内容编写，各章建议的分配学时为：第 1 章，1 学时；第 2 章，5 学时；第 3 章，6 学时；第 4 章，4 学时；第 5 章，4 学时；第 6 章，4 学时；第 7 章，2 周。

本书由南京工程学院谢淮宁修订增补了第 7 章。尹维新教授对全书提出了建设性意见。全书由何培玲、谢淮宁进行统稿。

对于本版存在的缺点和不足，欢迎同行批评指正。对使用本书、关注本书以及提出修改意见的同行们表示深深的感谢。

编　者

2012 年 10 月

第 1 版前言

本书系《21 世纪全国应用型本科土木建筑系列实用规划教材》。

编写本书的指导思想是为了更好地适应当前我国高等教育跨越式发展的需要，满足我国高等教育从精英教育向大众化教育转移过程中社会对高等学校应用型人才培养的需求，采用理论、实践、应用三结合的教材编写理念，重视应用能力和创造性思维能力的培养。

本教材是根据 2002 年高等学校土木工程专业指导委员会为土木工程专业教学制定的"高等学校土木工程专业本科教育培养目标和培养方案及课程教学大纲"对该门课程的教学基本要求和《砌体结构设计规范》（GB 50003—2001）进行编写的。

教材注重以教学为主，内容少而精；突出重点、讲清难点；在阐述基本原理和概念的基础上，结合规范和工程实际，体现国内外先进的科学技术成果。

本书按 24 学时的教学内容编写，各章建议的分配学时为：第 1 章，1 学时；第 2 章，5 学时；第 3 章，6 学时；第 4 章，4 学时；第 5 章，4 学时；第 6 章，4 学时。

参加本书编写的有南京工程学院何培玲（第 1 章），中南林学院任森智（第 2 章），山西大学尹维新（第 3 章），湖北工业大学白应华（第 4 章），武汉工业学院余文晖（第 5 章），华东交通大学吴美琴（第 6 章）。全书由何培玲、尹维新统稿，由南京理工大学范进教授主审。

限于我们水平所限，对有关政策和新规范中的内容学习领会不够，加之时间仓促，书中难免有不少缺点乃至错误，欢迎老师、学生及各界人士批评指正。

编　者

2006 年 1 月

目　　录

第1章
绪 论

教学目标

    本章主要讲述砌体结构的一般概念；重点阐述砌体结构的特点和砌体结构的历史、现状及发展前景。通过本章的学习，应达到以下目标：

    (1) 熟悉砌体结构的一般概念；

    (2) 深刻理解和掌握砌体结构的优缺点；

    (3) 了解砌体结构的发展简史；

    (4) 了解砌体结构的应用及发展前景。

教学要求

知识要点	掌握程度	相关知识
砌体结构的概念	熟悉	砖砌体、石砌体和砌块砌体以及配筋砌体
砌体结构的特点	掌握	砌体结构的优点及缺点
砌体结构的发展历史	了解	国内外代表性的砌体结构建筑
砌体结构的发展现状及方向	了解	新材料、新技术、新规范的应用

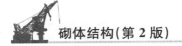

 引例

万里长城是我国古代伟大的工程之一，始建于春秋战国(公元前770—476年)，今存者为明代所修建。西起嘉峪关，东到丹东鸭绿江畔的虎山口，东西绵延上万里，因此称作万里长城。它是建造历时最长、占地面积最大、工程量最大的建筑奇迹。在我国古代，这样一个工程量巨大的建筑是如何建成的呢？用作城墙材料的砖石又是如何运送上去的呢？

这里介绍一个关于运送砖石的故事。

嘉峪关段的城墙高达9m，并且在城墙之上还要修建数十座大小不同的楼阁和众多的垛墙，其用砖数量之大是非常惊人的。当时，施工条件很差，没有吊运设备，全靠人工搬运，而当时修关城所用的砖都是在20km以外的地方烧制而成。砖烧好后，用牛车拉到关城之下，再用人工往上背。由于城高，唯一能上下的马道坡度大，上下很困难，尽管派了许多人往城墙上背砖，个个筋疲力尽，但背上去的砖却仍然供不应求，工程进展受到了严重影响。一天，一个放羊的孩子来到这里放羊玩耍，看到这个情景，他灵机一动，解下腰带，往两头各捆上一块砖，搭在山羊身上，然后用手拍一下羊背，身子轻巧的山羊驮着砖一溜小跑就爬上了城墙。人们看了又惊又喜，纷纷仿效，大量的砖头很快就运上了城墙。这个故事告诉我们，我国古代砌体结构建筑历史悠久、成就辉煌、劳动人民充满智慧。

1.1 砌体结构的概念及特点

1.1.1 砌体结构的概念

砌体结构是指由天然的或人工合成的石材、粘土、混凝土、工业废料等材料制成的块体和水泥、石灰膏等胶凝材料与砂、水拌和而成的砂浆砌筑而成的墙、柱等作为建筑物主要受力构件的结构。由烧结普通砖、烧结多孔砖、蒸压灰砂砖、蒸压粉煤灰砖作为块体与砂浆砌筑而成的结构称为砖砌体结构；由天然毛石或经加工的料石与砂浆砌筑而成的结构称为石砌体结构；由普通混凝土、轻骨料混凝土等材料制成的空心砌块作为块体与砂浆砌筑而成的结构称为砌块砌体结构；根据需要在砌体的适当部位配置水平钢筋、竖向钢筋或钢筋网作为建筑物主要受力构件的结构则统称为配筋砌体结构。砖砌体结构、石砌体结构和砌块砌体结构以及配筋砌体结构统称为砌体结构。

1.1.2 砌体结构的特点

砌体结构有着与其他结构迥然不同的特点。其主要优点有如下几方面。

(1) 砌体结构所用的主要材料来源方便，易就地取材。天然石材易于开采加工；粘土、砂等几乎到处都有，且块材易于生产；利用工业固体废弃物生产的新型砌体材料既有利于节约天然资源，又有利于保护环境。

（2）砌体结构造价低。砌体结构不仅比钢结构节约钢材，而且较钢筋混凝土结构节约水泥和钢筋；砌筑砌体时不需模板及特殊的技术设备，可以节约木材。

（3）砌体结构比钢结构甚至较钢筋混凝土结构有更好的耐火性，且具有良好的保温、隔热性能，节能效果明显。

（4）砌体结构施工操作简单快捷。一般新砌筑的砌体上即可承受一定荷载，因而可以连续施工；在寒冷地区，必要时还可以用冻结法施工。

（5）当采用砌块或大型板材作墙体时，可以减轻结构自重、加快施工进度、进行工业化生产和施工。采用配筋混凝土砌块的高层建筑较现浇钢筋混凝土高层建筑可节省模板、加快施工进度。

（6）目前，随着高强度混凝土砌块等块体的开发和利用，专用砌筑砂浆和专用灌孔混凝土材料的配套使用，以及对芯柱内放置钢筋的砌体受力性能的研究和理论分析，配筋砌块砌体剪力墙结构由于其具有造价低、材料省、施工周期短，在等厚度墙体内可随平面和高度方向改变质量、刚度、配筋，砌块竖缝的存在一定程度上可以吸收能量、增加延性，有利于抗震，总体收缩量比混凝土小等优点，因此在地震区、高层民用建筑应用中取得了较大的进展。

砌体结构除上述优点外，也存在下列缺点。

（1）砌体结构的自重大。因为砖石砌体的抗弯、抗拉性能很差，强度较低，故必须采用较大截面尺寸的构件，致使其体积大，自重也大（在一般砖砌体结构居住建筑中，砖墙重约占建筑物总重的一半），材料用量多，运输量也随之增加。因此，应加强轻质高强材料的研究，以减小截面尺寸并减轻自重。

（2）由于砌体结构工程多为小型块材，经人工砌筑而成，砌筑工作相当繁重（在一般砖砌体结构居住建筑中，砌砖用工量占 1/4 以上）。因此在砌筑时，应充分利用各种机具来搬运块材和砂浆，以减轻劳动量；但目前的砌筑操作基本上还是采用手工方式，因此必须进一步推广砌块和墙板等工业化施工方法，以逐步克服这一缺点。

（3）现场的手工操作，不仅工期缓慢，而且使施工质量不易保证。在设计时应十分注意提出对块材和砂浆的质量要求，在施工时要对块材和砂浆等材料质量以及砌体的砌筑质量进行严格的检查。

（4）砂浆和块材间的粘结力较弱，使无筋砌体的抗拉、抗弯及抗剪强度都很低，造成砌体抗震能力较差，有时需采用配筋砌体。

（5）采用烧结普通粘土砖建造砌体结构，不仅毁坏大量的农田，严重影响农业生产，而且对环境造成污染。所以，应加强采用工业废料和地方性材料代替粘土实心砖的研究，以解决上述矛盾。现在我国一些大城市已禁止使用实心粘土砖。

由于砌体结构的优点，使得它具有广泛的应用范围。在我国，大约 90% 的民用建筑采用砌体结构，在美国、英国、德国分别约为 60%、70%、80%。目前，一般民用建筑中的基础、内外墙、柱和过梁等构件都可用砌体建造。由于砖砌体质量的提高和计算理论的进一步发展，国内住宅、办公楼等 5 层或 6 层的房屋采用以砖砌体承重的砌体结构非常普遍，不少城市已建到 7 层或 8 层。重庆市在 20 世纪 70 年代建成了高达 12 层的以砌体承重的住宅，在国外有建成 20 层以上的砖墙承重房屋。在我国某些产石地区，建成不少以毛石或料石作承重墙的房屋，毛石砌体作承重墙的房屋高达 6 层。对中、小型单层厂房和多层轻工业厂房以及影剧院、食堂、仓库等建筑，也广泛地采用砌体作墙身或立柱的承重结构。在交通运输方面，砌体可用于建造桥梁、隧道、涵洞、挡土墙等；在水利建设方面，可以用石料砌筑坝、堰和渡槽等；此外砌体还用于建造各种构筑物，如烟囱、水池、管道支架、料仓等。

由于砌体结构所存在的缺点，因此限制了它在某些场合下的应用。为有效地提高砌体结构房屋的抗震性能，在地震设防区建造砌体结构房屋，除保证施工质量外，还需采取适当的构造措施，如设置钢筋混凝土构造柱和圈梁。经震害调查和抗震研究表明，地震设防烈度在六度以下地区，一般的砌体结构房屋能经受地震的考验；如按抗震设计要求进行改进和处理，完全可在七度或八度设防区建造砌体结构房屋。

1.2 砌体结构的发展简史

砌体结构在我国有着悠久的历史，在约 6000 年前，就已有木构架和木骨泥墙。公元前 20 世纪，有土夯实的城墙；公元前 1783 年—公元前 1122 年，已逐渐开始采用粘土做成的板筑墙；公元前 1388 年—公元前 1122 年，逐步采用晒干的土坯砌筑墙；公元前 1134 年—公元前 771 年已有烧制的瓦；公元前 475 年—公元前 221 年已有烧制的大尺寸空心砖；公元 317 年—558 年已有实心砖的使用。石料也由最初的装饰浮雕、台基和制作栏杆，到后来用于砌筑建筑物。

在国外，大约在 8000 年前已开始采用晒干的土坯；5000—6000 年前左右，经凿琢的天然石材已被广泛使用；采用烧制的砖约有 3000 年的历史。

古代砌体结构的成就是辉煌的。享有悠久历史声誉的埃及胡夫金字塔（Pyramids）如图 1.1 所示，它是现存世界最古老的石结构，是约公元前 3000 年埃及第三王朝第二个国王乔赛尔为自己所修建的陵墓，是一座用 230 余万块巨石砌垒起来的高 146.6m 的伟大建筑。

从现存最古老的石建筑——古希腊的巴特农神庙（The Parthenon Temple）的构造中可以看出，它是先在地下深处设置用石灰岩块石做成的基础，在基础上砌 3 或 4 层大理石平台，在平台上用石块叠成长立柱，在柱顶安放石过梁、石腰带和飞檐，形成人字形屋顶图，如图 1.2 所示。立柱通常由几个像鼓一样的单元构件连接而成，它们用埋置在单元构件体内的销钉对中，其间灌有砂浆。在将单元构件仔细连接后，才由熟练雕工雕刻成凹槽，如图 1.3 所示。

图 1.1　金字塔

图 1.2　巴特农神庙

古罗马的万神殿外观很平凡(The Pantheon)，如图 1.4 所示，但其内部装饰却金碧辉煌，十分豪华。圆顶外表原来是用青铜饰面层覆盖的，至 17 世纪后改为铅饰面覆盖。万神殿的前厅与巴台农神殿相似，后面用砌体结构做成有圆屋顶的圆形祭祀殿堂。该圆球形顶部直径约 43.6m，顶端是一直径为 8.2m 的孔洞，洞口至地平面也为 43.6m 高，球面用方形的下厚上薄、下大上小的平顶砖镶板叠合砌成，并在木支架上成型。圆球形屋顶在自重作用下有向四周推出的外推力，因而，需要在圆周边上砌筑约 6m 厚的圆筒形墙体加以支承。虽然该圆筒形墙很厚，但其内部是空的，用双层筒拱将两侧边墙连接起来，形成一个刚度和强度都很大的圆筒。

(a) 柱身做法　　(c) 石块间连接

图 1.3 巴特农神庙构造示意图

(a) 外形概貌

(c) 圆筒形外墙断面　　(b) 圆顶施工示意图

图 1.4 万神殿示意图

建成于公元 537 年的位于伊斯坦布尔的索菲亚大教堂(Hagia Sophia)如图 1.5 所示，它是一座用砖砌球壳(直径约 30m，壳顶离地约 50m)、石砌半圆拱和巨型石柱组成的宏伟砖石建筑，至今仍完整地矗立在原址，供世人观赏。

(a) 索菲亚大教堂的外观　　(b) 索菲亚大教堂的内部　　(c) 索菲亚大教堂的结构体系

图 1.5 索菲亚大教堂

巴黎圣母院(Notre Dame de Paris)如图 1.6 所示，它是世界著名的哥特式教堂建筑，始建于 1163 年，约建成于 1180 年，建筑平面宽 47m，深 125m，可容纳万人。它是 12 世纪西方典型的有划时代创造性的砌体结构建筑，采用的是以柱墩骨架、券拱和飞扶壁等组成的砖石框架结构，墙体不承重，如图1.7所示。由于在始建时就决定它的中厅(也称中殿)要比同期其他教堂的中厅高 1/4～1/3 的高度，使得中厅两侧的墙体要承受更大的风力。为了迎接这个挑战，建造者开发设计了飞扶壁的结构做法。飞扶壁是外墙外侧的既高又薄的扶壁，顶部呈弧形拱状，它越过侧廊屋顶，抵住中厅骨架拱脚，可以承受通过四方肋形穹顶砖券拱传来的外推力以及施加于中厅侧墙的风力；同时，它还能解脱两侧墙体的承重功能，使墙上可以开设各种形状的大玻璃窗。飞扶壁不仅受力合理，而且建筑造型美观，又有利于室内采光，在结构上是一个了不起的创造。巴黎圣母院建成后，很快就被后来建造的哥特式教堂所仿造，在西方曾风靡一时。

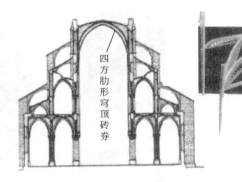

四方肋形穹顶砖券

图1.6　巴黎圣母院　　　　　　　　　　图1.7　巴黎圣母院结构特征

　　中国是砌体大国，在历史上有举世闻名的万里长城，如图1.8所示，它是2000多年前用"秦砖汉瓦"建造的世界上最伟大的砌体工程之一；有在春秋战国时期就已兴修，如今仍然起灌溉作用的秦代李冰父子修建的都江堰水利工程，如图1.9所示；有在1400年前由料石修建的现存于河北赵县的安济桥，如图1.10所示，这是世界上最早的单孔敞肩式石拱桥，净跨为37.02m，宽约9m，为拱上开洞，既可节约石材，且可减轻洪水期的水压力，它在材料使用、结构受力、艺术造型和经济上都达到了相当高的成就，该桥已被美国土木工程学会选入世界第12个土木工程里程碑。

图1.8　万里长城　　　　　　　　　　　　图1.9　都江堰

　　明代建造的南京灵谷寺无梁殿以砖拱券为主体结构，室内空间为一大型砖拱，总长53.5m，总宽37.35m，纵横两个方向均为砖砌穹拱，无一根梁，如图1.11所示。它中列最大跨度 11.25m，净高 11.4m；前后列跨度 5m，净高 7.4m；与列正交的小洞跨度 3.85m，净高 5.9m；外部出檐、斗拱、檩、枋等均以砖石仿造木构件制作。

图 1.10　安济桥

图 1.11　灵谷寺无梁殿

河北定县开元寺塔（又称料敌塔）如图 1.12 所示，它于公元 1055 年建成，是当时世界上最高的砌体结构，高 84.2m，共 11 层，平面为八边形，底部边长 9.8m，采用砖砌双层筒体结构体系。

近代在 20 世纪以前，世界上最高的砌体结构办公用楼房是 1891 年在美国芝加哥建成的莫纳德·洛克大楼（Monadnock Building），如图 1.13 所示，它长 62m，宽 21m，高 16 层。但由于当时的技术条件限制，其底层承重墙厚 1.8m。瑞士在 20 世纪 50 年代后期用抗压强度达 60MPa、孔洞率为 28% 的多孔砖建成 19 层和 24 层高的塔式住宅建筑，砖墙仅 380mm 厚，由此加强了各国对砌体结构材料的研究，使砌体结构在理论研究和设计方法上取得了众多成果，推动了砌体结构的发展。

图 1.12　开元寺塔

图 1.13　莫纳德·洛克大楼

1.3 砌体结构的发展现状及方向

1.3.1 砌体结构的发展现状

从国外近些年来的发展情况看,高强砖和高强、高粘结砂浆的使用使砌体的强度大大提高。在 20 世纪 70 年代初期,砌体抗压强度可达 20MPa 以上;至 1975 年,砌体抗压强度有达 45MPa 的,因而可采用薄墙,大大地减轻了自重。当采用掺入有机化合物(聚氯乙烯乳胶)的高粘结砂浆时,砌体抗压强度可提高 37%,抗弯强度提高两倍,抗剪强度和整体性能都有相应提高,因而有效地改善了砖砌体的抗震性能,这对在地震区采用砖结构具有十分重要的作用。若将实心砖改为空心砖,特别是高孔洞率、高强度的大块空心砖,对于减轻建筑物自重、提高砌筑效率、节约材料、减少运输量和降低工程造价都有重要作用。

1979 年意大利粘土砖的强度一般达 30～60MPa,空心砖孔洞率高达 60%;英国砖的抗压强度达 140MPa;美国商品砖的强度为 17.2～140MPa,最高达 230MPa。

砂浆的强度也很高。美国 ASTMC270 规定的 M、S、N 这 3 种水泥石灰混合砂浆的抗压强度分别是 25.5MPa、20MPa、13.9MPa,德国是 13.7～14.1MPa。在美国生产的高粘结强度的砂浆抗压强度超过 55MPa,用 41MPa 砂浆砌筑的砌体强度可达 34MPa。

砌块的生产与发展非常迅猛,德国 1970 年生产普通砖 75 亿块,生产砌块相当于砖 74 亿块;英国 1976 年生产砖 60 亿块,生产砌块相当砖 67 亿块;美国 1974 年生产普通砖 73 亿块,生产砌块相当砖 370 亿块。

1932 年,前苏联的聂克拉索夫提出在砌体砂浆层中配置钢筋做成配筋砌体,使砌体结构的应用得到大面积推广。

美国用两片 90mm 厚单砖墙中间夹 70mm 的配筋灌浆层建成 21 层高的公寓。当前,高强砖砌体、配筋砖或空心砖砌体、配筋混凝土块材、配筋混凝土空心砖以及混凝土和砖组合砌体,已成为不少国家常用的砌体结构材料。

前苏联是世界上最先建立砌体结构理论和设计方法的国家,从 20 世纪 40 年代就开始进行大量系统的理论研究和试验,在 20 世纪 50 年代提出了砌体结构极限状态设计法。欧美各国从 20 世纪 60 年代以来,逐渐改变长期沿用的按弹性理论的容许应力设计法。国际建筑研究与文献委员会承重墙工作委员会(CIB. W23)于 1980 年颁布《砌体结构设计与施工的国际建议》(CIBJ 58),国际标准化协会砌体结构委员会 ISO/TC 179 编制的《砌体结构设计规范》均采用了以近似概率理论为基础的安全度准则。

近半个世纪以来,我国的砌体结构得到了空前的发展,经历了一个由砖砌体(含承重多孔空心砖砌体)—配筋砖砌体—大型振动砖壁板材—配筋混凝土砌块砌体的发展过程。

(1)在 1952 年,我国统一了粘土砖的规格,使之标准化、模数化,建筑砌块也从功能停留在墙用砌块范畴的五六种规格的单调形式,发展有结合节能在孔形上稍作变化的单孔、双排孔、三排孔、方孔、圆孔、条孔的空心砌块。国外还专门生产专用的门窗洞砌块、转角砌块、端墙砌块、过梁砌块、壁柱砌块、管道砌块、控制缝砌块等。在砌筑施工方面，我国创造了多种合理、快速的施工方法，既加快了工程进度，又保证了砌筑质量。目前我国承重空心砖孔洞率一般在30%以内，抗压强度一般在10MPa左右，少数可达30MPa。

（2）在材料上，我国由过去单一的烧结普通砖发展到采用承重粘土多孔砖和空心砖、混凝土空心砌块、轻骨料混凝土或加气混凝土砌块、非烧结硅酸盐砖、硅酸盐砖、粉煤灰砌块、灰砂砖以及其他工业废渣，如粉煤灰、炉渣、矿渣、煤矸石、多种冶金渣、尾矿等制成的无熟料水泥煤渣混凝土砌块和石膏、脱硫石膏、浮石、蛭石、淤泥等制成的砌块，其中某些种类的砌块具有强度高、隔热、隔声、防火、环保、健康舒适、施工安装快捷、无污染、无放射性等特点。同时，还发展了高强度砂浆。

（3）在新技术应用方面，振动砖墙板技术、预应力空心砖楼板技术与配筋砌体等都得到了应用。20世纪50年代用振动墙板建成5层住宅，20世纪70年代用空心砖做成振动砖墙板建成4层住宅。20世纪60年代开始在一些房屋的部分砖砌体承重墙、柱中采用网状配筋，提高了墙、柱的承载力，节约了材料；20世纪70年代以来，尤其是经历了1975年海城地震和1976年唐山大地震之后，我国加强了对配筋砌体结构的试验和研究。为了提高砖墙的抗震性能，我国西北建筑设计院曾研制以240mm×240mm×90mm为模数的抗震空心砖，在砖的孔洞中可放置竖向钢筋浇筑混凝土，形成构造柱体，对砌体结构的研究和实践取得了相当丰富的成果。1998年，上海曾采用190mm厚的混凝土空心砌块配筋砌体建成了18层的住宅楼，它属于以配筋砌块剪力墙结构体系的高层建筑，是目前我国最高的砌体结构建筑。

（4）在新型结构形式上，我国也有了较大发展，砌体承重结构已发展为大型墙板、内框架结构、底层框架结构、内浇外砌、挂板等；在大跨度的砌体结构方面，用砖砌体建造屋面、楼面结构，如双曲扁球形砖壳屋盖、双曲砖扁壳楼盖、空心砖建成的双曲扁壳屋盖（跨度达16m×16m）。

新中国成立前直至1950年，我国谈不上有任何结构设计理论。国家建委于1956年批准在我国推广应用前苏联《砖石及钢筋砖石结构设计标准和技术规范》（NUTY 120—55），直到20世纪60年代。20世纪60~70年代初，在我国有关部门的领导和组织下，在全国范围内对砖石结构进行了较大规模的试验研究和调查，总结出一套符合我国实际、比较先进的砖石结构理论、计算方法和经验，在砌体强度计算公式、无筋砌体受压构件的承载力计算、按刚弹性方案考虑房屋的空间工作以及有关构造措施方面具有我国特色。在此基础上，我国于1973年颁布了国家标准《砖石结构设计规范》（GBJ 3—73），这是我国第一部砖石结构设计规范，从此使我国的砌体结构设计进入了一个崭新的阶段。20世纪70年代中期至80年代末，为修订(GBJ 3—73)规范，我国对砌体结构进行了第二次较大规模的试验研究，其中收集了我国历年来各地试验的砌体强度数据4023个，补充了长柱受压试件近200个、局压试件100多个、墙梁试件200多根及有限元分析数据2000多个，还进行了11栋多层砖房空间性能实测和大量的理论分析工作等。这样在砌体结构的设计方法、多层房屋的空间工作性能、墙梁的共同工作以及砌块的力学性能和砌块房屋的设计方面取得了新的成绩；此外对配筋砌体、构造柱和砌体房屋的抗震性能方面也进行了许多试验研究，相继出版了《中型砌块建筑设计与施工规范》（JGJ 5—80）、《混凝土小型空心砌块建筑设计与施工规程》（JGJ 14—82）、《冶金工业厂房钢筋混凝土墙梁设计规程》（YS 07—79）、《多层砖房设置钢筋混凝土构造柱抗震设计与施工规程》（JGJ 13—82)等，特别是《砌体结构设计规范》（GBJ 3—88），使我国砌体结构设计理论和方法趋于完善。我国砌体结构可靠度的设计方法已达到当前的国际先进水平，对于多层砌体房屋的空间工作、在墙梁中考虑墙和梁的共同工作和局压设计方法等专题的研究成果在世界上处于领先地位。近10余年来，特别是《砌体结构设计规范》（GBJ 3—88）颁行后，我国进入了第三次较大规模的修订时期，如1995年颁行的《混凝土小型空心砖块建筑技术规程》（JGJ/T 14—1995)通过试验增强抗震构造措施，使原规范(JGJ 14—82)可增加一层，扩大了地震区的应用范围；1999年6月1日颁行的《砌体工程施工及验收规范》（GB 50203—1998)取代了《砖石工程施工及验收规范》（GB 203—83)，它主要补充了近年来新型材料和配筋砌体施工技术、施工质量控制等级方面的内容。《砌体结构设计规范》（GBJ 3—88）主要在砌体结构可靠度、配筋混凝土砌块砌体、墙梁的抗震方面作了调整和补充；另外，根据多年来砌体结构，特别是新型墙体材料结构的温度裂缝、干燥收缩裂缝普遍比较严重，在进行深入研究后增加了比较有效的抗裂构造措施；根据我国当前国情，对砌体结构可靠度作了适当的上调，这样做主要为促进采用较高等级的砌体材料，提高耐久性和适当提高抗风险能力。配筋砌体，特别是配筋混凝土砌块中高层，根据我国主编的国际标准《配筋砌体结构设计规范》和我国近年来各地较大规模的试验研究和试点建筑的经验，使我国配筋砌体的理论更完善，应用范围和限制有了较大的扩展和突破，如今应用范围已达到钢筋混凝土剪力墙的适用范围。配筋灌孔混凝土砌块砌体是作为一个体系纳入到砌体规范中的，它未来的实施对促进我国砌块结构向高档次发展具有重要作用。

此外，我国对于砌体结构抗震的理论研究与试验也取得了显著的成绩；对砌体结构的地震作用、抗震设计、变形验算以及建筑结构的抗震鉴定与加固等都取得了丰硕的成果；制定出了《设置钢筋混凝土构造柱多层砖房抗震技术规程》（JGJ/T 13—1994)等设计与施工的规定，并于2010年颁布了《建筑抗震设计规范》（GB 50011—2010)。我国于2002年1月颁布的《砌体结构设计规范》（GB 50003—2001)是经过长期的工程实践和大量的科学研究建立起的一套较完整的计算理论和设计方法，是符合我国特点的设计和施工规范。它对(GBJ 3—88)《砌体结构设计规范》进行了全面的修订，内容涉及砌体材料、砌体的可靠度调整、砌体施工质量控制等级、无筋砌体受压构件计算以及构造措施、设计方法等。一系列计算理论和计算方法的建立、设计与施工规范的制定，使我国的砌体结构理论和设计方法更趋于完善。2011年新颁布的《砌体结构设计规范》（GB 5000—2011)是在2001版规范的基础上进行修订而成的。在修订过程中，编制组按"增补、简化、完善"的原则，在考虑了我国的经济条件和砌体结构发展现状，总结了近年来砌体结构应的新经验，调查了我国汶川、玉树地震中砌体结构的震害，进行了必要的试验研究及在借鉴砌体结构领域科研的成熟成果的基础上，增补了节能减排、墙体革新的环境下涌现出来的部分新型砌体材料的条款，完善了有关砌体结构耐久性、构造要求、配筋砌体砌块构件及砌体结构构件抗震设计等的有关内容，同时还对砌体强度的调整系数等进行了必要的简化。

国际标准化组织砌体结构技术委员会（ISO/TC 179）于1981年成立，下设无筋砌体（SCL）、配筋砌体（SC2）和试验方法（SC3)3个分技术委员会。我国在该学科交流与合作上与国际标准化组织（International Organization for Standardization，ISO)建立了友好密切的工作关系，为该技术委员会中配筋砌体分技术委员会（ISO/TCl79/SC3)的秘书国，并出任该分技术委员会的常任主席，这对推动我国砌体结构的发展有着重大的意义。

1.3.2 砌体结构的发展方向

砌体是包括多种材料的块体砌筑而成的，其中砖石是最古老的建筑材料，几千年来由于其良好的物理力学性能，易于取材、生产和施工，造价低廉，如今仍是我国主导的建筑材料。"绿色建材"的提出确认了"可持续发展"的战略方针，其目标是：依据环境再生、协调共生、持续自然的原则，尽量减少自然资源的消耗，尽可能对废弃物再利用和净化，保护生态环境以确保人类社会的可持续发展。

1. 积极开发节能环保型的新型建材

（1）加大限制高能耗、高资源消耗、高污染低效益的产品的生产力度。如对粘土砖（1996 年生产 6000 亿块的代价是毁田 10 万多亩、能耗 6000 万吨标煤），国家出台了减少和限制的政策。近年的限制力度越来越大，如北京、上海等城市在建筑上不准采用粘土实心砖，这间接地促进了其他新材的发展。

（2）大力发展蒸压灰砂废渣制品。蒸压灰砂废渣制品包括钢渣砖、粉煤灰砖、炉渣砖及其空心砌块、粉煤灰加气混凝土墙板等。这些制品我国在 20 世纪 80 年代以前的生产量曾达 2.5 亿块，吃掉工业废渣几百万吨，但由于种种原因大多数厂家已停产，致使粘土砖生产回潮。今后应加大科研投入、改进工艺、提高产品性能和强度等级、降低成本，向多功能化方向发展。

（3）利用页岩生产多孔砖。我国页岩资源丰富，分布地域较广。烧结页岩砖具有能耗低、强度高、外观规则的优点，其强度等级可达 MU15～MU30，可砌清水墙和中高层建筑。

（4）大力发展废渣轻型混凝土墙板。这种墙板利用粉煤灰代替部分水泥，骨料为陶粒、矿渣或炉渣等轻骨料，加入玻璃纤维或其他纤维。

（5）GRC 板的改进与提高。GRC 空心条板自重轻、防火、防水、施工安装方便。是大力发展的一种墙体制品，需用先进的生产工艺和装配以提高板的产量和质量。

（6）蒸压纤维水泥板。我国是世界上最大的粉煤灰生产国，仅电力工业年排灰量就达上亿吨，目前的利用率仅为 38%。其实粉煤灰经处理后可生产价值更高的墙体材料，如高性能混凝土砌块、蒸压纤维增强粉煤灰墙板等。它具有容重低、导热系数小、可加工性强、颜色白净的特点，目前全国的产量已达 700 万 m²。

（7）大力推广复合墙板和复合砌块。目前国内外没有单一材料既满足建筑节能保温隔热，又满足外墙的防水、强度的技术要求，因此只能用复合技术来满足墙体的多功能要求，如钢丝网水泥夹芯板。目前看来，现场湿作业抹灰后难以克服龟裂的现象有待改进。

复合砌块墙体材料也是今后的发展方向，如采用矿渣空心砖、灰砂砌块至混凝土空心砌块中的任一种与绝缘材料相复合都可满足外墙的要求，目前已有少量生产。我国在复合墙体材料的应用方面已有一定基础，宜进一步改善和完善配套技术，大力推广，这是墙体材料"绿色化"的主要出路。

2. 发展高强砌体材料

目前我国的砌体材料和发达国家相比强度低、耐久性差，如粘土砖的抗压强度一般为 7.5～15MPa，承重空心砖的孔隙率≤25％；而发达国家的抗压强度一般均达到 30～60MPa，且能达到 100MPa，承重空心砖的孔洞率可达到 40％，容重一般为 13kN/m³，最轻可达 0.6kN/m³。根据国外经验和我国的条件，只要在配料、成型、烧结工艺上进行改进，是可以显著提高烧结砖的强度和质量的。如我国现生产出的 20～100MPa 的页岩砖，由于其强度高、耐久性、耐磨性和独特的色彩，可作清水墙和装饰材料，已出口并广泛用于高档建筑。高强块材具有比低强材料高得多的价格优势。

根据我国对粘土砖的限制政策，可就地取材、因地制宜，在粘土较多的地区，如西北高原，发展高强粘土制品，高空隙率的保温砖和外墙装饰砖、块材等；在少粘土的地区发展高强混凝土砌块、承重装饰砌块和利废材料制成的砌块等。

在发展高强块材的同时，要研制高强度等级的砌筑砂浆。目前的砂浆强度等级最高为 M15，当与高强块材匹配时需开发大于 M15 以上的高性能砂浆。我国已制定的《混凝土小型空心砌块砂浆和灌孔混凝土》行业标准中砂浆的强度等级为 Mb5～Mb30，灌孔混凝土的强度等级为 Cb20～Cb40。这是混凝土砌块配套材料方面的重要进展，对推动高强砌体材料结构的发展有重要作用。

根据发展趋势，为确保质量，发展干拌砂浆和商品砂浆具有很好的前景。前者是把所有配料在干燥状态下混合装包供应现场按要求加水搅拌即可。商品砂浆的优点同商品混凝土，这类砂浆的发展一旦取代传统砂浆，将是一个巨大的变化。

3. 继续加强配筋砌体和预应力砌体的研究

我国虽已初步建立了配筋砌体结构体系，但需研制和定型生产砌块建筑施工用的机具，如铺砂浆器、小直径振捣棒($\phi \leqslant 25mm$)、小型灌孔混凝土浇注泵、小型钢筋焊机、灌孔混凝土检测仪等。这些机具对配筋砌块结构的质量至关重要。

预应力砌体原理同预应力混凝土，能明显地改善砌体的受力性能和抗震能力。国外，特别是英国在配筋砌体和预应力砌体方面的水平很高。我国在 20 世纪 80 年代初期曾有过研究，但至今研究甚少。

4. 加强砌体结构理论的研究

进一步研究砌体结构的破坏机理和受力性能，通过物理和数学模式建立精确而完整的砌体结构理论，是世界各国关心的课题。我国在这方面的研究具有较好的基础，有的题目有一定的深度，继续加强这方面的工作十分有利，对促进砌体结构发展也有深远意义。为此还必须加强对砌体结构的实验技术和数据处理的研究，使测试自动化，以得到更精确的实验结果。

当前，砌体结构正处在一个蓬勃发展的新时期。正如国外学者所指出的："砌体结构有吸引力的功能特性和经济性是它获得新生的特点。我们不应停留在这里，我们正进一步赋予砌体结构以新的概念和用途。"国内外的砌体结构工作者对砌体结构的未来也满怀信心和希望，随着科学技术和经济建设的继续发展，砌体结构将更充分地发挥其重要作用。

本 章 小 结

本章主要讲述了以下几个方面的内容。

（1）砌体结构是指由天然的或人工合成的石材、粘土、混凝土、工业废料等材料制成的块体和水泥、石灰膏等胶凝材料与砂、水拌和而成的砂浆砌筑而成的墙、柱作为建筑物主要受力构件的结构。砖砌体结构、石砌体结构和砌块砌体结构以及配筋砌体结构统称砌体结构。

（2）砌体结构有着其独到的特点。其主要优点有：易就地取材，造价低，耐火性好，且具有良好的保温、隔热性能，操作简单快捷。这些优点使得它具有广泛的应用范围。其主要缺点有：自重大，抗弯、抗拉性能很差，强度较低。这些缺点限制了它在某些场合下的应用。

（3）砌体结构的主要发展方向是积极开发新材料，研究具有轻质、高强、耗能低的块体材料；研发具有高强度，特别是高粘结强度的砂浆；充分利用工业废料，发展节能墙体。

思 考 题

1. 试述砌体结构应用非常广泛的原因。
2. 根据砌体结构存在的不足，阐述砌体结构发展的方向。
3. 谈谈你对砌体结构"可持续发展"的战略方针的认识。

第2章
砌体材料及其基本力学性能

教学目标

　　本章主要讲述砌体的种类，组成砌体的材料及其强度等级与设计要求以及砌体受压、受拉、受弯、受剪的性能和主要影响因素；并给出了砌体在各种受力条件下的强度计算公式；最后介绍砌体的应力-应变关系、弹性模量、剪变模量、线膨胀系数、收缩率和摩擦系数。通过本章的学习，应达到以下目标：

　　（1）熟悉组成砌体的材料及其强度等级与设计要求，了解砌体的种类以及砌体的各种物理力学性能；

　　（2）重点掌握砌体受压破坏的全过程；

　　（3）深刻理解影响砌体抗压强度的主要因素，并能正确选用砌体的各种强度值。

教学要求

知识要点	掌握程度	相关知识
砌体的材料	熟悉	（1）块体材料强度等级表示方法 （2）砂浆强度等级表示方法
砌体受压性能	重点掌握	（1）受压破坏特征 （2）影响砌体抗压强度的主要因素 （3）砌体抗压强度计算公式
砌体受拉、受弯、受剪性能	熟悉	砌体受拉、受弯、受剪破坏形态

引例

现阶段的城市发展中，由于砌体结构的材料来源广泛、施工设备和施工工艺较简单，可以不用大型机械，就能较好地连续施工，还可以大量地节约木材、水泥和钢材，相对造价低廉，因而在中小城市及县城中得到广泛应用。但是近几年，在砌体结构的房屋建筑中，曾发生多起因承重构件强度不足而导致的建筑物整体倒塌的事故。下面介绍一个砌体结构建筑工程事故实例。

某省一工厂车间的砖柱突然破坏，导致倒塌事故的主要原因是使用了强度等级不明的砖和强度严重不足的砂浆。这个车间的砖柱在设计时要求采用 MU10 砖、M5 混合砂浆，但实际砂浆的强度仅达到 M4。即使砖的强度达到设计要求，仅砂浆强度的降低也会使砌体强度至少降低 40%。如果砖的强度等级不能达到设计要求，那砌体强度就会降低得更多。砌体强度被削弱这么多，怎么能不出事故呢？

那么在实际工程中，影响砌体强度的因素有哪些？如何保证砌体结构材料的强度等级？这些问题都是本章所要探讨的重点内容。

2.1 砌体的材料及其强度等级

构成砌体的材料包括块体材料和胶结材料，块体材料和胶结材料(砂浆)的强度等级主要是根据其抗压强度划分的，亦是确定砌体在各种受力状态下强度的基础数据。

2.1.1 砖

砖是构筑砖砌体整体结构中的块体材料。我国目前用于砌体结构的砖主要可分为烧结砖和非烧结砖两大类。

烧结砖可分为烧结普通砖与烧结多孔砖，一般是由粘土、煤矸石、页岩或粉煤灰等为主要原料，压制成坯后经烧制而成的。烧结砖按其主要原料种类的不同又可分为烧结粘土砖、烧结页岩砖、烧结煤矸石砖及烧结粉煤灰砖等。

烧结普通砖包括实心或孔洞率不大于 25% 且外形尺寸符合规定的砖，其规格尺寸为 240mm×115mm×53mm，如图 2.1(a)所示。烧结普通砖重力密度在 16~18 kN/m³ 之间，具有较高的强度、良好的耐久性和保温隔热性能，且生产工艺简单、砌筑方便，故生产应

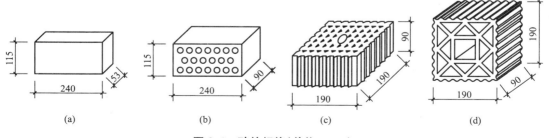

(a)　　　　(b)　　　　(c)　　　　(d)

图 2.1　砖的规格(单位：mm)

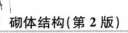

用最为普遍，但烧结粘土砖占用和毁坏农田，在一些大中城市现已逐渐被禁止使用。

烧结多孔砖是指孔洞率不小于 25%，孔的尺寸小而数量多，多用于承重部位的砖。多孔砖分为 P 型砖与 M 型砖，P 型砖的规格尺寸为 240mm×115mm×90mm，如图 2.1(b) 所示；M 型砖的规格尺寸为 190mm×190mm×90mm，如图 2.1(c) 所示，以及相应的配砖。此外，用粘土、页岩、煤矸石等原料还可经焙烧成孔洞较大、孔洞率大于 35% 的烧结空心砖，如图 2.1(d) 所示，多用于砌筑围护结构。一般烧结多孔砖重力密度在 11～14 kN/m³ 之间，而大孔空心砖重力密度则在 9～11 kN/m³ 之间。多孔砖与实心砖相比，可以减轻结构自重、节省砌筑砂浆、减少砌筑工时，此外其原料用量与耗能亦可相应减少。

非烧结砖包括蒸压灰砂砖和蒸压粉煤灰砖。蒸压灰砂砖是以石灰和砂为主要原料，经坯料制备、压制成型、蒸压养护而成的实心砖，简称灰砂砖。蒸压粉煤灰砖是以粉煤灰、石灰为主要原料，掺加适量石膏和集料，经坯料制备、压制成型、高压蒸汽养护而成的实心砖，简称粉煤灰砖。蒸压灰砂砖与蒸压粉煤灰砖的规格尺寸与烧结普通砖相同。

烧结砖中以烧结粘土砖的应用最为久远，也最为普遍，但由于粘土砖生产要侵占农田，影响社会经济的可持续发展，且我国因人口众多、人均耕地面积少，更应逐步限制或取消粘土砖的生产和应用，并进行墙体材料的改革，积极发展粘土砖的替代产品，利用当地资源或工业废料研制生产新型墙体材料。烧结粘土砖在我国目前已被列入限时、限地禁止使用的墙体材料。蒸压灰砂砖与蒸压粉煤灰砖均属硅酸盐制品，这类砖的生产不需粘土，且可大量利用工业废料，减少环境污染，是值得大力推广应用的一类墙体材料。

砖的强度等级按试验实测值来进行划分。实心砖的强度等级是根据标准试验方法所得到的砖的极限抗压强度值来划分的［《烧结普通砖》(GB/T 5101—1998)］，多孔砖强度等级的划分除考虑抗压强度外，尚应考虑其抗折荷重［《烧结多孔砖》(GB 13544—2000)］。

承重结构的烧结普通砖、烧结多孔砖的强度等级有 MU30、MU25、MU20、MU15 和 MU10，其中 MU 表示砌体中的块体(Masonry Unit)，其后数字表示块体的抗压强度值，单位为 MPa。蒸压灰砂砖与蒸压粉煤灰砖的强度等级有 MU25、MU20 和 MU15。确定粉煤灰砖的强度等级时，其抗压强度应乘以自然碳化系数，当无自然碳化系数时，可取人工碳化系数的 1.15 倍。烧结普通砖、烧结多孔砖的强度等级指标分别见表 2-1 和表 2-2。

表 2-1　烧结普通砖强度等级指标　　　　　　　　　　　单位：MPa

强度等级	抗压强度平均值 $f \geqslant$	变异系数 $\delta \leqslant 0.21$	变异系数 $\delta \leqslant 0.21$
		抗压强度标准值 $f_k \geqslant$	单块最小抗压强度值 $f_{min} \geqslant$
MU30	30.0	22.0	25.0
MU25	25.0	18.0	22.0
MU20	20.0	14.0	16.0
MU15	15.0	10.0	12.0
MU10	10.0	6.5	7.5

表 2 - 2　烧结多孔砖强度等级指标

强度等级	抗压强度/MPa		抗折荷重/kN	
	平均值不小于	单块最小值不小于	平均值不小于	单块最小值不小于
MU30	30.0	22.0	13.5	9.0
MU25	25.0	18.0	11.5	7.5
MU20	20.0	14.0	9.5	6.0
MU15	15.0	10.0	7.5	4.5
MU10	10.0	6.5	5.5	3.0

2.1.2　砌块

砌块一般指混凝土空心砌块、加气混凝土砌块及硅酸盐实心砌块，此外还有用粘土、煤矸石等为原料，经焙烧而制成的烧结空心砌块，如图 2.2 所示。

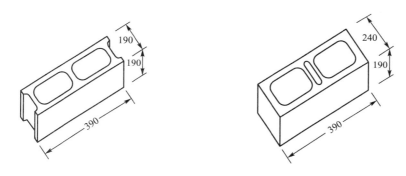

图 2.2　砌块材料(单位：mm)

砌块按尺寸大小可分为小型、中型和大型 3 种，我国通常把砌块高度为 180～350mm 的称为小型砌块，高度为 360～900mm 的称为中型砌块，高度大于 900mm 的称为大型砌块。我国目前在承重墙体材料中使用最为普遍的是混凝土小型空心砌块，它是由普通混凝土或轻集料混凝土制成的，主要规格尺寸为 390mm×190mm×190mm，其他规格尺寸可由供需方协商，如 390mm×240mm×190mm。砌块空心率一般在 25%～50% 之间，一般简称为混凝土砌块或砌块。混凝土空心砌块的重力密度一般在在 12～18kN/m³ 之间，而加气混凝土砌块及板材的重力密度在 10kN/m³ 以下，可用作隔墙。采用较大尺寸的砌块代替小块砖砌筑砌体，可减轻劳动量并加快施工进度，是墙体材料改革的一个重要方向。

实心砌块以粉煤灰硅酸盐砌块为主，其加工工艺与蒸压粉煤灰砖类似，其重力密度一般在 15～20kN/m³ 之间，主要规格尺寸有 880mm×190mm×380mm 和 580mm×190mm×380mm 等。加气混凝土砌块由加气混凝土和泡沫混凝土制成，其重力密度一般在 4～6kN/m³ 之间。由于其自重轻、加工方便，故可按使用要求制成各种尺寸，且可在工地进

行切锯，因此广泛应用于工业与民用建筑的围护结构。

承重结构的混凝土空心砌块的强度等级是根据标准试验方法，按毛截面面积计算的极限抗压强度值来划分的。根据《普通混凝土小型空心砌块》（GB 8239—1997），混凝土小型空心砌块的强度等级为 MU20、MU15、MU10、MU7.5 和 MU5 共 5 个等级，其强度等级指标见表 2-3。根据《轻集料混凝土小型空心砌块》（GB/T 15229—2002），自承重墙的轻集料混凝土小型空心砌块的强度等级为 MU10、MU7.5、MU5、MU3.5 和 MU2.5 共 5 个等级，其强度等级指标见表 2-4。

表 2-3 普通混凝土小型空心砌块强度等级指标   单位：MPa

强度等级	砌块抗压强度	
	平均值不小于	单块最小值不小于
MU20	20.0	16.0
MU15	15.0	12.0
MU10	10.0	8.0
MU7.5	7.5	6.0
MU5	5.0	4.0

表 2-4 轻集料混凝土小型空心砌块强度等级指标   单位：MPa

强度等级	砌块抗压强度		密度等级范围/(kg/m³)
	平均值不小于	单块最小值不小于	
MU10	10.0	8.0	≤1400
MU7.5	7.5	6.0	≤1400
MU5	5.0	4.0	≤1200
MU3.5	3.5	2.8	≤1200
MU2.5	2.5	2.0	≤800

对掺有粉煤灰 15% 以上的混凝土砌块，在确定其强度等级时，砌块抗压强度应乘以自然碳化系数；当无自然碳化系数时，可取人工碳化系数的 1.15 倍。

2.1.3 石材

天然建筑石材重力密度多大于 18kN/m³，并具有很高的抗压强度，良好的耐磨性、耐久性和耐水性，表面经加工后具有较好的装饰性，可在各种工程中用于承重和装饰，且其资源分布较广、蕴藏量丰富，是所有块体材料中应用历史最为悠久、最为广泛的土木工程材料之一。

砌体中的石材应选用无明显风化的石材。因石材的大小和规格不一，通常由边长为 70mm 的立方体试块进行抗压试验，取 3 个试块破坏强度的平均值作为确定石材强度等级的依据。石材的强度等级划分为 MU100、MU80、MU60、MU50、MU40、MU30 和 MU20。

2.1.4 砌筑砂浆

将砖、石、砌块等块体材料粘结成砌体的砂浆即为砌筑砂浆，它由胶结料、细集料和水配制而成，为改善其性能，常在其中添加掺入料和外加剂。砂浆的作用是将砌体中的单个块体连成整体并抹平块体表面，从而促使其表面均匀受力，同时填满块体间的缝隙，减少砌体的透气性，提高砌体的保温性能和抗冻性能。

砂浆按胶结料成分不同可分为水泥砂浆、水泥混合砂浆以及不含水泥的石灰砂浆、粘土砂浆和石膏砂浆等。水泥砂浆是由水泥、砂和水按一定配合比拌制而成的砂浆；水泥混合砂浆是在水泥砂浆中加入一定量的熟化石灰膏拌制成的砂浆；而石灰砂浆、粘土砂浆和石膏砂浆分别是用石灰、粘土和石膏与砂和水按一定配合比拌制而成的砂浆。工程上常用的砂浆为水泥砂浆和水泥混合砂浆，临时性砌体结构砌筑时多采用石灰砂浆。对于混凝土小型空心砌块砌体，应采用由胶结料、细集料、水及根据需要掺入的掺合料及外加剂等成分，按照一定比例，用机械搅拌的专门用于砌筑混凝土砌块的砌筑砂浆。

砂浆的强度等级是根据其试块的抗压强度确定的，试验时应采用同类块体为砂浆试块底模，由边长为 70.7mm 的立方体标准试块，在温度为 15～25℃ 环境下硬化、龄期 28d（石膏砂浆为 7d）的抗压强度来确定。砌筑砂浆的强度等级为 M15、M10、M7.5、M5 和 M2.5，其中 M 表示砂浆（Mortar），其后的数字表示砂浆的强度大小（单位为 MPa）。混凝土小型空心砌块砌筑砂浆的强度等级用 Mb 标记（b 表示 block），其强度等级有 Mb20、Mb15、Mb10、Mb7.5 和 Mb5。蒸压灰砂砖与蒸压粉煤灰砖砌筑砂浆的强度等级用 Ms 标记，其强度等级有 Ms15、Ms10、Ms7.5 和 Ms5，其后的数字同样表示砂浆的强度大小（单位为 MPa）。标记当验算施工阶段砂浆尚未硬化的新砌体强度时，可按砂浆强度为零来确定其砌体强度。

砌体施工时，应高度重视配置砂浆的强度等级和质量，应使用强度和安定性均符合标准要求的水泥，不同品种的水泥不得混用，并应严格按设计配合比计量采用机械拌制，使配置的砂浆达到设计强度等级，减小砂浆强度和质量上的离散性。工程中由于砂浆强度低于设计规定的强度等级造成的事故将是十分严重的。对于砌体所用砂浆，总的要求是：砂浆应具有足够的强度，以保证砌体结构的强度；砂浆应具有适当的保水性，以保证砂浆硬化所需要的水分；砂浆应具有一定的可塑性，即和易性应良好，以便于砌筑、提高工效，保证质量和提高砌体强度。

砂浆的保水性是指新拌砂浆在存放、运输和使用过程中能够保持其中水分不致很快流失的能力。保水性不好的砂浆在施工过程中容易泌水、分层、离析、失水而降低砂浆的可塑性。在砌筑时，保水性不好的砂浆中的水分很容易被砖或砌块迅速吸收，砂浆很快干硬失去水分，影响胶结材料的正常硬化，从而降低了砂浆的强度，最终导致降低砌体强度，影响砌筑质量。

砂浆的可塑性是指砂浆在自重和外力作用下所具有的变形性能。砂浆的可塑性可用标准圆锥体沉入砂浆中的深度来测定，即用砂浆稠度表示。可塑性良好的砂浆在砌筑时容易铺成均匀密实的砂浆层，既便于施工操作又能提高砌筑质量。砂浆的可塑性可通过在砂浆中掺入塑性掺料来改变。试验表明，在砂浆中掺入一定量的石灰膏等无机塑化剂和皂化松香等有机塑化剂，可提高砂浆的塑性、提高劳动效率，还可提高砂浆的保水性，保证砌筑质量，同时还可节省水泥。根据砂浆的用途一般规定标准圆锥体的沉入深度为：用于砖砌体的为 70～100mm；用于石材砌体的为 40～70mm；用于振动法石块砌体的为 10～30mm。对于干燥及多孔的砖、石，采用上述较大值，对于潮湿及密实的砖、石则应采用较小值。

砂浆的强度等级、保水性、可塑性是砂浆性能的几个重要指标，在砌体工程的设计和施工中一定要保证砂浆的这几个性能指标要求，将其控制在合理的范围内。

2.1.5　砌体材料的选择

砌体结构所用材料应因地制宜、就地取材，并确保砌体在长期使用过程中具有足够的承载力和符合要求的耐久性，还应满足建筑物整体或局部部位处于不同环境条件下正常使用时建筑物对其材料的特殊要求。除此之外，还应贯彻执行国家墙体材料革新政策，研制使用新型墙体材料来代替传统的墙体材料，以满足建筑结构设计的经济、合理、技术先进的要求。

砌体材料的耐久性应满足以下一些规定，如对于地面以下或防潮层以下的砌体以及潮湿房间墙所用材料的最低强度等级要求见表 2-5；对于长期受热 200℃ 以上、受急冷急热或有酸性介质侵蚀的建筑部位，规范规定不得采用蒸压灰砂砖和粉煤灰砖，MU15 和 MU15 以上的蒸压灰砂砖可用于基础及其他建筑部位，蒸压粉煤灰砖用于基础或用于受冻融和干湿交替作用的建筑部位必须使用一等砖；对于五层及五层以上房屋的墙以及受振动或层高大于 6m 的墙、柱所用材料的最低强度等级为砖 MU10、砌块 MU30、砌筑砂浆 M5；对于安全等级为一级或设计使用年限大于 50 年的房屋，墙、柱所用材料的最低强度等级，还应比上述规定至少提高一级。

表 2-5　地面以下或防潮层以下的砌体、潮湿房间墙体所用材料的最低强度等级

基土的潮湿程度	烧结普通砖、蒸压灰砂普通砖		混凝土砌块	石材	水泥砂浆
	严寒地区	一般地区			
稍湿的	MU10	MU10	MU7.5	MU30	M5
很湿的	MU15	MU10	MU7.5	MU30	M7.5
含水饱和的	MU20	MU15	MU10	MU40	M10

注：在冻胀地区，地面以下或防潮层以下的砌体不宜采用多孔砖，如采用时，其孔洞应用不低于 MU10 的水泥砂浆灌实；当采用混凝土砌块时，其孔洞应采用强度等级不低于 Cb20 的混凝土灌实。

2.2　砌体的种类

砌体可按照所用材料、砌法以及在结构中所起作用等方面的不同进行分类。按照所用

材料不同,砌体可分为砖砌体、砌块砌体及石砌体;按砌体中有无配筋,可分为无筋砌体与配筋砌体;按实心与否,可分为实心砌体与空斗砌体;按在结构中所起的作用不同,可分为承重砌体与自承重砌体;等等。

2.2.1 砖砌体

由砖和砂浆砌筑而成的整体材料称为砖砌体,砖砌体包括烧结普通砖砌体、烧结多孔砖砌体和蒸压硅酸盐砖砌体。在房屋建筑中,砖砌体常用作一般单层和多层工业与民用建筑的内外墙、柱、基础等承重结构以及多高层建筑的围护墙与隔墙等自承重结构等。

实心砖砌体墙常用的砌筑方法有一顺一丁(砖长面与墙长度方向平行的则为顺砖,砖短面与墙长度方向平行的则为丁砖)、梅花丁或三顺一丁,如图2.3所示,过去的五顺一丁做法已很少采用。

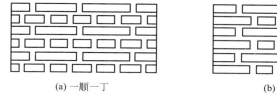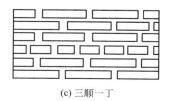

   (a) 一顺一丁   (b) 梅花丁   (c) 三顺一丁

图2.3 砖砌体的砌筑方法

试验表明,采用同强度等级的材料,按照上述几种方法砌筑的砌体,其抗压强度相差不大。但应注意上下两皮丁砖间的顺砖数量越多,则意味着宽为240mm的两片半砖墙之间的联系越弱,很容易产生"两片皮"的效果而急剧降低砌体的承载能力。

标准砌筑的实心墙体厚度常为240mm(一砖)、370mm(一砖半)、490mm(二砖)、620mm(二砖半)、740mm(三砖)等。有时为节省材料,墙厚可不按半砖长而按1/4砖长的倍数设计,即砌筑成所需的180mm、300mm、420mm等厚度的墙体。试验表明,这些厚度的墙体的强度是符合要求的。

在我国南方及广大农村地区,为节省材料,曾采用砖砌体砌筑空斗墙,如一眠一斗、一眠多斗、无眠空斗,如图2.4所示。这种墙能减轻结构自重,可节省砖30%左右,节省砂浆50%左右,还可提高隔热保温性能,但空斗墙的施工十分不便、浪费人工、影响施工进度,而且抗剪、抗风抗震性能较差,同时外层砖、砂浆的腐蚀对空斗墙的受力性能影响极大。因此现行的《砌体结构设计规范》取消了原规范(GBJ 3—88)空斗墙的相关内容。

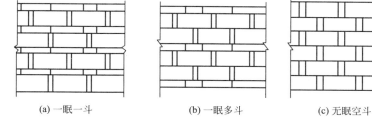

  (a) 一眠一斗   (b) 一眠多斗   (c) 无眠空斗   (d) 无眠空斗

图2.4 空斗砌体的砌筑方法

砖砌体使用面广,确保砌体的质量尤为重要。如在砌筑作为承重结构的墙体或砖柱时,应严格遵守施工规程操作,防止强度等级不同的砖混用,特别是防止大量混入低于要求强度等级的砖,并应使配制的砂浆强度符合设计强度的要求。一般地,达不到施工验收标准的砌体墙、柱,其中混入低于设计强度等级的砖或使用不符设计强度要求的砂浆而砌筑成的砌体墙、柱等都将会降低其结构的强度。此外,应严禁用包心砌法砌筑砖柱。这种柱仅四边搭接,整体性极差,承受荷载后柱的变形大、强度不足,极易引起严重的工程事故。

2.2.2 砌块砌体

由砌块和砂浆砌筑而成的整体材料称为砌块砌体,目前国内外常用的砌块砌体以混凝土空心砌块砌体为主,其中包括以普通混凝土为块体材料的普通混凝土空心砌块砌体和以轻骨料混凝土为块体材料的轻骨料混凝土空心砌块砌体。

砌块按尺寸大小的不同分为小型、中型和大型 3 种。小型砌块尺寸较小、型号多、尺寸灵活,施工时可不借助吊装设备而用手工砌筑,适用面广,但劳动量大;中型砌块尺寸较大,适于机械化施工,便于提高劳动生产率,但其型号少,使用不够灵活;大型砌块尺寸大,有利于生产工厂化、施工机械化,可大幅提高劳动生产率,加快施工进度,但需要有相当的生产设备和施工能力。

砌块砌体主要用作住宅、办公楼及学校等建筑以及一般工业建筑的承重墙或围护墙。砌块大小的选用主要取决于房屋墙体的分块情况及吊装能力。砌块排列设计是砌块砌体砌筑施工前的一项重要工作,设计时应充分利用其规律性,尽量减少砌块类型,使其排列整齐,避免通缝,并砌筑牢固,以取得较好的经济技术效果。

2.2.3 石砌体

由天然石材和砂浆(或混凝土)砌筑而成的整体材料称为石砌体。用作石砌体块材的石材分为毛石和料石两种。毛石又称片石,是采石场由爆破直接获得的形状不规则的石块,根据平整程度又将其分为乱毛石和平毛石两类,其中乱毛石指形状完全不规则的石块,平毛石指形状不规则但有两个平面大致平行的石块;料石是由人工或机械开采出的较规则的六面体石块,再经凿琢而成的,根据表面加工的平整程度分为毛料石、粗料石、半细料石和细料石 4 种。根据石材的分类,石砌体又可分为料石砌体、毛石砌体和毛石混凝土砌体等。毛石混凝土砌体是在模板内交替铺置混凝土层及形状不规则的毛石构成的。

石材是最古老的土木工程材料之一,用石材建造的砌体结构物具有很高的抗压强度、良好的耐磨性和耐久性,且石砌体表面经加工后美观又富于装饰性。利用石砌体具有永久保存的可能性,人们用它来建造重要的建筑物和纪念性的结构物;利用石砌体给人以威严雄浑、庄重高贵的感觉,欧洲许多皇家建筑采用石砌体,例如欧洲最大的皇宫——法国凡尔赛宫(1661—1689 年建造),宫殿建筑物的墙体全部使用石砌体建成。另外,石砌体中的石材资源分布广、蕴藏量丰富,便于就地取材,生产成本低,故古今中外在修建城垣、桥梁、房屋、道路和水利等工程中多有应用，如用料石砌体砌筑房屋建筑上部结构、石拱桥、储液池等建筑物，用毛石砌体砌筑基础、堤坝、城墙、挡土墙等。

2.2.4 配筋砌体

为提高砌体强度、减少其截面尺寸、增加砌体结构(或构件)的整体性，可在砌体中配置钢筋或钢筋混凝土，即采用配筋砌体。配筋砌体可分为配筋砖砌体和配筋砌块砌体，其中配筋砖砌体又可分为网状配筋砖砌体、组合砖砌体；配筋砌块砌体又可分为均匀配筋砌块砌体、集中配筋砌块砌体以及均匀-集中配筋砌块砌体。

网状配筋砖砌体又称为横向配筋砖砌体，是在砖柱或砖墙中每隔几皮砖的水平灰缝中设置直径为3~4mm的方格网式钢筋网片，如图2.5(a)所示，或直径6~8mm的连弯式钢筋网片砌筑而成的砌体结构。在砌体受压时，网状配筋可约束和限制砌体的横向变形以及竖向裂缝的开展和延伸，从而提高砌体的抗压强度。网状配筋砖砌体可用作承受较大轴心压力或偏心距较小的较大偏心压力的墙、柱。

组合砖砌体是由砖砌体和钢筋混凝土面层或钢筋砂浆面层构成的整体材料。工程应用上有两种形式：①采用钢筋混凝土或钢筋砂浆作面层的砌体，这种砌体可以用作承受偏心距较大的偏心压力的墙、柱，如图2.5(b)所示；②在砖砌体的转角、交接处以及每隔一定距离设置钢筋混凝土构造柱，并在各层楼盖处设置钢筋混凝土圈梁，使砖砌体墙与钢筋混凝土构造柱、圈梁组成一个共同受力的整体结构，如图2.5(c)所示。组合砖砌体建造的多层砖混结构房屋的抗震性能较无筋砌体砖混结构房屋的抗震性能有显著改善，同时它的抗压和抗剪强度亦有一定程度的提高。

配筋混凝土砌块砌体是在混凝土小型空心砌块砌体的水平灰缝中配置水平钢筋，在孔洞中配置竖向钢筋并用混凝土灌实的一种配筋砌体，如图2.5(d)所示。其中，集中配筋砌块砌体仅在砌块墙体的转角、接头部位及较大洞口的边缘砌块孔洞中设置竖向钢筋，并在这些部位砌体的水平灰缝中设置一定数量的钢筋网片，主要用于中、低层建筑；均匀配筋砌块砌体在砌块墙体上下贯通的竖向孔洞中插入竖向钢筋，并用灌孔混凝土灌实，使竖向和水平钢筋与砌体形成一个共同工作的整体，故又称为配筋砌块剪力墙，可用于大开间建筑和中高层建筑。均匀-集中配筋砌块砌体在配筋方式和建造的建筑物方面均处于上述两种配筋砌块砌体之间。配筋砌体不仅加强了砌体的各种强度和抗震性能，还扩大了砌体结构的使用范围，例如高强混凝土砌块通过配筋与浇筑灌孔混凝土，作为承重墙体可砌筑10~20层的建筑物，而且相对于钢筋混凝土结构具有不需要支模、不需再做贴面处理及耐火性能更好等优点。

国外配筋砌体类型较多，大致可概括为两类：①在空心砖或空心砌块的水平灰缝或凹槽内设置水平直钢筋或桁架状钢筋，在孔洞内设置竖向钢筋，并灌筑混凝土；②在内外两片砌体的中间空腔内设置竖向和横向钢筋，并灌筑混凝土，其配筋形式如图2.5(d)所示。国外已采用配筋砌体建造了许多高层建筑，积累了丰富的经验。如美国拉斯维加斯的Excalibur Hotel五星级酒店，其4幢28层的大楼即采用的是配筋混凝土砌块砌体剪力墙承重结构。

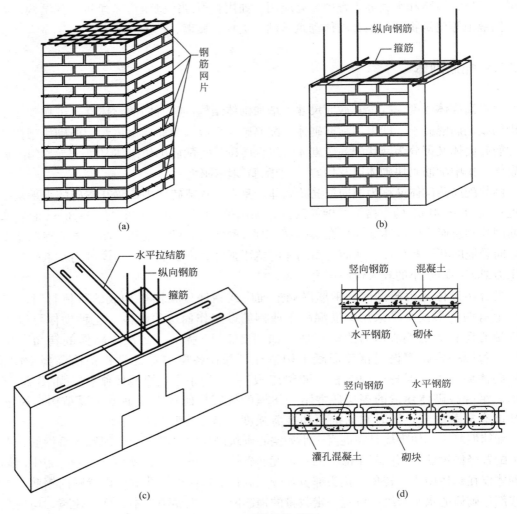

图 2.5　配筋砌体截面

2.2.5　墙板

　　大型墙板可作为承重的内墙和悬挂的外墙,一些轻质板材可用作内隔墙。目前我国的预制大型墙板有矿渣混凝土墙板、空心混凝土墙板、振动砖墙板、稻草板以及采用滑模工艺生产的整体混凝土墙板等。大型墙板可进行工厂化定型生产,整体快速安装,大大减轻砌筑墙体繁重的体力劳动,加快施工进度,促进建筑工业化、施工机械化,还可在其墙板材料的内部或表面加入其他材料做成具有保温、隔声、吸音或其他特殊功能的墙板,满足建筑物对墙体在这些方面的功能要求,是一种很有发展前途的墙体体系。但墙板在安装时,对施工吊装设备及施工工艺水平方面的要求亦有所提高。

2.3 砌体的受压性能

在实际工程中，砌体主要用于墙、柱等受压构件，砌体的抗压性能是需要研究和掌握的性能。

2.3.1 砌体的受压破坏特征

试验研究表明，砌体轴心受压从加载直到破坏，按照裂缝的出现、发展和最终破坏，大致经历3个阶段，如图2.6所示。

（1）第一阶段，从砌体受压开始，当压力增大至50%～70%的破坏荷载时，砌体内出现第一条（批）裂缝。对于砖砌体，在此阶段，单块砖内产生细小裂缝，且多数情况下裂缝约有数条，但一般均不穿过砂浆层，如果不再增加压力，单块砖内的裂缝也不继续发展，如图2.6(a)所示。对于混凝土小型空心砌块，在此阶段，砌体内通常只产生一条细小裂缝，但裂缝往往在单个块体的高度内贯通。

（2）第二阶段，随着荷载的增加，当压力增大至80%～90%的破坏荷载时，单个块体内的裂缝将不断发展，裂缝沿着竖向灰缝通过若干皮砖或砌块，并逐渐在砌体内连接成一段段较连续的裂缝。此时荷载即使不再增加，裂缝仍会继续发展，砌体已临近破坏，在工程实践中可视为处于十分危险状态，如图2.6(b)所示。

（3）第三阶段，随着荷载的继续增加，则砌体中的裂缝迅速延伸、宽度扩展，连续的竖向贯通裂缝把砌体分割形成小柱体，砌体个别块体材料可能被压碎或小柱体失稳，从而导致整个砌体的破坏，如图2.6(c)所示。以砌体破坏时的压力除以砌体截面面积所得的应力值称为该砌体的极限抗压强度。

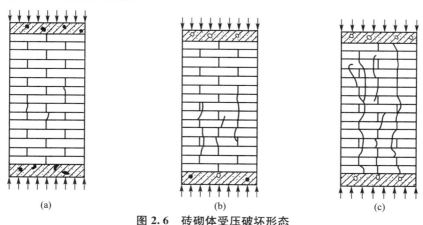

(a) (b) (c)

图2.6 砖砌体受压破坏形态

2.3.2 砌体的受压应力状态

砌体在压力作用下，其强度将取决于砌体中块体和砂浆的受力状态，这与单一匀质材料的受压强度是不同的。在砌体试验时，测得的砌体强度是远低于块体的抗压强度的，这是因其砌体中单个块体所处复杂应力状态所造成的，其复杂应力状态可用砌体本身的性质加以说明。

（1）由于砌体中的块体材料本身的形状不完全规则平整、灰缝的厚度不一且不一定均匀饱满密实，故使得单个块体材料在砌体内受压不均匀，且在受压的同时还处于受弯和受剪状态，如图 2.7 所示。由于砌体中的块体的抗弯和抗剪的能力一般都较差，故砌体内第一批裂缝的出现在单个块体材料内，这是因单个块体材料受弯、受剪所引起的。

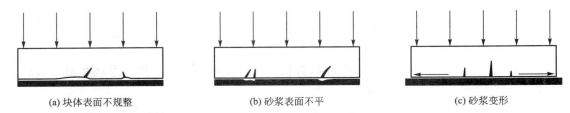

(a) 块体表面不规整   (b) 砂浆表面不平   (c) 砂浆变形

图 2.7　砌体中单个块体的受力状态

（2）砌体内的块体材料可视为作用在弹性地基上的梁，砂浆可视为这一弹性地基。当砌体受压时，由于砌块与砂浆的弹性模量及横向变形系数并不同，砌体中块体材料的弹性模量一般均比强度等级低的砂浆的弹性模量大。而砂浆强度越低，砂浆弹性模量与块体材料的弹性模量差值越大时，块体和砂浆在同一压力作用下其变形的差值越大，即在砌体受压时块体的横向变形将小于砂浆的横向变形，但由于砌体中砂浆的硬化粘结，块体材料和砂浆间存在切向粘结力，在此粘结力作用下，块体将约束砂浆的横向变形，而砂浆则有使块体横向变形增加的趋势，并由此在块体内产生拉应力，故而单个块体在砌体中处于压、弯、剪及拉的复合应力状态，其抗压强度降低；相反砂浆的横向变形由于块体的约束而减小，因而砂浆处于三向受压状态，抗压强度提高。由于块体与砂浆的这种交互作用，使得砌体的抗压强度比相应块体材料的强度要低很多，而当用较低强度等级的砂浆砌筑砌体时，砌体的抗压强度却接近或超过砂浆本身的强度，甚至刚砌筑好的砌体，砂浆强度为零时也能承受一定荷载，这与砌块和砂浆的交互作用有关。对于用较低强度等级砂浆砌筑的砌体，由于砌块内附加拉应力产生早、发展快，从而砌块内裂缝出现较早，发展也较快；对于用较高强度等级砂浆砌筑的砌体，由于砂浆和砌块的弹性模量相差不大，其横向变形也相差不大，故两者之间的交互作用不明显，砌体强度就不能高于砂浆本身的强度。

（3）砌体的竖向灰缝不饱满、不密实，易在竖向灰缝上产生应力集中，同时竖向灰缝内的砂浆和砌块的粘结力也不能保证砌体的整体性。因此，在竖向灰缝上的单个块体内将产生拉应力和剪应力的集中，从而加快块体的开裂，引起砌体强度的降低。

2.3.3　影响砌体抗压强度的因素

砌体是一种复合材料，其抗压性能不仅与块体和砂浆材料的物理、力学性能有关，还受施工质量以及试验方法等多种因素的影响。对各种砌体在轴心受压时的受力分析及试验结果表明，影响砌体抗压强度的主要因素有以下几个。

1. 块体和砂浆的强度

块体与砂浆的强度等级是确定砌体强度最主要的因素。一般来说，砌体强度将随块体和砂浆强度的提高而增高，且单个块体的抗压强度在某种程度上决定了砌体的抗压强度，块体抗压强度高时，砌体的抗压强度也较高，但砌体的抗压强度并不会与块体和砂浆强度等级的提高同比例增高。例如，对于一般砖砌体，当砖的抗压强度提高一倍时，砌体的抗压强度大约提高60%。此外，砌体的破坏主要由单个块体受弯剪应力作用引起，故对单个块体材料除了要求要有一定的抗压强度外，还必须有一定的抗弯或抗折强度。对于砌体结构中所用的砂浆，其强度等级越高，砂浆的横向变形越小，砌体的抗压强度也将有所提高。

对于灌孔的混凝土小型空心砌块砌体，块体强度和灌孔混凝土强度是影响其砌体强度的主要因素，而砌筑砂浆强度的影响则不明显，为了充分发挥材料的强度，应使砌块混凝土的强度和灌孔混凝土的强度接近。

2. 砂浆的性能

除了强度以外，砂浆的保水性、流动性和变形能力均对砌体的抗压强度有影响。砂浆的流动性大、保水性好时，容易铺成厚度均匀、密实性良好的灰缝，可降低单个块体内的弯剪应力，从而提高砌体强度。但如用流动性过大的砂浆，如掺入过多塑化剂的砂浆，砂浆在硬化后的变形率大，反而会降低砌体的强度。而对于纯水泥砂浆，其流动性差，且保水性较差，不易铺成均匀的灰缝层，影响砌体的强度，所以同一强度等级的混合砂浆砌筑的砌体强度要比相应纯水泥砂浆砌体高。砂浆弹性模量的大小及砂浆的变形性能对砌体强度亦具有较大的影响。当块体强度不变时，砂浆的弹性模量决定其变形率，砂浆强度等级越低，变形越大，块体受到的拉应力与剪应力就越大，砌体强度也就越低；而砂浆的弹性模量越大，其变形率越小，相应砌体的抗压强度也越高。

3. 块体的尺寸、形状与灰缝的厚度

块体的尺寸、几何形状及表面的平整程度对砌体的抗压强度的影响也较为明显。砌体中的块体的高度增大，其块体的抗弯、抗剪及抗拉能力增大，砌体受压破坏时第一批裂缝推迟出现，其抗压强度提高；砌体中块体的长度增加时，块体在砌体中引起的弯、剪应力也较大，砌体受压破坏时第一批裂缝相对出现早，其抗压强度降低。因此砌体强度随块体高度的增大而加大，随块体长度的增大而降低。而当块体的形状越规则、表面越平整时，块体的受弯、受剪作用越小，单块块体内的竖向裂缝将推迟出现，故而砌体的抗压强度可得到提高。

砂浆灰缝的作用在于将上层砌体传下来的压力均匀地传到下层去。灰缝厚，容易铺砌均匀，对改善单块砖的受力性能有利，但砂浆横向变形的不利影响也相应增大；灰缝薄，虽然砂浆横向变形的不利影响可大大降低，但难以保证灰缝的均匀与密实性，使单块块体处于弯剪作用明显的不利受力状态，严重影响砌体的强度。因此，应控制灰缝的厚度，使其处于既容易铺砌均匀密实，厚度又尽可能地薄。实践证明，对于砖和小型砌块砌体，灰缝厚度应控制在8～12mm；对于料石砌体，一般不宜大于20mm。

4. 砌筑质量

砌筑质量的影响因素是多方面的，砌体砌筑时水平灰缝的饱满度、水平灰缝厚度、块体材料的含水率以及组砌方法等关系着砌体质量的优劣。

砂浆铺砌饱满、均匀，可改善块体在砌体中的受力性能，使之较均匀地受压而提高砌

体抗压强度;反之,则降低砌体强度。因此《砌体施工及验收规范》规定,砌体水平灰缝的砂浆饱满程度不得低于80%,砖柱和宽度小于1m的窗间墙竖向灰缝的砂浆饱满程度不得低于60%。在保证质量的前提下,采用快速砌筑法能使砌体在砂浆硬化前受压,可增加水平灰缝的密实性而提高砌体的抗压强度。

砌体在砌筑前,应先将块体材料充分湿润。例如,在砌筑砖砌体时,砖应在砌筑前提前1~2d浇水湿透。砌体的抗压强度将随块体材料砌筑时的含水率的增大而提高,而采用干燥的块体砌筑的砌体比采用饱和含水率块体砌筑的砌体的抗压强度约下降15%。

砌体的组砌方法对砌体的强度和整体性的影响也很明显。工程中常采用的一顺一丁、梅花丁和三顺一丁法砌筑的砖砌体,整体性好,砌体抗压强度可得到保证。但如采用包心砌法,由于砌体的整体性差,其抗压强度大大降低,容易酿成严重的工程事故。

砌体工程除与上述砌筑质量有关外,还应考虑施工现场的技术水平和管理水平等因素的影响。《砌体结构工程施工质量验收规范》(GB 50203—2011)依据施工现场的质量管理、砂浆和混凝土强度、砌筑工人技术等级综合水平,从宏观上将砌体工程施工质量控制等级分为A、B、C共3级,将直接影响到砌体强度的取值。在表2-6中,砂浆与混凝土强度有离散性小、离散性较小和离散性大之分,与砂浆、混凝土施工质量为"优良"、"一般"、"差"3个水平相应,其划分方法见表2-7和表2-8。

表2-6 砌体施工质量控制等级

项目	施工质量控制等级		
	A	B	C
现场质量管理	监督检查制度健全,并严格执行;施工方有在岗专业技术管理人员,人员齐全,并持证上岗	监督检查制度基本健全,并能执行;施工方有在岗专业技术管理人员,人员齐全,并持证上岗	有监督检查制度;施工方有在岗专业技术管理人员
砂浆、混凝土强度	试块按规定制作,强度满足验收规定,离散性小	试块按规定制作,强度满足验收规定,离散性较小	试块按规定制作,强度满足验收规定,离散性大
砂浆拌和	机械拌和;配合比计量控制严格	机械拌和;配合比计量控制一般	机械或人工拌和;配合比计量控制较差
砌筑工人	中级工以上,其中,高级工不少于30%	高、中级工不少于70%	初级工以上

注:(1)砂浆、混凝土强度离散性大小根据强度标准差确定;

(2)配筋砌体不得为C级施工。

表2-7 砌筑砂浆质量水平

强度标准差 σ/MPa 强度等级 质量水平	M2.5	M5	M7.5	M10	M15	M20
优良	0.5	1.00	1.50	2.00	3.00	4.00
一般	0.62	1.25	1.88	2.50	3.75	5.00
差	0.75	1.50	2.25	3.00	4.50	6.00

表 2 - 8 混凝土质量水平

强度等级 质量水平 生产单位 评定指标		优良		一般		差	
		<C20	≥C20	<C20	≥C20	<C20	≥C20
强度标准差/MPa	预拌混凝土厂	≤3.0	≤3.5	≤4.0	≤5.0	>4.0	>5.0
	集中搅拌混凝土的施工现场	≤3.5	≤4.0	≤4.5	≤5.5	>4.5	>5.5
强度等于或大于混凝土强度等级值的百分率/%	预拌混凝土厂、集中搅拌混凝土的施工现场	≥95		>85		≤85	

砌体的抗压强度除以上一些影响因素外，还与砌体的龄期和抗压试验方法等因素有关。因砂浆强度随龄期增长而提高，故砌体的强度亦随龄期增长而提高，但在龄期超过 28d 后，强度增长缓慢。砌体抗压时试件的尺寸、形状和加载方式的不同，其所得的抗压强度也不同。砌体抗压强度及其基本力学性能试验，应按照《砌体基本力学性能试验方法标准》(GB 3129—1990)的规定进行。

2.3.4 砌体抗压强度的计算

影响砌体抗压强度的因素很多，如若能建立一个相关关系式，全面而正确地反映影响砌体抗压强度的各种因素，就能准确计算出砌体的抗压强度，而这在目前是比较困难的。在我国，有关单位多年来对各类砌体进行了大量的抗压强度的试验，根据所取得的大量试验数据表明，各类砌体轴心抗压强度平均值主要取决于块体的抗压强度平均值 f_1，其次为砂浆的抗压强度平均值 f_2，《砌体结构设计规范》依据物理概念明确、变异系数尽量小、在表达式方面尽量向国际靠拢的原则，提出了如下的计算公式：

$$f_m = k_1 f_1^\alpha (1+0.07 f_2) k_2 \tag{2.1}$$

式中　f_m——砌体轴心抗压强度平均值(MPa)；

f_1——块体的抗压强度平均值(MPa)；

f_2——砂浆的抗压强度平均值(MPa)；

k_1——与块体类别及砌体类别有关的参数，见表 2 - 9；

表 2 - 9　f_m 的计算参数

砌体类别	k_1	α	k_2
烧结普通砖、烧结多孔砖、蒸压灰砂砖、蒸压粉煤灰砖	0.78	0.5	当 $f_2<1$ 时，$k_2=0.6+0.4f_2$
混凝土砌块	0.46	0.9	当 $f_2=0$ 时，$k_2=0.8$
毛料石	0.79	0.5	当 $f_2<1$ 时，$k_2=0.6+0.4f_2$
毛石	0.22	0.5	当 $f_2<2.5$ 时，$k_2=0.4+0.24f_2$

注：(1) 混凝土砌块砌体的轴心抗压强度平均值，当 $f_2>10$MPa 时应乘系数 $1.1-0.01f_2$，MU20 的砌体应乘以系数 0.95，且满足 $f_1 \geq f_2$，$f_1 \leq 20$MPa；

(2) k_2 在表列条件以外时均等于 1.0。

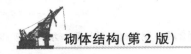

k_2——砂浆强度影响的修正参数，见表2-9；

α——与块体类别及砌体类别有关的参数，见表2-9。

新规范关于砌体抗压强度平均值计算公式(2.1)具有以下特点。

（1）各类砌体的抗压强度平均值计算公式是统一的，避免了不同砌体采用不同计算公式的缺点，公式形式简单，与国际标准接近，而且式中各参数的物理概念明确。

（2）引入了近年来的新型材料，如蒸压灰砂砖、蒸压粉煤灰、轻集料混凝土砌块及混凝土小型空心砌块灌孔砌体的计算指标。

（3）为适应砌块建筑的发展，增加了MU20强度等级的混凝土砌块，补充收集了高强混凝土砌块抗压强度试验数据。

2.4 砌体的受拉、受弯、受剪性能

在实际工程中，因砌体具有良好的抗压性能，故多将砌体用作承受压力的墙、柱等构件。与砌体的抗压强度相比，砌体的轴心抗拉、弯曲抗拉以及抗剪强度都低很多。但有时也用它来承受轴心拉力、弯矩和剪力，如砖砌的圆形水池、承受土壤侧压力的挡土墙以及拱或砖过梁支座处承受水平推力的砌体等。

2.4.1 砌体的轴心受拉性能

砌体轴心受拉时，依据拉力作用于砌体的方向，有3种破坏形态。当轴心拉力与砌体水平灰缝平行时，砌体可能沿灰缝Ⅰ-Ⅰ齿状截面（或阶梯形截面）破坏，即为砌体沿齿状灰缝截面轴心受拉破坏，如图2.8(a)所示；在同样的拉力作用下，砌体也可能沿块体和竖向灰缝Ⅱ-Ⅱ较为整齐的截面破坏，即为砌体沿块体（及灰缝）截面的轴心受拉破坏，如图2.8(a)所示；当轴心拉力与砌体的水平灰缝垂直时，砌体可能沿Ⅲ-Ⅲ通缝截面破坏，即为砌体沿水平通缝截面轴心受拉破坏，如图2.8(b)所示。

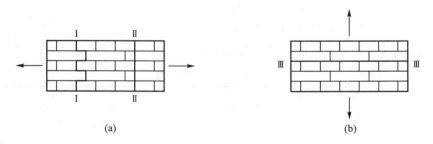

图2.8 砌体轴心受拉破坏形态

上述各种受力形态下的砌体的抗拉强度主要取决于块体与砂浆连接面的粘结强度。当轴心拉力与砌体水平灰缝平行作用时，若块体与砂浆连接面的切向粘结强度低于块体的抗拉强度时，则砌体将沿水平和竖向灰缝成齿状或阶梯形破坏。此时砌体的抗拉力主要由水平灰缝的切向粘结力提供，砌体的竖向灰缝因其一般不能很好地填满砂浆，且砂浆在其硬化过程中的收缩大大削弱、甚至完全破坏了块体与砂浆的粘结，故不考虑竖向灰缝参与受力。而块体与砂浆间的粘结强度取决于砂浆的强度等级，这样，砌体的抗拉强度将由破坏截面上水平灰缝的面积和砂浆的强度等级决定。在同样的拉力作用下，若块体与砂浆连接面的切向粘结强度高于块体的抗拉强度，即砂浆的强度等级较高，而块体的强度等级较低时，砌体则可能沿块体与竖向灰缝截面破坏。此时，砌体的轴心抗拉强度完全取决于块体的强度等级。由于同样不考虑竖向灰缝参与受力，实际抗拉截面面积只有砌体受拉面积的一半，而一般为了计算方便，仍取用全部受拉面积，但强度以块体强度的一半计算。当轴心拉力与砌体的水平灰缝垂直作用时，由于砂浆和块体之间的法向粘结强度数值非常小，故砌体容易产生沿水平通缝的截面破坏。而实际工程中受砌筑质量等因素的影响，此法向粘结强度往往得不到保证，因此在设计中不允许采用图 2.8(b)所示的沿水平通缝截面轴心受拉的构件。

在现行的《砌体结构设计规范》中，提高了块体的最低强度等级，一般可防止和避免砌体沿块体与竖向灰缝截面的受拉破坏情况。故而砌体的轴心受拉主要考虑沿齿缝破坏的形式，规范规定砌体沿齿缝截面破坏的轴心抗拉强度平均值计算公式为

$$f_{t,m} = k_3 \sqrt{f_2} \tag{2.2}$$

式中　$f_{t,m}$——砌体轴心抗拉强度平均值(MPa)；

　　　f_2——砂浆的抗压强度平均值(MPa)；

　　　k_3——与块体类别有关的参数，其取值见表 2-10。

表 2-10　砌体轴心抗拉强度平均值计算参数

砌体类别	k_3	砌体类别	k_3
烧结普通砖、烧结多孔砖	0.141	混凝土砌块	0.069
蒸压灰砂砖、蒸压粉煤灰砖	0.09	毛石	0.075

2.4.2　砌体的受弯性能

砌体结构弯曲受拉时，按其弯曲拉应力使砌体截面破坏的特征，同样存在三种破坏形态。即可分为图 2.9(a)所示的沿齿缝截面受弯破坏、图 2.9(b)所示的沿块体与竖向灰缝截面受弯破坏以及图 2.9(c)所示的沿通缝截面受弯破坏 3 种形态。

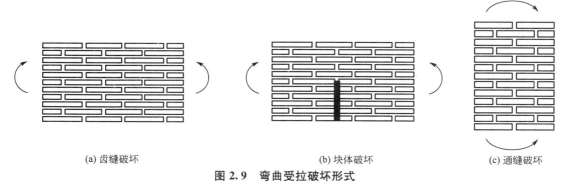

(a) 齿缝破坏　　　　　　　　(b) 块体破坏　　　　　　　　(c) 通缝破坏

图 2.9　弯曲受拉破坏形式

与轴心受拉时情况相同，砌体的弯曲抗拉强度主要取决于砂浆和块体之间的粘结强

度。沿齿缝截面受弯破坏和沿水平通缝截面受弯破坏分别取决于砂浆与块体之间的切向和法向粘结强度，而沿块体与竖向通缝截面受弯破坏新规范通过提高块体的最低强度等级，可以避免和防止此类受弯破坏。

砌体沿齿缝和通缝截面的弯曲抗拉强度，可按下式计算：

$$f_{tm,m} = k_4 \sqrt{f_2} \tag{2.3}$$

式中　$f_{tm,m}$——砌体弯曲抗拉强度平均值（MPa）；

　　　f_2——砂浆的抗压强度平均值（MPa）；

　　　k_4——与块体类别有关的参数，其取值见表 2-11。

表 2-11　砌体弯曲抗拉强度平均值计算参数

砌体类别	k_4	
	沿齿缝截面破坏	沿通缝截面破坏
烧结普通砖、烧结多孔砖	0.250	0.125
蒸压灰砂砖、蒸压粉煤灰砖	0.18	0.09
混凝土砌块	0.081	0.056
毛石	0.113	—

2.4.3　砌体的受剪性能

1. 砌体的受剪破坏形态

实际工程中，砌体截面上存在垂直压应力的同时往往作用剪应力，因此砌体结构的受剪是受压砌体结构的另一种重要受力形式，而其受力性能和破坏特征也与其所受的垂直压应力密切相关。

当砌体结构在竖向压应力的作用下受剪时如图 2.10(a) 所示，通缝截面上的法向压应力与剪应力的比值 (σ_y/τ) 是变化的，故当其比值在不同范围内时，构件可能发生以下 3 种不同的受剪破坏形态：当 σ_y/τ 较小时，即通缝方向与竖直方向的夹角 $\theta < 45°$，砌体沿水平通缝方向受剪且在摩擦力作用下产生滑移而破坏，称为剪摩破坏，如图 2.10(b) 所示；当 σ_y/τ 较大，即通缝方向与竖直方向的夹角 $45° \leqslant \theta \leqslant 60°$ 时，砌体将沿阶梯形灰缝截面受剪破坏，称为主拉应力破坏，亦称剪压破坏，如图 2.10(c) 所示；当 σ_y/τ 更大，即通缝方向与竖直方向的夹角 $60°$

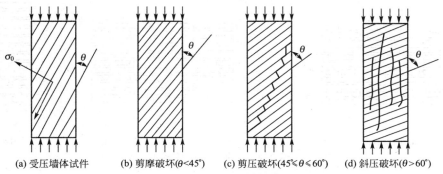

(a) 受压墙体试件　　(b) 剪摩破坏($\theta<45°$)　　(c) 剪压破坏($45°\leqslant\theta\leqslant60°$)　　(d) 斜压破坏($\theta>60°$)

图 2.10　垂直压力作用下砌体剪切破坏形态

$<\theta<90°$时，砌体将沿块体与灰缝截面受剪破坏，称为斜压破坏，如图 2.10(d)所示。

2. 影响砌体抗剪强度的因素

影响砌体抗剪强度的因素有很多，主要有块体和砂浆的强度、垂直压应力的大小、砌筑质量和试验方法等。

1）块体和砂浆的强度

块体和砂浆的强度对砌体的抗剪强度均有影响，但其影响的程度与砌体的破坏形态有关。对于剪摩破坏和剪压破坏砌体，由于破坏面沿砌体灰缝截面发生，因此砂浆的强度影响较大，块体的强度影响较小；而对于斜压破坏砌体，由于破坏面沿压力作用方向的块体和灰缝截面发生，裂缝贯通灰缝发展，这种情况下提高块体的强度使砌体的抗剪强度增大的幅度大于提高砂浆强度时的幅度，即块体的强度对砌体的抗剪强度影响相对较大，砂浆强度影响相对较小。

对于灌孔混凝土砌块砌体，由于其芯柱混凝土本身的抗剪强度较高，且芯柱在砌体中存在"销键"作用，其抗剪强度有较大的提高。对于符合《烧结多孔砖标准》的多孔、小孔空心砖，由于砌筑时砂浆嵌入孔洞形成"销键"，其通缝抗剪强度亦有所提高。

2）垂直压应力的大小

砌体截面上的垂直压应力 σ_y 的大小不但决定着砌体的剪切破坏形态，也直接影响砌体的抗剪强度。当砌体截面上施加的垂直压应力较小，即 $\sigma_y/f_m \leqslant 0.2$（$f_m$ 为砌体的轴心抗压强度平均值），砌体处于剪摩受力状态时，由于水平灰缝中砂浆产生较大的剪切变形，而由垂直压应力产生的摩擦力将阻止砌体剪切面的水平滑移，因此随垂直压应力 σ_y 的增大，砌体的抗剪强度提高，随着剪应力的增加，砌体最终将发生剪摩破坏；当砌体截面上施加的垂直压应力较大，即 $0.2<\sigma_y/f_m<0.6$，砌体处于剪压受力状态时，此时随着垂直压应力的增大，砌体的抗剪强度也增加，但增加幅度越来越小，随着剪应力的增加，砌体最终将因斜截面上主拉应力不足而发生剪压破坏；当砌体截面上施加的垂直压应力更大，即 $\sigma_y/f_m \geqslant 0.6$，砌体处于斜压受力状态时，随着垂直压应力的增加，砌体的抗剪强度迅速下降直至为零，在剪应力的共同作用下，砌体将发生斜压破坏。垂直压应力对砌体抗剪强度的影响可用砌体剪-压相关曲线表示，如图 2.11 所示，由此曲线也可看出，砌体截面上的垂直压应力大小决定了砌体受剪破坏形态，并直接影响砌体的抗剪强度。

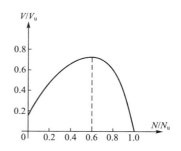

图 2.11 砌体剪-压相关曲线

3）砌筑质量

如前所述，砌体的砌筑质量不仅对砌体的抗压强度有较大的影响，对砌体的抗剪强度亦有较大的影响。砌体的砌筑质量对砌体抗剪强度的影响主要体现在砌筑时灰缝砂浆的密实性、饱满度以及块体的含水率等。灰缝砂浆的密实性、饱满度影响着砂浆与块体间的粘结强度，而砂浆与块体间的粘结强度对剪摩破坏和剪压破坏的砌体的抗剪强度均有着较大影响；而块体在砌筑时的含水率亦影响着砌体的抗剪强度。

4）试验方法

砌体的抗剪强度除与以上因素有关外，还与试件的形状、尺寸以及加载方式有关，亦和砌体的试验方法有关，砌体抗剪具体试验方法和要求可查阅《砌体基本力学性能试验方法标准》（GBJ 129—1990）。

3. 砌体的抗剪强度

砌体的抗剪强度主要取决于水平灰缝中砂浆与块体的粘结强度，新规范不区分沿齿缝截面与沿通缝截面破坏的抗剪强度，因为砂浆与块体之间的法向粘结强度很低，而且在实际工程中砌体竖向灰缝内的砂浆往往又不饱满。因此，规范规定砌体的抗剪强度平均值计算公式为

$$f_{v,m} = k_5\sqrt{f_2} \qquad (2.4)$$

式中　$f_{v,m}$——砌体抗剪强度平均值(MPa)；

　　　f_2——砂浆的抗压强度平均值(MPa)；

　　　k_5——与块体类别有关的参数，其取值见表 2-12。

表 2-12　砌体抗剪强度平均值计算参数

砌体类别	k_5	砌体类别	k_5
烧结普通砖、烧结多孔砖	0.125	混凝土砌块	0.069
蒸压灰砂砖、蒸压粉煤灰砖	0.090	毛石	0.188

2.5 砌体的其他性能

对于砌体结构的研究，除要确定其强度外，还应研究砌体的其他性能。如对砌体应力-应变关系、砌体的收缩与膨胀等性能同样要进行研究，以全面了解和掌握砌体结构的破坏机理、内力分析、承载力计算以及裂缝的开展与防范等，为砌体结构的精确分析和准确设计提供依据。

2.5.1　砌体的应力-应变关系

砌体受压时的应力-应变曲线是砌体的基本性能之一。砌体是弹塑性材料，砌体受压时，随应力的增加，应变也增大，但这种增长从一开始就不是呈线性变化的。砌体结构受压应力-应变曲线有多种不同的表达式，国内外多采用对数应力-应变的曲线。图2.8所示为砖砌体对数应力-应变的曲线形式，其计算表达式为

$$\varepsilon = -\frac{1}{\xi}\ln\left(1-\frac{\sigma}{f_m}\right) \qquad (2.5)$$

式中　f_m——砌体抗压强度平均值(MPa)；

　　　ξ——砌体变形的弹性特征系数，主要与砂浆的强度等级有关。

由图2.12可知，当砌体应力较小时，其应力-应变关系近似于直线，说明砌体基本上处于弹性阶段；当砌体应力较大时，其应变增长的速率逐渐大于应力的增长速率，砌体已逐渐进入弹塑性阶段，呈现出明显的非线性关系。砌体受压时，砌体的变形主要集中于灰缝砂浆中，即灰缝的应变在总应变中占很大的比例，而灰缝应变除砂浆本身的压缩变形外，块体与砂浆接触面空隙的压密也是其中一个重要的因素。

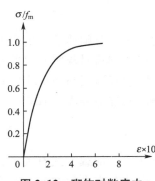

图 2.12　砌体对数应力-应变的曲线

2.5.2　砌体的弹性模量和剪变模量

砌体的弹性模量是其应力与应变的比值，主要用于计算构件在荷载作用下的变形，是衡量砌体抵抗变形能力的一个物理量。砌体的弹性模量的大小可通过实测砌体的应力-应变曲线求得，而根据应力与应变取值的不同，砌体弹性模量也有几种不同的表示方式。

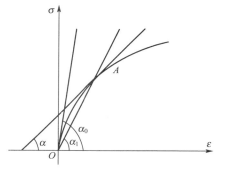

图 2.13　砌体弹性模量的表示方法

在砌体的受压应力-应变曲线上任取一点切线的正切值来表示该点的弹性模量，即该点的切线弹性模量，如图 2.13 中的 A 点，其切线模量为

$$E' = \tan\alpha = \frac{d\sigma}{d\varepsilon} = \xi f_{\mathrm{m}}\left(1 - \frac{\sigma}{f_{\mathrm{m}}}\right) \qquad (2.6)$$

当 $\dfrac{\sigma}{f_{\mathrm{m}}} = 0$ 时，即在曲线原点切线的正切称之为初始弹性模量，由式(2.6)得

$$E_0 = \tan\alpha_0 = \xi f_{\mathrm{m}} \qquad (2.7)$$

在应力-应变曲线上某点 A 与坐标原点连成的割线的正切称之为割线模量。工程上一般取 $\sigma = 0.43 f_{\mathrm{m}}$ 时的割线模量作为砌体的弹性模量，这是比较符合砌体在使用阶段受力状态下的工作性能的。当 $\sigma = 0.43 f_{\mathrm{m}}$ 时

$$E = \tan\alpha_1 = \frac{\sigma_{\mathrm{A}}}{\varepsilon_{\mathrm{A}}} = \frac{\sigma_{0.43}}{\varepsilon_{0.43}} = \frac{0.43 f_{\mathrm{m}}}{-\dfrac{1}{\xi}\ln(0.57)} \approx 0.8\xi f_{\mathrm{m}} \qquad (2.8)$$

即

$$E \approx 0.8 E_0$$

对于砖砌体，ξ 值可取 $460\sqrt{f_{\mathrm{m}}}$，则上式可写成

$$E \approx 368 f_{\mathrm{m}}\sqrt{f_{\mathrm{m}}} \qquad (2.9)$$

为便于应用，现行《砌体结构设计规范》对砌体受压弹性模量采用了更为简化的结果，按不同强度等级砂浆，取弹性模量与砌体的抗压强度设计值成正比关系。而对于石材抗压强度和弹性模量远高于砂浆相应值的石砌体，砌体的受压变形主要集中在灰缝砂浆中，故石砌体弹性模量可仅按砂浆强度等级确定。各类砌体的受压弹性模量见表 2-13。

表 2-13　砌体的受压弹性模量　　　　　　　　　　　　　　　单位：MPa

砌 体 种 类	砂浆强度等级			
	≥M10	M7.5	M5	M2.5
烧结普通砖、烧结多孔砖砌体、混凝土普通砖、混凝土多孔砖	$1600f$	$1600f$	$1600f$	$1390f$
蒸压灰砂普通砖、蒸压粉煤灰普通砖砌体	$1060f$	$1060f$	$1060f$	—
混凝土砌块砌体	$1700f$	$1600f$	$1500f$	—

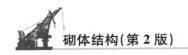

（续）

砌体种类	砂浆强度等级			
	≥M10	M7.5	M5	M2.5
粗料石、毛料石、毛石砌体	7300	5650	4000	2250
细料石砌体	22000	17000	12000	6750

注：（1）f 为砌体的抗压强度设计值；
　　（2）轻骨料混凝土砌块砌体的弹性模量可采用表中混凝土砌块砌体的弹性模量；
　　（3）单排孔且对孔砌筑的混凝土砌块灌孔砌体的弹性模量为

$$E=1700f_g$$

式中　f_g——灌孔砌体的抗压强度设计值。

当需计算墙体的剪切变形时，需用到砌体的剪变模量。砌体的剪变模量与砌体的弹性模量和泊松比有关，根据材料力学公式，剪变模量 G 为

$$G=\frac{E}{2(1+\upsilon)} \tag{2.10}$$

式中　υ 为材料的泊松比，取值一般为 0.1～0.2，而规范取近似取 $G=0.4E$。

2.5.3　砌体的线膨胀系数和收缩率

温度变化时，砌体将产生热胀冷缩变形。当这种变形受到约束时，砌体内将产生附加内力，而当此内力达到一定程度时，此附加内力将造成砌体结构开裂和裂缝的扩展。为计算和控制此附加内力、避免此裂缝的形成和开展，要用到砌体的温度线膨胀系数，此系数与砌体种类有关，规范规定的各类砌体的线膨胀系数见表2-14。

除热胀冷缩变形外，砌体在浸水时体积膨胀、在失水时体积收缩，这种收缩变形为干缩变形，它比膨胀变形大得多。同样，当这种变形受到约束时，砌体内将产生干缩应力，当此应力大到一定程度时，将引起砌体结构变形和裂缝开展。各类砌体的收缩率见表2-14。

表 2-14　砌体的线膨胀系数和收缩率

砌体类别	线膨胀系数/(10^{-6}/℃)	收缩率/(mm/m)
烧结普通砖、烧结多孔砖砌体	5	−0.1
蒸压灰砂普通砖、蒸压粉煤灰普通砖砌体	8	−0.2
混凝土普通砖、混凝土多孔砖、混凝土砌块砌体	10	−0.2
轻集料混凝土砌块砌体	10	−0.3
料石和毛石砌体	8	—

注：表中的收缩率是达到收缩允许标准的块体砌筑28d的砌体收缩率，当地方有可靠的砌体收缩试验数据时，亦可采用当地的试验数据。

2.5.4　砌体的摩擦系数

当砌体结构产生滑移趋势或发生滑移时，由于法向压力的存在，在滑移面上将产生摩

擦阻力。摩擦阻力与摩擦面上法向应力和摩擦系数有关，而摩擦系数的大小与摩擦面的材料和干湿程度有关。规范规定的砌体摩擦系数见表 2-15。

表 2-15 砌体的摩擦系数

材料类别	摩擦面情况	
	干燥的	潮湿的
砌体沿砌体或混凝土滑动	0.70	0.60
砌体沿木材滑动	0.60	0.50
砌体沿钢滑动	0.45	0.35
砌体沿砂或卵石滑动	0.60	0.50
砌体沿粉土滑动	0.55	0.40
砌体沿粘性土滑动	0.50	0.30

本 章 小 结

本章主要讲述了以下几个方面的内容。

（1）砌体是由块体和砂浆砌筑而成的整体结构，本章较为系统地介绍了砌体的种类、组成砌体的材料及其强度等级。在砌体结构设计时，应根据不同情况合理地选用不同的砌体种类和组成砌体材料的强度等级。

（2）砌体主要用作受压构件，故砌体轴心抗压强度是砌体最重要的力学性能。应很好掌握砌体轴心受压的破坏过程——单个块体先裂、裂缝贯穿若干皮块体、形成独立小柱后失稳破坏——以及影响砌体抗压强度的主要因素。

（3）砌体受压破坏是以单个块体先裂开始的，推迟单个块体先裂，则可推迟形成独立小柱的破坏，故提高砌体的抗压强度可通过推迟单个块体先裂为突破口。砌体在轴心受压时，其内单个块体处于拉、压、弯、剪复合应力状态，这是单个块体先裂的主要原因，而改善这种复杂应力状态和提高砌体对这种应力状态的承受能力是提高砌体抗压强度的有效途径。

（4）砌体的轴心抗拉、弯曲抗拉和抗剪强度主要与砂浆强度和块体类别有关，砂浆强度等级高低也与这几种受力破坏的形式密切相关；而砌体的应力-应变关系、弹性模量、剪变模量、线膨胀系数、收缩率和摩擦系数等都与砌体的变形性能、抗剪计算等密切相关，都应予以熟悉。

思 考 题

1. 在砌体结构中，块体和砂浆的作用是什么？砌体对所用块体和砂浆各有何基本要求？

2. 砌体的种类有哪些？各类砌体应用前景如何？

3. 选择砌体结构所用材料时，应注意哪些事项？

4. 试述砌体轴心受压时的破坏特征。

5. 试分析影响砌体抗压强度的主要因素。

6. 试述砌体受压强度远小于块体的强度等级，而又大于砂浆强度（砂浆强度等级较小时）的原因。

7. 试分析垂直压应力对砌体抗剪强度的影响。

8. 试述砌体轴心受拉和弯曲受拉的破坏形态。为何不允许设计采用沿水平通缝截面破坏的轴心受拉的构件？

9. 试述砌体受压弹性模量有几种表达方式。温度变形和干缩变形对砌体结构有何影响？

第3章

砌体结构构件的承载力计算

教学目标

本章简要介绍砌体结构以概率理论为基础的极限状态设计方法，重点叙述无筋砌体受压，局部受压，轴心受拉、受弯和受剪构件以及配筋砌体构件的承载力计算方法，并通过相应的例题说明计算方法在实际工程中的应用。通过本章的学习，应达到以下目标：

（1）理解掌握砌体结构以概率理论为基础的极限状态设计方法；

（2）熟练掌握砌体受压构件和砌体局部受压时的承载力计算方法；

（3）深刻了解无筋砌体受拉、受弯、受剪构件和配筋砌体构件的承载力计算方法及相关的构造要求。

教学要求

知识要点	掌握程度	相关知识
极限状态设计方法	理解	（1）作用、作用效应和结构抗力 （2）可靠度和失效概率 （3）极限状态定义、分类以及极限状态表达式
受压构件局部受压构件	熟练掌握	（1）受压构件承载力影响系数 （2）局部抗压强度提高系数 （3）轴向力偏心距 e 的限制条件 （4）解决砌体局部承载力不足的构造措施
砌体受拉、受弯、受剪构件	深刻理解	（1）砌体受拉、受弯、受剪构件应用范围 （2）砌体受拉、受弯、受剪构件计算公式
配筋砌体构件	深刻了解	（1）各种配筋砌体构件承载力计算公式 （2）各种配筋砌体构件构造要求

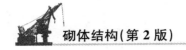

基本概念

作用、作用效应、可靠性和可靠度、可靠概率、失效概率、可靠指标、结构安全等级、结构极限状态、高厚比

引例

在砌体结构设计中,构件的受力性能分析及其承载力计算具有至关重要的作用。一旦疏忽,会造成重大安全事故,还有可能发生人员伤亡。下面我们就来介绍一个由于窗间墙承载力不足而引起的事故。

某省一工厂综合楼在施工过程中局部发生倒塌。该楼为一幢四层砖混结构,建筑面积为 1820m²。在施工过程中,当拆除三层⑩轴大梁模板时,二层⑩轴窗间墙梁下 40～50cm 范围内出现数条竖向裂缝,迅速扩展,同时往下掉砖皮和砂浆屑,约 30 秒后,二层窗间墙破坏,接着⑨～⑩轴的三、四层楼面和屋面全部塌下。倒塌的原因是设计错误和施工质量有缺陷。设计人员在处理三层增加的一个小会议室时,只是简单地将隔墙取消,改为大梁和窗间墙承重。当施工现场发现窗间墙太小时,设计人员仅将四层大会议室和三层小会议室的窗间墙改为钢筋混凝土柱。这两次设计变更中均疏漏了对结构安全有重大影响的二层窗间墙的强度验算。事故发生后重新核验算二层窗间墙时,发现其承载力严重不满足要求。由于设计上的多次盲目变更改变了原结构的受力体系,致使二层窗间墙的承载力远远超过允许的承载力;再加窗间墙施工砌筑又不符合规范要求,墙中有竖直通缝和空隙等,这样就导致二层窗间墙首先破坏,接着三、四层结构也随之倒塌。

从这个事故中,我们知道,在实际工程中构件承载力是否满足要求是实现结构安全的重要保证。本章所要探讨的重点正是如何进行砌体结构构件承载力的计算。

3.1 以概率理论为基础的极限状态设计方法

根据现行国家标准《建筑结构可靠度设计统一标准》(GB 50068—2001),砌体结构采用以概率理论为基础的极限状态设计方法,以可靠指标度量结构构件的可靠度,采用分项系数的设计表达式进行计算。为了更好地掌握砌体结构构件的设计计算方法,先介绍极限状态设计方法的有关基本概念。

3.1.1 概述

1. 基本概念

1)结构上的作用和作用效应

结构上的作用是指能够使结构产生内力或变形的原因,一般用 Q 表示。结构上的作用 Q 是随机变量,可分为直接作用和间接作用。直接作用常称为荷载,是指施加在结构上的集中力或分布力,如结构自重、楼(屋)面活荷载、风荷载等;间接作用是指能够引起结构外加变形或约束变形的原因,如温度变化、地基变形、地震等。

结构上的作用可按时间的变异、空间位置的变异以及结构的反应进行分类。

（1）按时间的变异分类。

① 永久作用。永久作用又称为永久荷载或恒荷载，是指在设计基准期 50 年内其量值不随时间变化或变化与其平均值相比可以忽略不计的作用，例如结构自重、土压力等。

② 可变作用。可变作用又称为可变荷载或活荷载，是指在设计基准期 50 年内其量值随时间变化，且其变化与平均值相比不可忽略的作用，例如楼（屋）面活荷载、吊车荷载、风荷载等。

③ 偶然作用。偶然作用是在设计基准期 50 年内不一定出现，而一旦出现，则其量值很大，且持续时间很短的作用，例如地震作用、爆炸力、撞击力等。

（2）按空间位置的变异分类。

① 固定作用。固定作用是指在结构上具有固定分布的作用，例如结构自重、楼面上的固定设备荷载等。

② 自由作用。自由作用是指在结构上一定范围内可以任意分布的作用，例如人群荷载、吊车荷载等。

（3）按结构的反应分类。

① 静态作用。静态作用是指对结构不产生加速度或产生的加速度很小可以忽略不计的作用，例如结构自重、楼（屋）面活荷载等。

② 动态作用。动态作用是指对结构产生的加速度不可忽略的作用，例如吊车荷载、地震作用、大型动力设备的作用等。

由各种作用引起的结构或构件的反应称为作用效应，用 S 表示，例如内力、变形和裂缝等。由于作用 Q 为随机变量，因此作用效应 S 也为随机变量，其变异性应采用统计分析进行处理。一般情况下，结构上的作用为荷载，荷载效应 S 与荷载 Q 之间可近似按线性关系考虑，即

$$S = CQ \tag{3.1}$$

式中　C——荷载效应系数，通常由结构力学分析确定，例如承受均布荷载作用的简支梁，

$$C = \frac{1}{8} l_0{}^2$$

2）结构抗力

结构或构件承受作用效应的能力称为结构抗力，用 R 表示。例如，构件的承载力、刚度等。结构抗力与材料性能、几何尺寸、抗力的计算假定以及计算公式等有关。通常，结构抗力主要取决于材料性能。当不考虑材料性能随时间的变异时，结构抗力为随机变量。

3）结构的功能

结构在规定的设计使用年限内应满足的各种要求，称为结构的功能。结构设计使用年限见表 3-1。

表 3-1　结构设计使用年限

类别	结构的设计使用年限/年	示　例
1	5	临时性结构
2	25	易于替换的结构构件

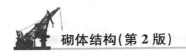

（续）

类别	结构的设计使用年限/年	示　　例
3	50	普通房屋和构筑物
4	100	纪念性建筑和特别重要的建筑结构

结构的功能包括以下 3 个方面。

（1）安全性。结构在正常施工和正常使用时能够承受可能出现的各种作用，以及在设计规定的偶然事件（如强烈地震、爆炸等）发生时及发生后仍能保持必需的整体稳定性。

（2）适用性。结构在正常使用时具有良好的工作性能，不出现影响正常使用的过大变形和过宽裂缝。

（3）耐久性。结构在正常维护下具有足够的耐久性能，不发生影响结构使用寿命的冻融、侵蚀破坏等现象。

安全性、适用性和耐久性总称为结构的可靠性，即结构在规定的设计使用年限内，在正常设计、正常施工、正常使用和正常维护条件下完成预定功能的能力。结构的可靠性可用概率来度量，即结构完成预定功能的概率称为结构的可靠度。

4）结构的可靠概率和失效概率

结构完成预定功能的工作状态可用结构的功能函数 Z 来描述，即取

$$Z = R - S \tag{3.2}$$

显然，当 $Z>0$，即结构抗力 R 大于作用效应 S 时，则结构能完成预定的功能，处于可靠状态；当 $Z<0$，即结构抗力 R 小于作用效应 S 时，结构不能完成预定的功能，处于失效状态；而当 $Z=0$，即结构抗力 R 等于作用效应 S 时，则结构处于极限状态。因此，结构可靠工作的基本条件为

$$Z \geqslant 0 \tag{3.3}$$

或

$$R \geqslant S \tag{3.4}$$

由于结构抗力 R 和作用效应 S 是随机变量，所以，结构的功能函数 Z 也是随机变量。设

μ_Z、μ_R 和 μ_S 分别为 Z、R 和 S 的平均值；σ_Z、σ_R 和 σ_S 分别为 Z、R 和 S 的标准差；R 和 S 相互独立。则由概率理论可知

$$\mu_Z = \mu_R - \mu_S \tag{3.5}$$

$$\sigma_Z = \sqrt{\sigma_R^2 + \sigma_S^2} \tag{3.6}$$

结构的功能函数 Z 的分布曲线如图 3.1 所示。在图中，纵坐标轴以左（$Z<0$）的阴影面积即为结构的失效概率 P_f，纵坐标轴以右（$Z>0$）的分布曲线与横坐标 Z 轴所围成的面积即为结构的可靠概率 P_s。即，结构的失效概率 P_f 为

$$P_f = \int_{-\infty}^{0} f(Z)\mathrm{d}z \tag{3.7}$$

结构的可靠概率 P_s 为

$$P_s = \int_{0}^{+\infty} f(Z)\mathrm{d}z \tag{3.8}$$

结构的失效概率 P_f 与可靠概率 P_S 的关系为

$$P_S + P_f = 1 \tag{3.9}$$

或

$$P_S = 1 - P_f \tag{3.10}$$

因此，可采用结构的失效概率 P_f 或者是结构的可靠概率 P_S 来度量结构的可靠性。一般采用失效概率 P_f 来度量结构的可靠性，只要失效概率 P_f 足够小，则结构的可靠性必然高。

5）结构的可靠指标

考虑到计算失效概率 P_f 比较复杂，故引入可靠指标 β 代替失效概率 P_f 来具体度量结构的可靠性。

可靠指标 β 为结构的功能函数 Z 的平均值 μ_Z 与其标准差 σ_Z 之比，即

$$\beta = \frac{\mu_Z}{\sigma_Z} \tag{3.11}$$

由式（3.11）得

$$\mu_Z = \beta \sigma_Z \tag{3.12}$$

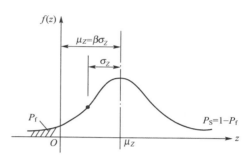

图 3.1　功能函数分布曲线

由式（3.12）和图 3.1 可见，可靠指标 β 值越大，失效概率 P_f 值就越小，即结构就越可靠，故将 β 称为可靠指标。

可靠指标 β 和失效概率 P_f 对应的数值见表 3-2。

表 3-2　可靠指标 β 与失效概率 P_f 的对应值

β	2.7	3.2	3.7	4.2
P_f	3.5×10^{-3}	6.9×10^{-4}	1.1×10^{-4}	1.3×10^{-5}

6）结构的安全等级与目标可靠指标

在进行建筑结构设计时，应根据结构破坏可能产生的后果，即危及人的生命、造成经济损失、产生社会影响等的严重性，采用不同的安全等级。建筑结构安全等级的划分应符合表 3-3 的要求。

表 3-3　建筑结构的安全等级

安全等级	破坏后果	建筑物类型
一级	很严重	重要的建筑物
二级	严重	一般的建筑物
三级	不严重	次要的建筑物

同一建筑物中的各种结构构件宜与整个结构采用相同的安全等级，但允许对部分结构构件，根据其重要程度和综合经济效益进行适当调整。如果提高某一结构构件的安全等级所增加费用很少，又能减轻整个结构的破坏，从而减少人员伤亡和财产损失，则将该结构构件的安全等级较整个结构的安全等级提高一级；相反，某一结构构件的破坏不会影响整

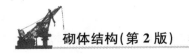

个结构或其他的构件，则可将其安全等级降低一级，但不得低于三级。

为了使所设计的结构既安全可靠，又经济合理，则结构的失效概率 P_f 应小到人们可以接受的程度，用可靠指标 β 表示时，则为

$$\beta \geqslant [\beta] \tag{3.13}$$

式中　$[\beta]$——目标可靠指标。

结构的目标可靠指标 $[\beta]$ 主要与结构的安全等级和破坏类型有关。结构的安全等级越高，则其目标可靠指标应越大。结构构件破坏前有明显的变形或其他预兆，即属于延性破坏时，则其目标可靠指标可取得小一些；相反，结构构件破坏前无明显的变形或其他预兆，具有突发性，即属于脆性破坏时，则其目标可靠指标应取得大一些。结构构件承载能力极限状态设计时采用的目标可靠指标 $[\beta]$ 见表 3-4。

表 3-4　结构构件承载能力极限状态的目标可靠指标

破坏类型	安全等级		
	一级	二级	三级
延性破坏	3.7	3.2	2.7
脆性破坏	4.2	3.7	3.2

对于一般的结构构件，直接根据目标可靠指标进行设计比较繁杂。因此《砌体结构设计规范》(GB 50003—2001)(以下简称《规范》)采用分项系数的设计表达式进行设计，即结构构件设计时不直接计算可靠指标 β，而是按规范给定的各分项系数进行计算，则所设计的结构构件隐含的可靠指标 β 可以满足不小于目标可靠指标 $[\beta]$ 的要求。

2. 极限状态设计法

1) 结构极限状态的定义和分类

结构能完成预定功能的可靠状态与其不能完成预定功能的失效状态的界限，称为极限状态。或者说，结构或构件超过某一特定状态就不能满足设计规定的某一功能要求，则此特定状态称为该功能的极限状态。

结构的极限状态可分为如下两类。

(1) 承载能力极限状态。当结构或其构件达到最大承载力或达到不适于继续承载的变形时，称该结构或其构件达到承载能力极限状态。

结构或其构件出现下列状态之一时，就认为超过了承载能力极限状态。

① 结构发生滑移、倾覆或漂浮等不稳定情况。

② 结构构件因材料强度(包括疲劳强度)不足而发生破坏。

③ 结构或构件因产生过大的塑性变形而不适用于继续承载。

④ 结构形成机动体系而丧失承载能力。

⑤ 结构或构件丧失稳定。

(2) 正常使用极限状态。当结构或其构件达到正常使用或耐久性能的某项规定限值时，称该结构或其构件达到正常使用极限状态。

结构或其构件出现下列状态之一时，就认为超过了正常使用极限状态。

① 变形过大，影响正常使用和外观。

② 裂缝较宽，影响耐久性或使人心理上产生不可接受的感觉。

③ 振动过大，影响正常使用。

2）结构设计要求

结构构件应根据承载能力极限状态和正常使用极限状态的要求，分别进行下列计算和验算。

（1）对所有结构构件均应进行承载力计算，必要时还应进行结构的滑移、倾覆或漂浮验算。

（2）对使用上需要控制变形的结构构件，应进行变形验算。

（3）对使用上要求不出现裂缝的构件，应进行抗裂验算；对使用上允许出现裂缝的构件，应进行裂缝宽度验算。

结构设计的一般程序是先按承载能力极限状态的要求设计结构构件，然后再按正常使用极限状态的要求进行验算。考虑砌体结构的特点，其正常使用极限状态的要求，在一般情况下，可由相应的构造措施保证。

3）承载能力极限状态设计表达式

砌体结构构件的承载能力极限状态设计表达式如下所示。

（1）砌体结构按承载能力极限状态设计时，应按下列公式中的最不利组合进行计算：

$$\gamma_0\left(1.2S_{Gk}+1.4r_L S_{Qlk}+r_L\sum_{i=2}^{n}\gamma_{Qi}\psi_{ci}S_{Qik}\right)\leqslant R(f,a_k\cdots) \qquad (3.14)$$

$$\gamma_0\left(1.35S_{Gk}+1.4r_L\sum_{i=1}^{n}\psi_{ci}S_{Qik}\right)\leqslant R(f,a_k\cdots) \qquad (3.15)$$

式中　γ_0——结构重要性系数。对安全等级为一级或设计使用年限为50年以上的结构构件不应小于1.1，对安全等级为二级或设计使用年限为50年的结构构件不应小于1.0，对安全等级为三级或设计使用年限为1～5年的结构构件不应小于0.9；

r_L——结构构件的抗力模型不定性系数。对静力设计，考虑结构设计使用年限的荷载调整系数，设计使用年限为50年，取1.0，设计使用年限为100年取1.1；

S_{Gk}——永久荷载标准值的效应；

S_{Qlk}——在基本组合中起控制作用的一个可变荷载标准值的效应；

S_{Qik}——第 i 个可变荷载标准值的效应；

$R(\cdot)$——结构构件的抗力函数；

γ_{Qi}——第 i 个可变荷载的分项系数，一般情况下，γ_{Qi} 取1.4，当楼面活荷载标准值大于 $4kN/m^2$ 时，γ_{Qi} 取1.3；

ψ_{ci}——第 i 个可变荷载的组合值系数，一般情况下应取0.7，对书库、档案库、储藏库或通风机房、电梯机房应取0.9；

f——砌体的强度设计值；

a_k——几何参数标准值。

（2）当砌体结构作为一个刚体，需验算整体稳定性，例如倾覆、滑移、漂浮等时，应按下式进行验算：

$$\gamma_0\left(1.2S_{G2k}+1.4r_L S_{Q1k}+r_L\sum_{i=2}^{n}S_{Qik}\right)\leqslant 0.8S_{G1k} \qquad (3.16)$$

$$\gamma_0\left(1.35S_{G2k}+1.4r_L\sum_{i=1}^{n}\psi_{ci}S_{Qik}\right)\leqslant 0.8S_{G1k} \tag{3.17}$$

式中　S_{G1k}——起有利作用的永久荷载标准值的效应；

　　　S_{G2k}——起不利作用的永久荷载标准值的效应。

3.1.2　砌体的强度标准值和设计值

1. 砌体的强度标准值

砌体的强度标准值取具有 95％保证率的强度值，即按下式计算：

$$f_k=f_m-1.645\sigma_f \tag{3.18}$$

式中　f_k——砌体的强度标准值；

　　　f_m——砌体的强度平均值；

　　　σ_f——砌体强度的标准差。

根据我国所取得的大量试验数据，通过统计分析，得到了砌体抗压、砌体轴心抗拉、砌体弯曲抗拉及抗剪等强度平均值 f_m 的计算公式，以及砌体强度的标准差 σ_f。由此得出的各类砌体的强度标准值见规范。

2. 砌体的强度设计值

砌体的强度设计值是在承载能力极限状态设计时采用的强度值，可按下式计算：

$$f=\frac{f_k}{\gamma_f} \tag{3.19}$$

式中　f——砌体的强度设计值；

　　　γ_f——砌体结构的材料分项性能系数，一般情况下，宜按施工控制等级为 B 级考虑，取 $\gamma_f=1.6$，当为 C 级时取 $\gamma_f=1.8$，当为 A 级时取 $r_f=1.5$。

施工质量控制等级为 B 级、龄期为 28d、以毛截面计算的各类砌体的抗压强度设计值、轴心抗拉强度设计值、弯曲抗拉强度设计值及抗剪强度设计值可见表 3-5～表 3-11。当施工质量控制等级为 C 级时，表中数值应乘以 1.6/1.8＝0.89 的系数；当施工质量控制等级为 A 级时，可将表中数值乘以 1.05 的系数。

表 3-5　烧结普通砖和烧结多孔砖砌体的抗压强度设计值　　单位：MPa

砖强度等级	砂浆强度等级					砂浆强度
	M15	M10	M7.5	M5	M2.5	0
MU30	3.94	3.27	2.93	2.59	2.26	1.15
MU25	3.60	2.98	2.68	2.37	2.06	1.05
MU20	3.22	2.67	2.39	2.12	1.84	0.94
MU15	2.79	2.31	2.07	1.83	1.60	0.82
MU10	—	1.89	1.69	1.50	1.30	0.67

注：当烧结多孔砖的孔洞率大于 30％时，表中数值应乘以 0.9。

表3-6 蒸压灰砂砖和粉煤灰砖砌体的抗压强度设计值   单位：MPa

砖强度等级	砂浆强度等级				砂浆强度
	M15	M10	M7.5	M5	0
MU25	3.60	2.98	2.68	2.37	1.05
MU20	3.22	2.67	2.39	2.12	0.94
MU15	2.79	2.31	2.07	1.83	0.82

表3-7 单排孔混凝土和轻骨料混凝土砌块砌体的抗压强度设计值   单位：MPa

砌块强度等级	砂浆强度等级					砂浆强度
	Mb20	Mb15	Mb10	Mb7.5	Mb5	0
MU20	6.30	5.68	4.95	4.44	3.94	2.33
MU15	—	4.61	4.02	3.61	3.20	1.89
MU10	—	—	2.79	2.50	2.22	1.31
MU7.5	—	—	—	1.93	1.71	1.01
MU5	—	—	—	—	1.19	0.70

注：（1）对独立柱或厚度为双排组砌的砌块砌体，应按表中数值乘以0.7；

（2）对T形截面砌体，应按表中数值乘以0.85。

表3-8 双排孔或多排孔轻集料混凝土砌块砌体的抗压强度设计值   单位：MPa

砌块强度等级	砂浆强度等级			砂浆强度
	Mb10	Mb7.5	Mb5	0
MU10	3.08	2.76	2.45	1.44
MU7.5	—	2.13	1.88	1.12
MU5	—	—	1.31	0.78
MU3.5	—	—	0.95	0.56

注：（1）表中的砌块为火山渣、浮石和陶粒轻骨料混凝土砌块；

（2）对厚度方向为双排组砌的轻骨料混凝土砌块砌体的抗压强度设计值，应按表中数值乘以0.8。

表3-9 毛料石砌体的抗压强度设计值   单位：MPa

毛料石强度等级	砂浆强度等级			砂浆强度
	M7.5	M5	M2.5	0
MU100	5.42	4.80	4.18	2.13
MU80	4.85	4.29	3.73	1.91

（续）

毛料石强度等级	砂浆强度等级			砂浆强度
	M7.5	M5	M2.5	0
MU60	4.20	3.71	3.23	1.65
MU50	3.83	3.39	2.95	1.51
MU40	3.43	3.04	2.64	1.35
MU30	2.97	2.63	2.29	1.17
MU20	2.42	2.15	1.87	0.95

注：对下列各类料石砌体、粗料石砌体和干砌勾缝石砌体，表中数值应分别乘以调整系数 1.4、1.2 和 0.8。

表 3-10　毛石砌体的抗压强度设计值　　　　　　　　单位：MPa

毛石强度等级	砂浆强度等级			砂浆强度
	M7.5	M5	M2.5	0
MU100	1.27	1.12	0.98	0.34
MU80	1.13	1.00	0.87	0.30
MU60	0.98	0.87	0.76	0.26
MU50	0.90	0.80	0.69	0.23
MU40	0.80	0.71	0.62	0.21
MU30	0.69	0.61	0.53	0.18
MU20	0.56	0.51	0.44	0.15

表 3-11　沿砌体灰缝截面破坏时的轴心抗拉强度设计值、
弯曲抗拉强度设计值和抗剪强度设计值　　　　　　　单位：MPa

强度类别	破坏特征砌体种类		砂浆强度等级			
			≥M10	M7.5	M5	M2.5
轴心抗拉	沿齿缝	烧结普通砖、烧结多孔砖	0.19	0.16	0.13	0.09
		混凝土普通砖、混凝土多孔砖	0.19	0.16	0.13	—
		蒸压灰砂普通砖、蒸压粉煤灰普通砖	0.12	0.10	0.08	—
		混凝土砌块	0.09	0.08	0.07	—
		毛石	0.08	0.07	0.06	0.04
弯曲抗拉	沿齿缝	烧结普通砖、烧结多孔砖	0.33	0.29	0.23	0.17
		混凝土普通砖、混凝土多孔砖	0.33	0.29	0.23	—
		蒸压灰砂普通砖、蒸压粉煤灰普通砖	0.24	0.20	0.16	—
		混凝土砌块	0.11	0.09	0.08	—
		毛石	—	0.11	0.09	0.07

（续）

强度类别	破坏特征	砌体种类	砂浆强度等级			
			≥M10	M7.5	M5	M2.5
弯曲抗拉	沿通缝	烧结普通砖、烧结多孔砖	0.17	0.14	0.11	0.08
		混凝土普通砖、混凝土多孔砖	0.17	0.14	0.11	—
		蒸压灰砂普通砖、蒸压粉煤灰普通砖	0.12	0.10	0.08	—
		混凝土砌块	0.08	0.06	0.05	
抗剪		烧结普通砖、烧结多孔砖	0.17	0.14	0.11	0.08
		混凝土普通砖、混凝土多孔砖	0.17	0.14	0.11	—
		蒸压灰砂普通砖、蒸压粉煤灰普通砖	0.12	0.10	0.08	—
		混凝土砌块	0.09	0.08	0.06	—
		毛石	—	0.19	0.16	0.11

注：（1）对于用形状规则的块体砌筑的砌体，当搭接长度与块体高度的比值小于1时，其轴心抗拉强度设计值 f_t 和弯曲抗拉强度设计值 f_{tm} 应按表中数值乘以搭接长度与块体高度比值后采用；

（2）表中数值是依据普通砂浆砌筑的砌体确定，采用经研究性试验且通过技术鉴定的专用砂浆砌筑的蒸压灰砂普通砖、蒸压粉煤灰普通砖砌体，其抗剪强度设计值按相应普通砂浆强度等级砌筑的烧结普通砖砌体采用；

（3）对混凝土普通砖、混凝土多孔砖、混凝土和轻集料混凝土砌块砌体，表中的砂浆强度等级分别为：≥Mb10、Mb7.5及Mb5。

单排孔混凝土砌块对孔砌筑时，灌孔砌体的抗压强度设计值和抗剪强度设计值分别按下式计算：

$$f_g = f + 0.6\alpha f_c \tag{3.20}$$
$$f_{vg} = 0.2 f_g^{0.55} \tag{3.21}$$

式中　f_g——灌孔砌体的抗压强度设计值，并不应大于未灌孔砌体抗压强度设计值的2倍；

　　　f——未灌孔砌体的抗压强度设计值，见表3-7；

　　　f_c——灌孔混凝土的轴心抗压强度设计值；

　　　α——砌块砌体中灌孔混凝土面积与砌体毛面积的比值，$\alpha = \delta\rho$；

　　　δ——混凝土砌块的孔洞率；

　　　ρ——混凝土砌块砌体的灌孔率，为截面灌孔混凝土面积和截面孔洞面积的比值，ρ 不应小于33%；

　　　f_{vg}——灌孔砌体的抗剪强度设计值。

灌孔混凝土的强度等级用符号 Cb×× 表示，其强度指标等同于对应的混凝土强度等级 C××。砌块砌体中灌孔混凝土的强度等级不应低于Cb20，也不宜低于1.5倍的块体强度等级。

3.1.3　砌体的强度设计值调整系数

考虑实际工程中各种可能的不利因素，各类砌体的强度设计值，当符合表3-12所列

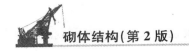

使用情况时，应乘以调整系数 γ_a。

表 3-12　砌体强度设计值的调整系数

使　用　情　况		γ_a
当施工质量控制等级为 C 级时		0.89
构件截面面积 $A<0.3m^2$ 的无筋砌体		$0.7+A$
构件截面面积 $A<0.2m^2$ 的配筋砌体		$0.8+A$
采用强度等级<M5 水泥砂浆砌筑的砌体（若为配筋砌体，仅对砌体的强度设计值乘以调整系数）	对表 3-5～表 3-10 中的数值	0.9
	对表 3-11 中的数值	0.8
验算施工中房屋的构件时		1.1

注：(1) 表中构件截面面积 A 以 m^2 计；
　　(2) 当砌体同时符合表中所列几种使用情况时，应将砌体的强度设计值连续乘以调整系数 γ_a。

3.2　受压构件

在砌体结构中，最常用的是受压构件，例如墙、柱等。砌体受压构件的承载力主要与构件的截面面积、砌体的抗压强度、轴向压力的偏心距以及构件的高厚比有关。构件的高厚比是构件的计算高度 H_0 与相应方向边长 h 的比值，用 β 表示，即 $\beta=H_0/h$。当构件的 $\beta\le 3$ 时称为短柱，反之称为长柱。对短柱的承载力可不考虑构件高厚比的影响。

3.2.1　短柱的承载力分析

图 3.2 所示为承受轴向压力的砌体受压短柱的截面应力图形。如果按材料力学的公式计算，对图 3.2(b)所示的偏心距较小全截面受压和图 3.2(c)所示的偏心距略大受拉区未开裂的情况，当截面受压边缘的应力 σ 达到砌体抗压强度 f_m 时，砌体受压短柱的承载力 N'_u 为

$$N'_u=\frac{1}{1+\frac{ey}{i^2}}f_m A =\varphi' f_m A \tag{3.22}$$

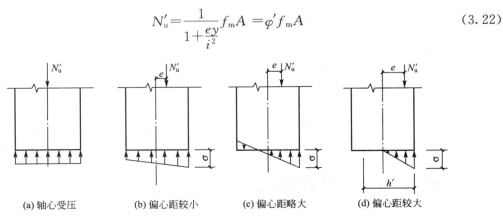

(a) 轴心受压　　(b) 偏心距较小　　(c) 偏心距略大　　(d) 偏心距较大

图 3.2　按材料力学公式计算的砌体截面应力图形

$$\varphi' = \frac{1}{1 + \dfrac{ey}{i^2}} \tag{3.23}$$

对矩形截面

$$\varphi' = \frac{1}{1 + \dfrac{6e}{h}} \tag{3.24}$$

对图 3.2(d) 所示的偏心距较大受拉区已开裂的情况，当截面受压边缘的应力 σ 达到砌体抗压强度 f_m 时，如果不计受拉区未开裂部分的作用，根据受压区压应力的合力与轴向压力的力平衡条件，可得矩形截面砌体受压短柱的承载力 $N_{u'}$ 为

$$N_{u'} = \left(0.75 - 1.5\frac{e}{h}\right) f_m A = \varphi' f_m A \tag{3.25}$$

此时
$$\varphi' = 0.75 - 1.5\frac{e}{h} \tag{3.26}$$

由以上公式可见，偏心距对砌体受压构件的承载力有较大的影响。当轴心受压时，$\varphi'=1$；当偏心受压时，$\varphi'<1$；且随偏心距的增大，φ' 值明显地减小，如图 3.3 所示。因此，将 φ' 称为砌体受压构件承载力的偏心影响系数。

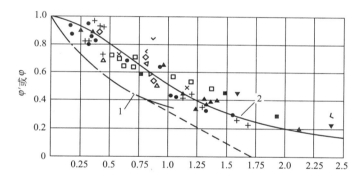

图 3.3　φ' 值曲线和 φ 值曲线

注：1 为 φ' 值曲线；2 为 φ 值曲线。

对砌体受压短柱进行大量的试验，所得试验点如图 3.3 所示。由图 3.3 可见，试验值均高于按材料力学公式计算的值。对图 3.4(a) 所示的轴心受压情况，其截面上的压应力为均匀分布，当构件达到极限承载力 N_{ua} 时，截面上的压应力达到砌体抗压强度 f。对图 3.4(b) 所示的偏心距较小的情况，此时虽为全截面受压，但因砌体为弹塑性材料，截面上的压应力分布为曲线，构件达到极限承载力 N_{ub} 时，轴向压力侧的压应力 σ_b 大于砌体抗压强度 f，但 $N_{ub}<N_{ua}$。随着轴向压力的偏心距继续增大，如图 3.4(c)、(d) 所示，截面由出现小部分受拉区大部分为受压区，逐渐过渡到受拉区开裂且部分截面退出工作的受力情况。此时，截面上的压应力随受压区面积的减小、砌体材料塑性的增大而有所增加，但构件的极限承载力减小。当受压区面积减小到一定程度时，砌体受压区将出现竖向裂缝导致构件破坏。按材料力学的公式计算时，未能考虑这些因素对砌体承载力的有利影响，故低估了砌体的承载力。

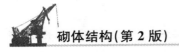

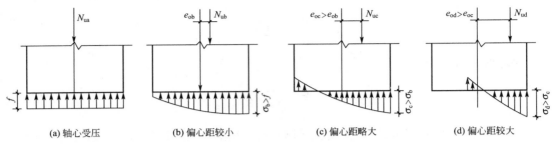

| (a) 轴心受压 | (b) 偏心距较小 | (c) 偏心距略大 | (d) 偏心距较大 |

图 3.4　砌体受压短柱的截面应力

《规范》根据我国对矩形、T 形及十字形截面受压短柱的大量试验研究结果，经统计分析，给出其偏心距对承载力的影响系数 φ 的计算公式为

$$\varphi=\frac{1}{1+\left(\dfrac{e}{i}\right)^2} \tag{3.27}$$

式中　e——荷载设计值产生的偏心距，$e=M/N$；

　　M，N——荷载设计值产生的弯矩和轴向力；

　　i——截面回转半径，$i=\sqrt{\dfrac{I}{A}}$；

　　I，A——截面惯性矩和截面面积。

当为矩形截面时，影响系数 φ 按下式计算：

$$\varphi=\frac{1}{1+12\left(\dfrac{e}{h}\right)^2} \tag{3.28}$$

式中　h——矩形截面沿轴向力偏心方向的边长，当轴心受压时为截面较小边长。

当为 T 形或十字形截面时，影响系数 φ 按下式计算：

$$\varphi=\frac{1}{1+12\left(\dfrac{e}{h_T}\right)^2} \tag{3.29}$$

式中　h_T——T 形或十字形截面的折算厚度，$h_T=3.5i$。

由图 3.3 可见，φ 值曲线较好地反映了砌体受压短柱的试验结果。

3.2.2　长柱承载力的分析

1. 轴向受压长柱

轴心受压长柱由于构件轴线的弯曲、截面材料的不均匀和荷载作用偏离重心轴等原因，不可避免地引起侧向变形，使柱在轴向压力作用下发生纵向弯曲而破坏。此时，砌体的材料得不到充分利用，承载力较同条件的短柱减小。因此，《规范》用轴心受压构件稳定系数 φ_0 来考虑这种影响。

根据材料力学中长柱发生纵向弯曲破坏的临界应力计算公式，考虑砌体的弹性模量和砂浆的强度等级变化等因素，《规范》给出轴心受压构件的稳定系数 φ_0 的计算公式为

$$\varphi_0 = \frac{1}{1+\alpha\beta^2} \qquad\qquad (3.30)$$

式中 β——构件高厚比，$\beta = \dfrac{H_0}{h}$，当 $\beta \leqslant 3$ 时，$\varphi_0 = 1.0$；

α——与砂浆强度等级有关的系数，当砂浆强度等级大于或等于 M5 时，$\alpha = 0.0015$；当砂浆强度等级等于 M2.5 时，$\alpha = 0.002$；当砂浆强度为 0 时，$\alpha = 0.009$。

2. 偏心受压长柱

偏心受压长柱在偏心距为 e 的轴向压力作用下，因侧向变形而产生纵向弯曲，引起附加偏心距 e_i，如图 3.5 所示，使得柱中部截面的轴压向力偏心距增大为 $(e+e_i)$，加速了柱的破坏。所以，对偏心受压长柱应考虑附加偏心距对承载力的影响。

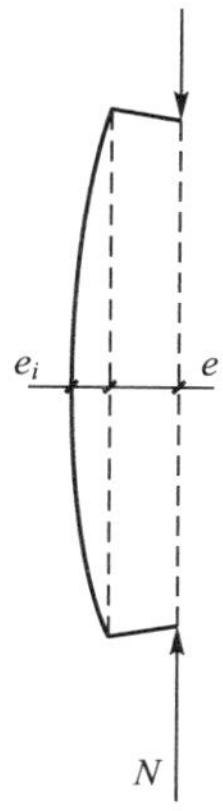

将柱中部截面的偏心距 $(e+e_i)$ 代替式 (3.27) 中的偏心距 e，可得偏心受压长柱考虑纵向弯曲和偏心距影响的系数 φ 为

$$\varphi = \frac{1}{1+\left(\dfrac{e+e_i}{i}\right)^2} \qquad\qquad (3.31)$$

当轴心受压 $e=0$ 时，应有 $\varphi = \varphi_0$，即

$$\varphi_0 = \frac{1}{1+\left(\dfrac{e_i}{i}\right)^2} \qquad\qquad (3.32)$$

图 3.5 偏心受压长柱的纵向弯曲

由 (3.32) 可得

$$e_i = i\sqrt{\frac{1}{\varphi_0}-1} \qquad\qquad (3.33)$$

对于矩形截面 $i = h/\sqrt{12}$，代入式 (3.33)，则附加偏心距 e_i 的计算公式为

$$e_i = \frac{h}{\sqrt{12}}\sqrt{\frac{1}{\varphi_0}-1} \qquad\qquad (3.34)$$

将式 (3.34) 代入式 (3.31)，得《规范》给出的矩形截面受压构件承载力的影响系数 φ 的计算公式为

$$\varphi = \frac{1}{1+12\left[\dfrac{e}{h}+\sqrt{\dfrac{1}{12}\left(\dfrac{1}{\varphi_0}-1\right)}\right]^2} \qquad\qquad (3.35)$$

对 T 形或十字形截面受压构件，将式 (3.35) 中的 h 用 h_T 代替即可。

当式 (3.35) 中的 $e=0$ 时，可得 $\varphi = \varphi_0$，即为轴心受压构件的稳定系数；当 $\beta \leqslant 3$，$\varphi_0 = 1$ 时，即得受压短柱的承载力影响系数。可见，式 (3.35) 是计算砌体受压构件承载力的影响系数的统一公式。

为了便于应用，受压构件承载力的影响系数 φ 已制成表格，可根据砂浆强度等级、β 及 e/h 或 e/h_T 查表 3-13～表 3-15 得。

表 3 - 13　影响系数 φ(砂浆强度等级≥M5)

β	$\dfrac{e}{h}$ 或 $\dfrac{e}{h_T}$						
	0	0.025	0.05	0.075	0.1	0.125	0.15
≤3	1	0.99	0.97	0.94	0.89	0.84	0.79
4	0.98	0.95	0.90	0.85	0.80	0.74	0.69
6	0.95	0.91	0.86	0.81	0.75	0.69	0.64
8	0.91	0.86	0.81	0.76	0.70	0.64	0.59
10	0.87	0.82	0.76	0.71	0.65	0.60	0.55
12	0.845	0.77	0.71	0.66	0.60	0.55	0.51
14	0.795	0.72	0.66	0.61	0.56	0.51	0.47
16	0.72	0.67	0.61	0.56	0.52	0.47	0.44
18	0.67	0.62	0.57	0.52	0.48	0.44	0.40
20	0.62	0.595	0.53	0.48	0.44	0.40	0.37
22	0.58	0.53	0.49	0.45	0.41	0.38	0.35
24	0.54	0.49	0.45	0.41	0.38	0.35	0.32
26	0.50	0.46	0.42	0.38	0.35	0.33	0.30
28	0.46	0.42	0.39	0.36	0.33	0.30	0.28
30	0.42	0.39	0.36	0.33	0.31	0.28	0.26

β	$\dfrac{e}{h}$ 或 $\dfrac{e}{h_T}$					
	0.175	0.2	0.225	0.25	0.275	0.3
≤3	0.73	0.68	0.62	0.57	0.52	0.48
4	0.64	0.58	0.53	0.49	0.45	0.41
6	0.59	0.54	0.49	0.45	0.42	0.38
8	0.54	0.50	0.46	0.42	0.39	0.36
10	0.50	0.46	0.42	0.39	0.36	0.33
12	0.49	0.43	0.39	0.36	0.33	0.31
14	0.43	0.40	0.36	0.34	0.31	0.29
16	0.40	0.37	0.34	0.31	0.29	0.27
18	0.37	0.34	0.31	0.29	0.27	0.25
20	0.34	0.32	0.29	0.27	0.25	0.23
22	0.32	0.30	0.27	0.25	0.24	0.22
24	0.30	0.28	0.26	0.24	0.22	0.21
26	0.28	0.26	0.24	0.22	0.21	0.19
28	0.26	0.24	0.22	0.21	0.19	0.18
30	0.24	0.22	0.21	0.20	0.18	0.17

表 3 – 14　影响系数 φ(砂浆强度等级 M2.5)

β	$\frac{e}{h}$ 或 $\frac{e}{h_{\mathrm{T}}}$						
	0	0.025	0.05	0.075	0.1	0.125	0.15
≤3	1	0.99	0.97	0.94	0.89	0.84	0.79
4	0.97	0.94	0.89	0.84	0.78	0.73	0.67
6	0.93	0.89	0.84	0.78	0.73	0.67	0.62
8	0.89	0.84	0.78	0.72	0.67	0.62	0.57
10	0.83	0.78	0.72	0.67	0.61	0.56	0.52
12	0.78	0.72	0.67	0.61	0.56	0.52	0.47
14	0.72	0.66	0.61	0.56	0.51	0.47	0.43
16	0.66	0.61	0.56	0.51	0.47	0.43	0.40
18	0.61	0.56	0.51	0.47	0.43	0.40	0.36
20	0.56	0.51	0.47	0.43	0.39	0.36	0.33
22	0.51	0.47	0.43	0.39	0.36	0.33	0.31
24	0.46	0.43	0.39	0.36	0.33	0.31	0.28
26	0.42	0.39	0.36	0.33	0.31	0.28	0.26
28	0.39	0.36	0.33	0.30	0.28	0.26	0.24
30	0.36	0.33	0.30	0.28	0.26	0.24	0.22

β	$\frac{e}{h}$ 或 $\frac{e}{h_{\mathrm{T}}}$					
	0.175	0.2	0.225	0.25	0.275	0.3
≤3	0.73	0.68	0.62	0.57	0.52	0.48
4	0.62	0.57	0.52	0.48	0.44	0.40
6	0.57	0.52	0.48	0.44	0.40	0.37
8	0.52	0.48	0.44	0.40	0.37	0.34
10	0.47	0.43	0.40	0.37	0.34	0.31
12	0.43	0.40	0.37	0.34	0.31	0.29
14	0.40	0.36	0.34	0.31	0.29	0.27
16	0.36	0.34	0.31	0.29	0.26	0.25
18	0.33	0.31	0.29	0.26	0.24	0.23
20	0.31	0.28	0.26	0.24	0.23	0.21
22	0.28	0.26	0.24	0.23	0.21	0.20
24	0.26	0.24	0.23	0.21	0.20	0.18
26	0.24	0.22	0.21	0.20	0.18	0.17
28	0.22	0.21	0.20	0.18	0.17	0.16
30	0.21	0.20	0.18	0.17	0.16	0.15

表 3 - 15 影响系数 φ(砂浆强度 0)

β	$\dfrac{e}{h}$ 或 $\dfrac{e}{h_{\mathrm{T}}}$						
	0	0.025	0.05	0.075	0.1	0.125	0.15
≤3	1	0.99	0.97	0.94	0.89	0.84	0.79
4	0.87	0.82	0.77	0.71	0.66	0.60	0.55
6	0.76	0.70	0.65	0.59	0.64	0.50	0.46
8	0.63	0.58	0.54	0.49	0.45	0.41	0.38
10	0.53	0.48	0.44	0.41	0.37	0.34	0.32
12	0.44	0.40	0.37	0.34	0.31	0.29	0.27
14	0.36	0.33	0.31	0.28	0.26	0.24	0.23
16	0.30	0.28	0.26	0.24	0.22	0.21	0.19
18	0.26	0.24	0.22	0.21	0.19	0.18	0.17
20	0.22	0.20	0.19	0.18	0.17	0.16	0.15
22	0.19	0.18	0.16	0.15	0.14	0.14	0.13
24	0.16	0.15	0.14	0.13	0.13	0.12	0.11
26	0.14	0.13	0.13	0.12	0.11	0.11	0.10
28	0.12	0.12	0.11	0.11	0.10	0.10	0.09
30	0.11	0.10	0.10	0.09	0.09	0.09	0.08

β	$\dfrac{e}{h}$ 或 $\dfrac{e}{h_{\mathrm{T}}}$					
	0.175	0.2	0.225	0.25	0.275	0.3
≤3	0.73	0.68	0.62	0.57	0.52	0.48
4	0.51	0.46	0.43	0.39	0.36	0.33
6	0.42	0.39	0.36	0.33	0.30	0.28
8	0.35	0.32	0.30	0.28	0.25	0.24
10	0.29	0.27	0.25	0.23	0.22	0.20
12	0.25	0.23	0.21	0.20	0.19	0.17
14	0.21	0.20	0.18	0.17	0.16	0.15
16	0.18	0.17	0.13	0.12	0.12	0.13
18	0.16	0.15	0.14	0.13	0.12	0.12
20	0.14	0.13	0.12	0.12	0.11	0.10
22	0.12	0.12	0.11	0.10	0.10	0.09
24	0.11	0.10	0.10	0.09	0.09	0.08
26	0.10	0.09	0.09	0.08	0.08	0.07
28	0.09	0.08	0.08	0.08	0.07	0.07
30	0.08	0.07	0.07	0.07	0.07	0.06

3.2.3　受压构件的承载力计算

1. 计算公式

根据上述分析，砌体受压构件的承载力按下式计算：

$$N \leqslant \varphi f A \tag{3.36}$$

式中　N——轴向力设计值；

　　　φ——高厚比 β 和轴向力的偏心距 e 对受压构件承载力的影响系数，可按式(3.35)
　　　　计算或见表 3-13～表 3-15；

　　　f——砌体的抗压强度设计值见表 3-5～表 3-10，并考虑调整系数 γ_a；

　　　A——截面面积，对各类砌体均应按毛截面计算。带壁柱墙的计算截面翼缘宽度 b_f
　　　　按如下规定采用：对多层房屋，当有门窗洞口时，可取窗间墙宽度；当无门
　　　　窗洞口时，每侧翼缘墙宽度可取壁柱高度的 1/3；对单层房屋，可取壁柱宽
　　　　加 2/3 墙高，但不大于窗间墙宽度和相邻壁柱间距离。

2. 注意的问题

（1）对矩形截面构件，当轴向力偏心方向的截面边长大于另一方向的边长时，除按偏
心受压计算外，还应对较小边长方向按轴心受压进行验算，验算公式为 $N \leqslant \varphi_0 f A$，$\varphi_0$ 可
查影响系数 φ 表（表 3-13～表 3-15）中 $e=0$ 的栏或用式(3.30)计算。

（2）由于砌体材料的种类不同，构件的承载能力有较大的差异，因此，计算影响系数
φ 或查 φ 表时，构件高厚比 β 按下列公式确定：

对矩形截面　　　　　　　　$\beta = \gamma_\beta \dfrac{H_0}{h}$ 　　　　　　　　　　　　(3.37)

对 T 形截面　　　　　　　　$\beta = \gamma_\beta \dfrac{H_0}{h_T}$ 　　　　　　　　　　　　(3.38)

式中　γ_β——不同砌体材料构件的高厚比修正系数，见表 3-16；

　　　H_0——受压构件的计算高度，见 4.4 节中表 4-3。

表 3-16　高厚比修正系数 γ_β

砌体材料的类别	γ_β
烧结普通砖、烧结多孔砖	1.0
混凝土及轻骨料混凝土砌块	1.1
蒸压灰砂砖、蒸压粉煤灰砖、细料石、半细料石	1.2
粗料石、毛石	1.5

（3）由于轴向力的偏心距 e 较大时，构件在使用阶段容易产生较宽的水平裂缝，使构件
的侧向变形增大，承载力显著下降，既不安全也不经济。因此，《规范》规定按内力设计值
计算的轴向力的偏心距 $e \leqslant 0.6y$，y 为截面重心到轴向力所在偏心方向截面边缘的距离。

当轴向力的偏心距 e 超过 $0.6y$ 时，宜采用组合砖砌体构件；亦可采取减少偏心距的
其他可靠工程措施。

3.2.4 双向偏心压构件的承载力计算

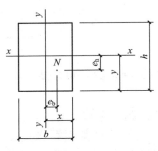

图 3.6 双向偏心受压截面

在工程实践中也会遇到砌体双向偏心受压的情况，如图 3.6 所示。试验表明，砌体双向偏心受压时，偏心距 e_h、e_b 的大小不同，则砌体的竖向裂缝、水平裂缝的出现与发展不同，而且砌体的破坏形式也不同。当两个方向的偏心率 e_h/h、e_b/b 均小于 0.2 时，砌体的受力、开裂以及破坏形式与轴心受压构件基本相同；当两个方向的偏心率达到 0.2～0.3 时，砌体内的竖向裂缝和水平裂缝几乎同时出现；当两个方向的偏心率达到 0.3～0.4 时，砌体内的水平裂缝首先出现；当一个方向的偏心率超过 0.4，而另一个方向的偏心率小于 0.1 时，砌体的受力性能与单向偏心受压基本相同。

根据砌体双向偏心受压短柱的试验结果，并考虑纵向弯曲引起的附加偏心距的影响，《规范》给出矩形截面双向偏心受压构件承载力的影响系数计算公式为

$$\varphi = \frac{1}{1 + 12\left[\left(\dfrac{e_b + e_{ib}}{b}\right)^2 + \left(\dfrac{e_h + e_{ih}}{h}\right)^2\right]} \tag{3.39}$$

$$e_{ib} = \frac{b}{\sqrt{12}}\sqrt{\frac{1}{\varphi_0} - 1}\left[\frac{\dfrac{e_b}{b}}{\dfrac{e_b}{b} + \dfrac{e_h}{h}}\right] \tag{3.40}$$

$$e_{ih} = \frac{h}{\sqrt{12}}\sqrt{\frac{1}{\varphi_0} - 1}\left[\frac{\dfrac{e_h}{h}}{\dfrac{e_b}{b} + \dfrac{e_h}{h}}\right] \tag{3.41}$$

式中 e_b、e_h——轴向力在截面重心 x 轴、y 轴方向的偏心距，e_b、e_h 宜分别不大于 $0.5x$ 和 $0.5y$。

x、y——自截面重心沿 x 轴、y 轴至轴向力所在偏心方向截面边沿的距离。

e_{ib}、e_{ih}——轴向力在截面重心 x 轴、y 轴方向的附加偏心距。

当一个方向的偏心率（e_h/h 或 e_b/b）不大于另一个方向的偏心率的 5% 时，可简化按另一个方向的单向偏心受压计算，即按式(3.35)计算承载力的影响系数。因此，砌体双向偏心受压构件的承载力计算公式同式(3.36)。

【例 3.1】 某房屋中截面尺寸为 $400\text{mm} \times 600\text{mm}$ 的柱，采用 MU10 混凝土小型空心砌块和 Mb5 混合砂浆砌筑，柱的计算高度 $H_0 = 3.6\text{m}$，柱底截面承受的轴心压力标准值 $N_k = 220\text{kN}$（其中由永久荷载产生的为 170kN，已包括柱自重）。试计算柱的承载力。

解： 查表 3-7 得砌块砌体的抗压强度设计值 $f = 2.22\text{MPa}$。

因为 $A = 0.4 \times 0.6 = 0.24(\text{m}^2) < 0.3\text{m}^2$，故砌体抗压强度设计值 f 应乘以调整系数

$$\gamma_a = 0.7 + A = 0.7 + 0.24 = 0.94$$

由于柱的计算高度 $H_0 = 3.6m$，$\beta = \gamma_\beta H_0/b = 1.1 \times 3600/400 = 9.9$，按轴心受压 $e = 0$ 查表 3-13 得 $\varphi = 0.87$。

考虑为独立柱，且双排组砌，故乘以强度降低系数 0.7，则柱的极限承载力为

$$N_u = \varphi \gamma_a f = 0.87 \times 0.24 \times 10^6 \times 0.94 \times 2.22 \times 10^{-3} \times 0.7 = 305.0(kN)$$

柱截面的轴心压力设计值为

$$N = 1.35 S_{Gk} + 1.4 S_{Qk} = 1.35 \times 170 + 1.4 \times 50 = 299.5(kN)$$

可见，$N < N_u$，满足承载力要求。

【例 3.2】 某房屋中截面尺寸 $b \times h = 490mm \times 740mm$ 的柱，采用 MU15 蒸压灰砂砖和 M5 水泥砂浆砌筑，柱的计算高度 $H_0 = 5.4m$，柱底截面承受的轴心压力设计值 $N = 365kN$，弯矩设计值 $M = 31kN \cdot m$，试验算柱的承载力。

解： 查表 3-6 得砌体的抗压强度设计值 $f = 1.83MPa$。

因为 $A = 0.49 \times 0.74 = 0.36m^2 > 0.3m^2$，故调整系数 $\gamma_a = 1.0$；但因采用水泥砂浆，所以应乘以调整系数 $\gamma_a = 0.9$。

（1）偏心方向柱的承载力验算。

轴向力的偏心距 $e = \dfrac{M}{N} = \dfrac{31}{365} = 84.9(mm) < 0.6y = 0.6 \times 370 = 222(mm)$

根据 $\beta = \gamma_\beta \dfrac{H_0}{h} = 1.2 \times \dfrac{5400}{740} = 8.76$，$\dfrac{e}{h} = \dfrac{84.9}{740} = 0.11$，查表 3-13 得 $\varphi = 0.66$

柱的极限承载力为

$$N_u = \varphi A \gamma_a f = 0.66 \times 0.36 \times 10^6 \times 0.9 \times 1.83 \times 10^{-3} = 391.3(kN) > N = 365kN$$

可见，偏心方向柱的承载力满足要求。

（2）短边方向按轴心受压验算承载力。

$$\beta = \gamma_\beta \frac{H_0}{b} = 1.2 \times \frac{5400}{490} = 13.22 \quad 查表 3-13 得 \varphi = 0.79$$

$$N_u = \varphi A \gamma_a f = 0.79 \times 0.36 \times 10^6 \times 0.9 \times 1.83 \times 10^{-3} = 468.4(kN) > N = 365kN$$

短边方向的轴心受压承载力满足要求。

【例 3.3】 某单层厂房带壁柱的窗间墙截面尺寸如图 3.7 所示，柱的计算高度 $H_0 = 5.1m$，采用 MU15 烧结粉煤灰砖和 M7.5 水泥砂浆砌筑，承受轴心压力值 $N = 255kN$，弯矩设计值 $M = 22kN \cdot m$，试验算其截面承载力是否满足要求。

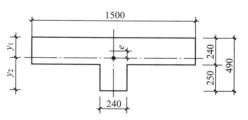

图 3.7　例 3.3 带壁柱窗间墙截面

解：（1）截面几何特征值计算。

截面面积　　　　$A = 1500 \times 240 + 240 \times 250 = 420000(mm^2)$

截面重心轴　　　$y_1 = \dfrac{1500 \times 240 \times 120 + 240 \times 250 \times (240 + 125)}{420000} = 155(mm)$

$$y_2 = 490 - 155 = 335(mm)$$

截面惯性矩 $I = \dfrac{1500 \times 240^3}{12} + 1500 \times 240 \times (155 - 120)^2 + \dfrac{240 \times 250^3}{12} + 240 \times 250(335 - 125)^2$

$$= 51275 \times 10^5 (mm^4)$$

回转半径
$$i=\sqrt{\frac{I}{A}}=\sqrt{\frac{51275\times10^5}{420000}}=110.5(\text{mm})$$

截面折算厚度
$$h_T=3.5i=3.5\times110.5=386.75(\text{mm})$$

（2）承载力计算

轴向力的偏心距 $e=\dfrac{M}{N}=\dfrac{22}{255}=86.3(\text{mm})<0.6y=0.6\times155=93(\text{mm})$

根据 $\beta=\gamma_\beta\dfrac{H_0}{h_T}=1\times\dfrac{5100}{386.75}=13.2$，$\dfrac{e}{h_T}=\dfrac{86.3}{386.75}=0.223$，查表 3-13 得 $\varphi=0.39$

查表 3-5 得砌体抗压强度设计值 $f=2.07\text{MPa}$，因为水泥砂浆，故应乘以调整系数 $\gamma_a=0.9$。

窗间墙截面极限承载力为
$$N_u=\varphi A\gamma_a f=0.39\times0.42\times10^6\times0.9\times2.07\times10^{-3}=305.1(\text{kN})$$

可见，$N\leqslant N_u$，满足承载力要求。

【例 3.4】 双向偏心受压柱截面尺寸 $b\times h=370\text{mm}\times490\text{mm}$，采用 MU15 烧结多孔砖和 M5 混合砂浆砌筑，柱在两个方向的计算高度均为 $H_0=3.0\text{m}$，柱顶截面承受的轴向压力设计值 $N=115\text{kN}$，其作用点 $e_b=0.1x=0.1\times370/2=18.5(\text{mm})$，$e_h=0.3y=0.3\times490/2=73.5(\text{mm})$。试验算柱顶截面的承载力是否满足要求。

解： 查表 3-5 得砌体的抗压强度设计值 $f=1.83\text{MPa}$。

因为 $A=0.37\times0.49=0.18(\text{m}^2)<0.3\text{m}^2$，故砌体抗压强度设计值 f 应乘以调整系数。
$$\gamma_a=0.7+A=0.7+0.18=0.88$$

柱的计算高度 $H_0=3.0\text{m}$，$\beta_b=\gamma_\beta H_0/b=1.0\times3000/370=8.11$，
$$\beta_h=\gamma_\beta H_0/h=1.0\times3000/490=6.12$$

$$\varphi_{0b}=\frac{1}{1+\alpha\beta_b^2}=\frac{1}{1+0.0015\times8.11^2}=0.91$$

$$\varphi_{0h}=\frac{1}{1+\alpha\beta_h^2}=\frac{1}{1+0.0015\times6.12^2}=0.95$$

$$e_{ib}=\frac{b}{\sqrt{12}}\sqrt{\frac{1}{\varphi_{0b}}-1}\left[\frac{\frac{e_b}{b}}{\frac{e_b}{b}+\frac{e_h}{h}}\right]=\frac{370}{\sqrt{12}}\times\sqrt{\frac{1}{0.91}-1}\times\left[\frac{\frac{18.5}{370}}{\frac{18.5}{370}+\frac{73.5}{490}}\right]=26.54(\text{mm})$$

$$e_{ih}=\frac{h}{\sqrt{12}}\sqrt{\frac{1}{\varphi_{0h}}-1}\left[\frac{\frac{e_h}{h}}{\frac{e_b}{b}+\frac{e_h}{h}}\right]=\frac{490}{\sqrt{12}}\times\sqrt{\frac{1}{0.95}-1}\times\left[\frac{\frac{73.5}{490}}{\frac{18.5}{370}+\frac{73.5}{490}}\right]=24.19(\text{mm})$$

$$\varphi=\frac{1}{1+12\left[\left(\frac{e_b+e_{ib}}{b}\right)^2+\left(\frac{e_h+e_{ih}}{h}\right)^2\right]}=\frac{1}{1+12\left[\left(\frac{45.04}{370}\right)^2+\left(\frac{97.69}{490}\right)^2\right]}=0.6$$

考虑为独立柱，故乘以强度降低系数 0.7，则柱的极限承载力为
$$N_u=\varphi A\gamma_a f=0.6\times0.18\times10^6\times0.88\times1.83\times10^3\times0.7=121.75(\text{kN})>N=115\text{kN}$$

该柱顶截面的承载力满足要求。

3.3 局部受压

3.3.1 局部受压的基本性能

当轴向力仅作用在砌体的部分面积上时，即为砌体的局部受压。它是砌体结构中常见的一种受力形式。如果砌体的局部受压面积 A_l 上受到的压应力是均匀分布的，称为局部均匀受压；否则，为局部非均匀受压。例如，支承轴心受压柱的砌体基础为局部均匀受压；梁端支承处的砌体一般为局部非均匀受压。

通过大量的试验发现，砌体局部受压可能有 3 种破坏形态。

1) 纵向裂缝发展而破坏

图 3.8(a) 所示为一在中部承受局部压力作用的墙体，当砌体的截面面积 A 与局部受压面积 A_l 的比值较小时，在局部压力作用下，试验钢垫板下 1 或 2 皮砖以下的砌体内产生第一批纵向裂缝；随着压力的增大，纵向裂缝逐渐向上和向下发展，并出现其他纵向裂缝和斜裂缝，裂缝数量不断增加。当其中的部分纵向裂缝延伸形成一条主要裂缝时，试件即将破坏，开裂荷载一般小于破坏荷载。在砌体的局部受压中，这是一种较为常见的破坏形态。

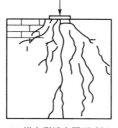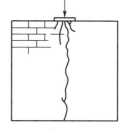

(a) 纵向裂缝发展而破坏   (b) 劈裂破坏

图 3.8　砌体局部均匀受压破坏形态

2) 劈裂破坏

当砌体的截面面积 A 与局部受压面积 A_l 的比值相当大时，在局部压力作用下，砌体产生数量少但较集中的纵向裂缝，如图 3.8(b) 所示；而且纵向裂缝一出现，砌体很快就发生犹如刀劈一样的破坏，开裂荷载一般接近破坏荷载。在大量的砌体局部受压试验中，仅有少数为劈裂破坏情况。

3) 局部受压面积处破坏

在实际工程中，当砌体的强度较低，但所支承的墙梁的高跨比较大时，有可能发生梁端支承处砌体局部被压碎而破坏。在砌体局部受压试验中，这种破坏极少发生。

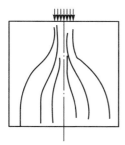

图 3.9　砌体中局部压应力的分布

试验分析表明：在局部压力作用下，砌体中的压应力不仅能扩散到一定的范围，如图 3.9 所示，而且非直接受压部分的砌体对直接受压部分的砌体有约束作用，从而使直接受压部分的砌体处于双向或三向受压状态，其抗压强度高于砌体的轴心抗压强度设计值 f。

3.3.2 局部均匀受压

1. 砌体局部抗压强度提高系数 γ

根据试验研究结果，砌体的局部抗压强度可取 γf。γ 称为砌体局部抗压强度提高系数，按下式计算：

$$\gamma = 1 + 0.35\sqrt{\frac{A_0}{A_l} - 1} \tag{3.42}$$

式中　A_l——局部受压面积；

　　A_0——影响砌体局部抗压强度的计算面积，如图 3.10 所示，按下列规定采用。

对图 3.10(a)，$A_0 = (a + c + h)h$。

对图 3.10(b)，$A_0 = (b + 2h)h$。

对图 3.10(c)，$A_0 = (a + h)h + (b + h_l - h)h_1$。

对图 3.10(d)，$A_0 = (a + h)h$。

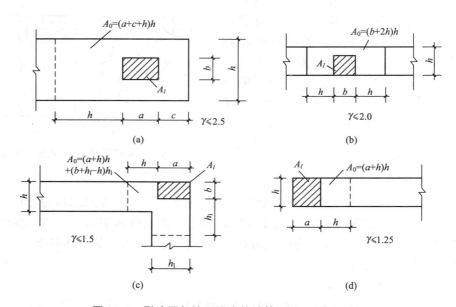

图 3.10　影响局部抗压强度的计算面积 A_0 及 γ 限值

由式(3.42)可以看出，砌体的局部抗压强度主要取决于砌体原有的轴心抗压强度和周围砌体对局部受压区的约束程度。当砌体为中心局部受压时，随着周围砌体的截面面积 A 与局部受压面积 A_l 之比的增大，周围砌体对局部受压区的约束作用增强，砌体的局部抗压强度提高。但当 A/A_l 较大时，砌体的局部抗压强度提高幅度减少。为此，《规范》规定了影响砌体局部抗压强度的计算面积 A_0。同时，试验还表明，当 A/A_l 较大时，可能导致砌体产生劈裂破坏，所以按式(3.42)计算所得的 γ 值不得超过图 3.10 中所注的相应值。对多孔砖砌体及按规定要求灌孔的砌块砌体，$\gamma \leqslant 1.5$；对未灌孔的混凝土砌块砌体，$\gamma = 1.0$；对于多孔砖砌体孔洞难以灌实时，$\gamma = 1.0$。

2. 局部均匀受压承载力计算

砌体截面中受局部均匀压力时的承载力按下式计算：

$$N_l \leqslant \gamma f A_l \tag{3.43}$$

式中 N_l——局部受压面积 A_l 上的轴向力设计值；

f——砌体的抗压强度设计值，可不考虑强度调整系数 γ_a 的影响。

3.3.3 梁端支承处砌体局部受压

1. 上部荷载对砌体局部抗压的影响

图 3.11 所示为梁端支承在墙体中部的局部受压情况。梁端支承处砌体的局部受压面积上除承受梁端传来的支承压力 N_l 外，还承受由上部荷载产生的轴向力 N_0，如图 3.11(a) 所示。如果上部荷载在梁端上部砌体中产生的平均压应力 σ_0 较小，即上部砌体产生的压缩变形较小；而此时，若 N_l 较大，梁端底部的砌体将产生较大的压缩变形；由此使梁端顶面与砌体逐渐脱开形成水平缝隙，砌体内部产生应力重分布。上部荷载将通过上部砌体形成的内拱传到梁端周围的砌体，直接传到局部受压面积上的荷载将减少，如图 3.11(b) 所示。但如果 σ_0 较大，N_l 较小，梁端上部砌体产生的压缩变形较大，梁端顶面不再与砌体脱开，上部砌体形成的内拱卸荷作用将消失。试验指出，当 $A_0/A_l > 2$ 时，可忽略不计上部荷载对砌体局部抗压的影响。《规范》偏于安全，取 $A_0/A_l \geqslant 3$ 时，不计上部荷载的影响，即 $N_0 = 0$。

上部荷载对砌体局部抗压的影响，《规范》用上部荷载的折减系数 ψ 来考虑，ψ 按下式计算：

$$\psi = 1.5 - 0.5 \frac{A_0}{A_l} \tag{3.44}$$

当 $A_0/A_l \geqslant 3$ 时取 $\psi = 0$。

2. 梁端有效支承长度

当梁支承在砌体上时，由于梁受力变形翘曲，支座内边缘处砌体的压缩变形较大，使得梁的末端部分与砌体脱开，梁端有效支承长度 a_0 可能小于其实际支承长度 a，如图 3.12 所示。

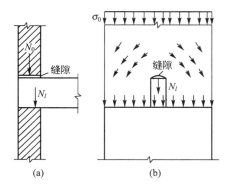

图 3.11 梁端支承在墙体中部的局部受压

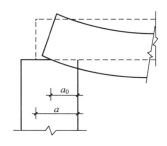

图 3.12 梁端支承长度变化

经试验分析，为了便于工程应用，《规范》给出梁端有效支承长度的计算公式为

$$a_0 = 10 \sqrt{\frac{h_c}{f}} \tag{3.45}$$

式中　a_0——梁端有效支承长度(mm)，当 $a_0 > a$ 时，取 $a_0 = a$；

　　　h_c——梁的截面高度(mm)；

　　　f——砌体抗压强度设计值(MPa)。

3. 梁端支承处砌体局部受压承载力计算

考虑上部荷载对砌体局部抗压的影响，根据上部荷载在局部受压面积上产生的实际平均压应力 σ_0' 与梁端支承压力 N_l 在相应面积上产生的最大压应力 σ_1 之和不大于砌体局部抗压强度 γf 的强度条件，如图 3.13 所示，即 $\sigma_{\max} \leqslant \gamma f$，可推得梁端支承处砌体局部受压承载力计算公式为

$$\psi N_0 + N_l \leqslant \eta \gamma A_l f \tag{3.46}$$

式中　ψ——上部荷载的折减系数，按式(3.44)计算；

　　　N_0——局部受压面积内上部轴向力设计值，$N_0 = \sigma_0 A_l$；

　　　σ_0——上部平均压应力设计值；

　　　N_l——梁端支承压力设计值；

　　　η——梁端底面压应力图形的完整系数，一般取 0.7，对于过梁和墙梁可取 1.0；

　　　A_l——局部受压面积，$A_l = a_0 b$；

　　　a_0——梁端有效支承长度，按式(3.45)计算；

　　　b——梁宽。

图 3.13　梁端支承处砌体应力状态

3.3.4　梁端垫块下砌体局部受压

当梁端支承处的砌体局部受压承载力不满足式(3.46)的要求时，可在梁端下的砌体内设置垫块。通过垫块可增大局部受压面积，减少其上的压应力，有效地解决砌体的局部承载力不足的问题。

1. 刚性垫块的构造要求

实际工程中常采用刚性垫块。刚性垫块按施工方法不同分为预制刚性垫块和与梁端现浇成整体的刚性垫块，如图 3.14 所示。垫块一般采用素混凝土制作；当荷载较大时，也可为钢筋混凝土的。

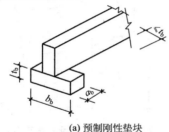
(a) 预制刚性垫块

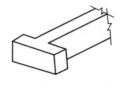
(b) 与梁端现浇成整体的刚性垫块

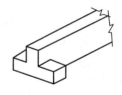

图 3.14　刚性垫块

刚性垫块的构造应符合下列规定。

（1）垫块的高度 $t_b \geqslant 180\text{mm}$，自梁边缘算起的垫块挑出长度不宜大于垫块的高度 t_b。

（2）在带壁柱墙的壁柱内设置刚性垫块时，其计算面积应取壁柱范围内的面积，而不应计算翼缘部分，同时壁柱上垫块伸入翼墙内的长度不应小于120mm，如图3.15所示。

（3）现浇垫块与梁端整体浇筑时，垫块可在梁高范围内设置。

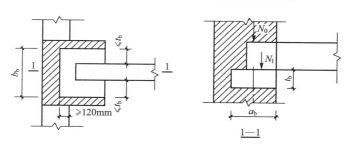

图3.15 壁柱上设置垫块时梁端局部承压

2. 垫块下砌体局部受压承载力计算

试验表明垫块底面积以外的砌体对局部受压范围内的砌体有约束作用，使垫块下的砌体抗压强度提高，但考虑到垫块底面压应力分布不均匀，偏于安全，取垫块外砌体的有利影响系数 $\gamma_1 = 0.8\gamma$；同时，垫块下砌体的受力状态接近偏心受压情况。故垫块下砌体局部受压承载力可按下式计算：

$$N_0 + N_l \leqslant \varphi \gamma_1 f A_b \tag{3.47}$$

式中　N_0——垫块面积 A_b 内上部轴向力设计值，$N_0 = \sigma_0 A_b$，σ_0 的意义同前；

　　　φ——垫块上的 N_0 及 N_l 合力的影响系数，可根据 e/a_b 查表3-13~表3-15中 $\beta \leqslant 3$ 的 φ 值，$e = [N_l(a_b/2 - 0.4a_0)]/N_0 + N_l$；

　　　γ_1——垫块外砌体面积的有利影响系数，$\gamma_1 = 0.8\gamma$，但不小于1.0；

　　　γ——砌体局部抗压强度提高系数，按式(3.42)计算，并以 A_b 代替 A_l；

　　　A_b——垫块面积，$A_b = a_b b_b$；

　　　a_b——垫块伸入墙内长度；

　　　b_b——垫块宽度。

3. 梁端有效支承长度

当梁端设有刚性垫块时，梁端有效支承长度 a_0 考虑刚性垫块的影响，按下式计算：

$$a_0 = \delta_1 \sqrt{\frac{h_c}{f}} \tag{3.48}$$

式(3.48)中符号 h_c、f 的意义同式(3.45)；δ_1 为刚性垫块的影响系数，见表3-17。

表3-17 刚性垫块的影响系数 δ_1

$\dfrac{\sigma_0}{f}$	0	0.2	0.4	0.6	0.8
δ_1	5.4	5.7	6.0	6.9	7.8

注：表中其间的数值可采用插入法求得。

梁端支承压力设计值 N_l 距墙内边缘的距离可取 $0.4a_0$。

3.3.5 梁端垫梁下砌体局部受压

在实际工程中，常在梁或屋架端部下面的砌体墙上设置连续的钢筋混凝土梁，如圈梁等。此钢筋混凝土梁可把承受的局部集中荷载扩散到一定范围的砌体墙上，起到垫块的作用，故称为垫梁，如图 3.16 所示。

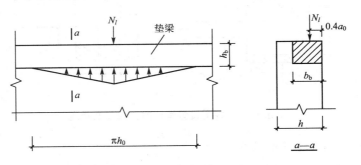

图 3.16 垫梁局部受压

根据试验分析，当垫梁长度大于 πh_0 时，在局部集中荷载作用下，垫梁下砌体受到的竖向压应力在长度 πh_0 范围内分布为三角形，应力峰值可达 $1.5f$。此时，垫梁下的砌体局部受压承载力可按下列公式计算：

$$N_0 + N_l \leqslant 2.4\delta_2 f b_\mathrm{b} h_0 \tag{3.49}$$

$$N_0 = \frac{\pi b_\mathrm{b} h_0 \sigma_0}{2} \tag{3.50}$$

$$h_0 = 2\sqrt[3]{\frac{E_\mathrm{b} I_\mathrm{b}}{Eh}} \tag{3.51}$$

式中　N_0——垫梁上部轴向力设计值(N)；

　　　δ_2——当荷载沿墙厚方向均匀分布时，δ_2 取 1.0，不均匀时 δ_2 取 0.8；

　　　b_b——垫梁在墙厚方向的宽度(mm)；

　　　h_0——垫梁折算高度(mm)；

　　　σ_0——上部平均压应力设计值(MPa)；

E_b、I_b——分别为垫梁的混凝土弹性模量和截面惯性矩；

　　　E——砌体弹性模量；

　　　h——墙厚(mm)。

垫梁上梁端有效支承长度 a_0，可按设有刚性垫块时的式(3.48)计算。

【例 3.5】　某房屋的基础采用 MU10 烧结普通砖和 M7.5 水泥砂浆砌筑，其上支承截面尺寸为 250mm×250mm 的钢筋混凝土柱，如图 3.17 所示，柱作用于基础顶面中心处的轴向压力设计值 N_l=180kN，试验算柱下砌体的局部受压承载力是否满足要求。

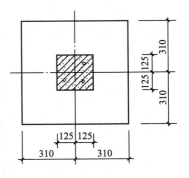

图 3.17 例 3.5 基础平面图
(单位：mm)

解： 查表 3-5 得砌体抗压强度设计值 $f=1.69$ MPa

砌体的局部受压面积 $A_l=0.25\times0.25=0.0625$（$m^2$）

影响砌体局部抗压强度计算面积 $A_0=0.62\times0.62=0.3844$（$m^2$）

砌体局部抗压强度提高系数 $\gamma=1+0.35\sqrt{\dfrac{A_0}{A_l}-1}=1+0.35\sqrt{\dfrac{0.3844}{0.0625}-1}=1.79<2.5$

砌体局部受压承载力为

$$\gamma f A_l=1.79\times1.69\times0.0625\times10^6\times10^{-3}=189.1（kN）$$

可见，$N_l=180$kN$<\gamma f A_l=189.1$kN 满足要求。

【例 3.6】 某房屋窗间墙上梁的支承情况如图 3.18 所示。梁的截面尺寸 $b\times h=250$mm$\times500$mm，在墙上支承长度 $a=240$mm。窗间墙截面尺寸为 1200mm$\times370$mm，采用 MU10 烧结煤矸石砖和 M5 混合砂浆砌筑。梁端支承压力设计值 $N_l=100$kN，梁底截面上部荷载设计值产生的轴向力 $N_s=175$kN。试验算梁端支承处砌体局部受压承载力。

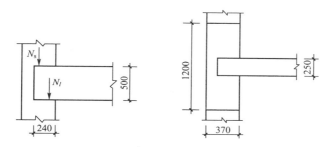

图 3.18 例 3.6 窗间墙上梁的支承情况（单位：mm）

解： 由表 3-5 查得砌体抗压强度设计值 $f=1.50$ MPa

梁端底面压应力图形的完整系数 $\eta=0.7$

梁端有效支承长度为

$$a_0=10\sqrt{\dfrac{h_c}{f}}=10\sqrt{\dfrac{500}{1.5}}=182.6（mm）<a=240mm$$

梁端局部受压面积 $A_l=a_0 b=182.6\times250=45650$（mm）^{2}

影响砌体局部抗压强度的计算面积 $A_0=(b+2h)h=(250+2\times370)\times370=366300$（mm^2）

砌体局部抗压强度提高系数 $\gamma=1+0.35\sqrt{\dfrac{A_0}{A_l}-1}=1+0.35\sqrt{\dfrac{366300}{45650}-1}=1.93<2.0$

取 $\gamma=1.93$。

上部轴向力设计值 N_s 由整个窗间墙承受，故上部平均压应力设计值为

$$\sigma_0=\dfrac{175000}{370\times1200}=0.39（MPa）$$

则局部受压面积内上部轴向力设计值为

$$N_0=\sigma_0 A_l=0.39\times45650\times10^{-3}=18（kN）$$

因为　　　　　　　$A_0/A_l=366300/45650=8.024>3$

所以，取 $\psi=0$，即不考虑上部荷载的影响，则 $\psi N_0+N_l=100$kN。

梁端支承处砌体局部受压承载力 $\eta\gamma A_l f=0.7\times1.93\times45650\times1.50\times10^{-3}=92.5$（kN）$<$

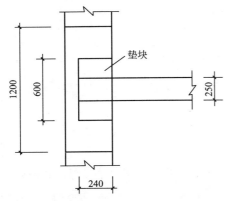

图 3.19 例 3.7 垫块平面(单位：mm)

N_1，不满足要求。

【例 3.7】 同例 3.6。因梁端砌体局部受压承载力不满足要求，故在梁端设置刚性垫块，并进行验算。

解： 在梁端下砌体内设置厚度 $t_b=180$mm，宽度 $b_b=600$mm，伸入墙内长度 $a_b=240$mm 的垫块，尺寸符合刚性垫块的要求，其平面图如图 3.19 所示。

垫块面积 $A_b=a_b b_b=240\times600=144000$(mm^2)

因窗间墙宽度减去垫块宽度后，垫块每侧窗间墙仅余 300mm，故垫块外取 $h'=300$mm，则

$$A_0=(b_b+2h')h=(600+2\times300)\times370=444000(\text{mm}^2)$$

砌体局部抗压强度提高系数 $\gamma=1+0.35\sqrt{\dfrac{A_0}{A_b}-1}=1+0.35\sqrt{\dfrac{444000}{144000}-1}=1.5<2.0$

取 $\gamma=1.5$，则垫块外砌体面积的有利影响系数 $\gamma_1=0.8\gamma=0.8\times1.5=1.2>1.0$，可以。

因设有刚性垫块，由 $\sigma_0/f=0.39/1.5=0.26$，查表 3-17 得 $\delta_1=5.8$，则梁端有效支承长度为

$$a_0=\delta_1\sqrt{\dfrac{h}{f}}=5.8\sqrt{\dfrac{500}{1.5}}=105.9(\text{mm})$$

梁端支承压力设计值 N_l 至墙内缘的距离取 $0.4a_0=0.4\times105.9=42.4$(mm)，$N_l$ 对垫块形心的偏心距为

$$\dfrac{a_b}{2}-0.4a_0=\dfrac{240}{2}-42.4=77.6(\text{mm})$$

垫块面积 A_b 内上部轴向力设计值为

$N_0=\sigma_0 A_b=0.39\times144000\times10^{-3}=56.2$(kN)，$N_0$ 作用于垫块形心。

全部轴向力 N_0+N_l 对垫块形心的偏心距为

$$e=\dfrac{N_l(a_b/2-0.4a_0)}{N_0+N_l}=\dfrac{100\times77.6}{56.2+100}=49.7(\text{mm})$$

由 $e/h=e/a_b=49.7/240=0.21$，并按 $\beta\leqslant3$ 查表 3-13 得 $\varphi=0.68$。

梁端垫块下砌体局部受压承载力为

$$\varphi\gamma_1 fA_b=0.68\times1.2\times1.5\times144000\times10^{-3}=176.3(\text{kN})>N_0+N_l=156.2\text{kN}$$

可见，设垫块后局部受压承载力满足要求。

3.4 受拉、受弯及受剪构件

3.4.1 受拉构件

因砌体的抗拉强度较低，故实际工程中采用的砌体轴心受拉构件较少。对小型圆形水

池或筒仓,可采用砌体结构,如图 3.20 所示。

砌体轴心受拉构件的承载力按下式计算:

$$N_t \leqslant f_t A \qquad (3.52)$$

式中 N_t——轴向拉力设计值;

f_t——砌体的轴心抗拉强度设计值见表 3-11。

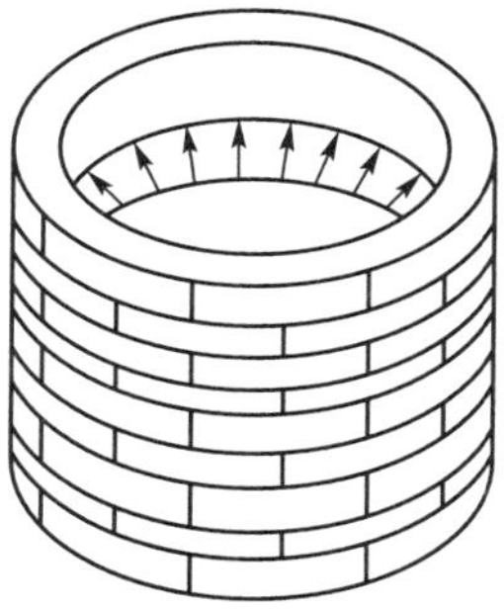

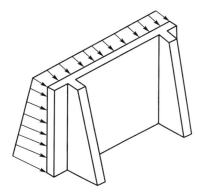

图 3.20 砌体轴心受拉

3.4.2 受弯构件

在实际工程中,常见的砌体受弯构件有砖砌平拱过梁及挡土墙等,如图 3.21 所示。对受弯构件,除进行受弯承载力计算外,还应考虑剪力的存在,进行受剪承载力计算。

1. 受弯承载力计算

由材料力学公式可推得,受弯承载力计算公式为

$$M \leqslant f_{tm} W \qquad (3.53)$$

式中 M——弯矩设计值;

f_{tm}——砌体弯曲抗拉强度设计值见表 3-11;

W——截面抵抗矩。

2. 受剪承载力计算

由材料力学公式同样可推得受剪承载力计算公式为

$$V \leqslant f_v bz \qquad (3.54)$$

图 3.21 砌体受弯构件

式中 V——剪力设计值;

f_v——砌体的抗剪强度设计值,见表 3-11;

b——截面宽度;

z——内力臂,$z=I/S$,当截面为矩形时取 $z=2h/3$;

I——截面惯性矩;

S——截面面积矩;

h——截面高度。

3.4.3 受剪构件

砌体拱形结构在拱的支座截面处,除承受剪力外,还作用有垂直压力,如图 3.22 所示。

试验表明砌体的受剪承载力不仅与砌体的抗剪强度 f_v 有关,而且与作用在截面上的垂直压应力 σ_0 的大小有关。随着垂直压应力 σ_0 的增加,截面上的内摩擦力增大,砌体的受剪承载力提高。但当垂直压应力 σ_0 增加到一定程度后,

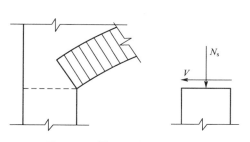

图 3.22 拱支座截面受力情况

截面上的内摩擦力逐渐减少，砌体的受剪承载力下降。因此，《规范》给出沿通缝或沿阶梯形截面破坏时受剪构件承载力计算公式为

$$V \leqslant (f_v + a\mu\sigma_0)A \tag{3.55}$$

当 $\gamma_G = 1.2$ 时，

$$\mu = 0.26 - 0.082 \frac{\sigma_0}{f} \tag{3.56}$$

当 $\gamma_G = 1.35$ 时，

$$\mu = 0.23 - 0.065 \frac{\sigma_0}{f} \tag{3.57}$$

式中 V——截面剪力设计值；

A——水平截面面积，当有孔洞时，取净截面面积；

f_v——砌体抗剪强度设计值，见表3-11，对灌孔的混凝土砌块砌体取 f_{vg}；

a——修正系数，当 $\gamma_G = 1.2$ 时，砖砌体取0.60，混凝土砌块砌体取0.64，当 $\gamma_G = 1.35$ 时，砖砌体取0.64，混凝土砌块砌体取0.66；

μ——剪压复合受力影响系数，a 与 μ 的乘积见表3-18；

σ_0——永久荷载设计值产生的水平截面平均压应力，其值不应大于 $0.8f$；

f——砌体的抗压强度设计值；

σ_0/f——轴压比。

表 3-18 当 $\gamma_G = 1.2$ 及 $\gamma_G = 1.35$ 时 $a\mu$ 值

γ_G	σ_0/f	0.1	0.2	0.3	0.4	0.5	0.6	0.7	0.8
1.2	砖砌体	0.15	0.15	0.14	0.14	0.13	0.13	0.12	0.12
	砌块砌体	0.16	0.16	0.15	0.15	0.14	0.14	0.13	0.12
1.35	砖砌体	0.14	0.14	0.13	0.13	0.13	0.12	0.12	0.11
	砌块砌体	0.15	0.14	0.14	0.13	0.13	0.13	0.12	0.12

【例3.8】 某地上圆形水池，采用MU10烧结普通砖和M7.5水泥砂浆砌筑，池壁厚370mm，池壁底部承受环向拉力设计值 $N_t = 45$kN/m，试验算池壁的受拉承载力。

解：查表3-11得 $f_t = 0.16$MPa，其强度设计值调整系数 $\gamma_a = 0.8$。

$$A = 1 \times 0.37 = 0.37(\text{m}^2)$$

$$\gamma_a f_t A = 0.8 \times 0.16 \times 0.37 \times 10^3 = 47.4(\text{kN}) > N_t = 45\text{kN}$$

故承载力满足要求。

【例3.9】 某矩形浅水池，池壁高 $H = 1.5$m，池壁底部厚 $h = 620$mm，采用MU10烧结普通砖和M7.5水泥砂浆砌筑，试按满池水验算池壁承载力。

解：查表3-11得 $f_{tm} = 0.14$MPa，$f_v = 0.14$MPa，其值应乘以调整系数 $\gamma_a = 0.8$，即

$$f_{tm} = 0.8 \times 0.14 = 0.112(\text{MPa}), \quad f_v = 0.8 \times 0.14 = 0.112(\text{MPa})$$

因属于浅池，故可沿池壁竖向切取单位宽度的池壁，按悬臂板承受三角形水压力计算

内力，即

$$M = \frac{1}{6} \gamma_{\mathrm{w}} H^3 = \frac{1}{6} \times 10 \times 1.5^3 = 5.63 (\mathrm{kN \cdot m})$$

$$V = \frac{1}{2} \gamma_{\mathrm{w}} H^2 = \frac{1}{2} \times 10 \times 1.5^2 = 11.3 (\mathrm{kN})$$

截面抵抗矩 W 及内力臂为

$$W = \frac{1}{6} bh^2 = \frac{1}{6} \times 1.0 \times 0.62^2 = 0.064 (\mathrm{m}^3)$$

$$Z = \frac{2h}{3} = \frac{2}{3} \times 0.62 = 0.413 (\mathrm{m})$$

受弯承载力 $W f_{\mathrm{tm}} = 0.064 \times 0.112 \times 10^3 = 7.2 (\mathrm{kN \cdot m}) > M = 5.63 \mathrm{kN \cdot m}$
受剪承载力 $f_{\mathrm{v}} bz = 0.112 \times 1.0 \times 0.413 \times 10^3 = 46.3 (\mathrm{kN}) > V = 11.3 \mathrm{kN}$
故承载力满足要求。

【例 3.10】 某砖砌涵洞的横剖面如图 3.22 所示，洞壁厚 $h = 490\mathrm{mm}$，采用 MU10 烧结普通砖和 M7.5 水泥砂浆砌筑，沿纵向单位长度 1.0m 的拱支座截面承受剪力设计值 $V = 62\mathrm{kN}$、永久荷载产生的纵向力设计值 $N_{\mathrm{s}} = 75\mathrm{kN}(\gamma_{\mathrm{G}} = 1.35)$，试验算拱支座截面的受剪承载力。

解： 查表 3-5 得 $f = 1.69\mathrm{MPa}$，查表 3-11 得 $f_{\mathrm{v}} = 0.14\mathrm{MPa}$，因为水泥砂浆，故

$$f = 0.9 \times 1.69 = 1.52 (\mathrm{MPa}), \quad f_{\mathrm{v}} = 0.8 \times 0.14 = 0.112 (\mathrm{MPa}).$$

水平截面积　　　　　$A = 1000 \times 490 = 490000 (\mathrm{mm}^2)$

水平截面平均压应力　$\sigma_0 = \dfrac{N_{\mathrm{s}}}{A} = \dfrac{75 \times 10^3}{490000} = 0.15 (\mathrm{MPa})$

轴压比　　　　　　　$\sigma_0 / f = \dfrac{0.15}{1.52} = 0.1$

剪压复合受力影响系数 $\mu = 0.23 - 0.065 \sigma_0 / f = 0.23 - 0.065 \times 0.1 = 0.22$
修正系数 $\alpha = 0.64$（或由 $\sigma_0 / f = 0.1$，$\gamma = 1.35$，查表 3-18 得 $a\mu = 0.14$），于是得
$(f_{\mathrm{v}} + a\mu\sigma_0) A = (0.112 + 0.64 \times 0.22 \times 0.15) \times 490000 \times 10^{-3} = 65.2 (\mathrm{kN}) > V = 62\mathrm{kN}$
故拱支座截面抗剪承载力满足要求。

3.5 配筋砌体构件

3.5.1 网状配筋砖砌体构件

1. 受力性能

网状配筋砖砌体构件在轴向压力作用下，不但发生纵向压缩变形，同时也发生横向膨胀，如图 3.23 所示。由于钢筋、砂浆层与块体之间存在着摩擦力和粘结力，钢筋被完全

嵌固在灰缝内与砖砌体共同工作；当砖砌体纵向受压时，钢筋横向受拉，因钢筋的弹性模量比砌体大，变形相对小，可阻止砌体的横向变形发展，防止砌体因纵向裂缝的延伸而过早失稳破坏，从而间接地提高网状配筋砖砌体构件的承载能力，故这种配筋有时又称为间接配筋。试验表明，砌体与横向钢筋之间足够的粘结力是保证两者共同工作、充分发挥块体的抗压强度、提高砌体承载力的重要保证。

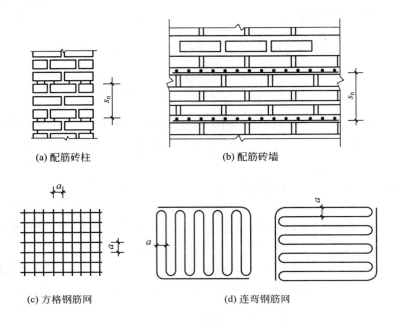

(a) 配筋砖柱   (b) 配筋砖墙

(c) 方格钢筋网   (d) 连弯钢筋网

图 3.23 网状配筋砖砌体

试验表明，网状配筋砖砌体在轴心压力作用下，从开始加荷到破坏，类似于无筋砖砌体，也可分为3个受力阶段，但其破坏特征和无筋砖砌体不同。第一个阶段和无筋砖砌体一样，在单块砖内出现第一批裂缝，此时的荷载约为60%～75%的破坏荷载，较无筋砖砌体高；继续加荷，纵向裂缝的数量增多，但发展很缓慢，由于受到横向钢筋的约束，很少出现贯通的纵向裂缝，这是与无筋砖砌体明显的不同之处；当接近破坏时，一般也不会出现像无筋砌体那样被纵向裂缝分割成若干1/2砖的小立柱而发生失稳破坏的现象；在最后破坏时，可能发生个别砖被完全压碎脱落。

2. 适用范围

当采用无筋砖砌体受压构件的截面尺寸较大，不能满足使用要求时，可采用网状配筋砖砌体。但试验表明，网状配筋砖砌体构件在轴向力的偏心距 e 较大或构件高厚比 β 较大时，钢筋难以发挥作用，构件承载力的提高受到限制。故当偏心距超过截面核心范围，对矩形截面即 $e/h > 0.17$ 时；或偏心距虽未超过截面核心范围，但构件的高厚比 $\beta > 16$ 时，均不宜采用网状配筋砖砌体构件。

3. 承载力计算

网状配筋砖砌体受压构件的承载力按下列公式计算：

$$N \leqslant \varphi_n f_n A \tag{3.58}$$

$$\varphi_n = \cfrac{1}{1+12\left[\cfrac{e}{h}+\sqrt{\cfrac{1}{12}\left(\cfrac{1}{\varphi_{0n}}-1\right)}\right]^2} \tag{3.59}$$

$$\varphi_{0n} = \cfrac{1}{1+\cfrac{1+3\rho}{667}\beta^2} \tag{3.60}$$

$$f_n = f+2\left(1-\frac{2e}{y}\right)\frac{\rho}{100}f_y \tag{3.61}$$

$$\rho = \left(\frac{V_s}{V}\right)100 \tag{3.62}$$

式中　N——轴向力设计值；

　　　φ_n——高厚比和配筋率以及轴向力的偏心距对网状配筋砖砌体受压构件承载力的影响系数，也可见表 3-19；

　　　e——轴向力的偏心距；

　　　φ_{0n}——网状配筋砖砌体受压构件的稳定系数；

　　　ρ——体积配筋率，当采用截面面积为 A_s 的钢筋组成的方格网，网格尺寸为 a 和钢筋网的竖向间距为 s_n 时，$\rho = 2A_s/as_n \cdot 100$，要求 $0.1\% \leqslant \rho \leqslant 1.0\%$；

　　　β——构件的高厚比；

　　V_s、V——分别为钢筋和砌体的体积；

　　　f_n——网状配筋砖砌体的抗压强度设计值；

　　　y——截面重心到轴向力所在偏心方向截面边缘的距离；

　　　f_y——钢筋的抗拉强度设计值，当 $f_y > 320\text{MPa}$ 时，仍采用 320MPa；

　　　A——截面面积。

对矩形截面，也应对较小边长方向按轴心受压进行验算。

表 3-19　影响系数 φ_n

ρ	β	e/h	0	0.05	0.10	0.15	0.17
0.1	4		0.97	0.89	0.78	0.67	0.63
	6		0.93	0.84	0.73	0.62	0.58
	8		0.89	0.78	0.67	0.57	0.53
	10		0.84	0.72	0.62	0.52	0.48
	12		0.78	0.67	0.56	0.48	0.44
	14		0.72	0.61	0.52	0.44	0.41
	16		0.67	0.56	0.47	0.40	0.37
0.3	4		0.96	0.87	0.76	0.65	0.61
	6		0.91	0.80	0.69	0.59	0.55
	8		0.84	0.74	0.62	0.53	0.49
	10		0.78	0.67	0.56	0.47	0.44

(续)

ρ	β	e/h	0	0.05	0.10	0.15	0.17
0.3	12		0.71	0.60	0.51	0.43	0.40
	14		0.64	0.54	0.46	0.38	0.36
	16		0.58	0.49	0.41	0.35	0.32
0.5	4		0.94	0.85	0.74	0.63	0.59
	6		0.88	0.77	0.66	0.56	0.52
	8		0.81	0.69	0.59	0.50	0.46
	10		0.73	0.62	0.52	0.44	0.41
	12		0.65	0.55	0.46	0.39	0.36
	14		0.58	0.49	0.41	0.35	0.32
	16		0.51	0.43	0.36	0.31	0.29
0.7	4		0.93	0.83	0.72	0.61	0.57
	6		0.86	0.75	0.63	0.53	0.50
	8		0.77	0.66	0.56	0.47	0.43
	10		0.68	0.58	0.49	0.41	0.38
	12		0.60	0.50	0.42	0.36	0.33
	14		0.52	0.44	0.37	0.31	0.30
	16		0.46	0.38	0.33	0.28	0.26
0.9	4		0.92	0.82	0.71	0.60	0.56
	6		0.83	0.72	0.61	0.52	0.48
	8		0.73	0.63	0.53	0.45	0.42
	10		0.64	0.54	0.46	0.38	0.36
	12		0.55	0.47	0.39	0.33	0.31
	14		0.48	0.40	0.34	0.29	0.27
	16		0.41	0.35	0.30	0.25	0.24
1.0	4		0.91	0.81	0.70	0.59	0.55
	6		0.82	0.71	0.60	0.51	0.47
	8		0.72	0.61	0.52	0.43	0.41
	10		0.62	0.53	0.44	0.37	0.35
	12		0.54	0.45	0.38	0.32	0.30
	14		0.46	0.39	0.33	0.28	0.26
	16		0.39	0.34	0.28	0.24	0.23

4. 构造要求

网状配筋砖砌体构件的构造应符合下列规定。

（1）网状配筋砖砌体中的体积配筋率不应小于 0.1%，且不应大于 1%。

（2）采用钢筋网时，钢筋的直径宜采用 3～4mm；当采用连弯钢筋网时，钢筋的直径不应大于 8mm。

（3）钢筋网中钢筋的间距 a 不应大于 120mm，且不应小于 30mm。

（4）钢筋网的竖向间距 S_n 不应大于 5 皮砖，且不应大于 400mm；当采用连弯钢筋网时，网的钢筋方向应互相垂直，沿砌体高度交错设置，S_n 为同一方向网的间距，如图 3.23(d)所示。

（5）网状配筋砖砌体所用的砂浆强度等级不应低于 M7.5；钢筋网应设置在砌体的水平灰缝中，灰缝厚度应保证钢筋上下至少各有 2mm 厚的砂浆层。

3.5.2 组合砖砌体构件

1. 受力性能

在图 3.24 所示的组合砖砌体中，砖可吸收混凝土中多余的水分，使混凝土的早期强度较高，而在构件中提前发挥受力作用。对砂浆面层也有类似的性能。

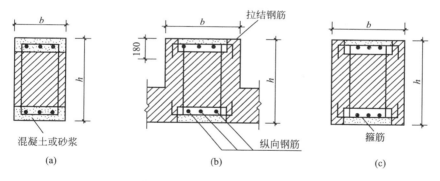

图 3.24 组合砖砌体构件截面

组合砖砌体构件在轴心压力作用下，首批裂缝发生在砌体与混凝土或砂浆面层的连接处；当压力增大后，砖砌体内产生竖向裂缝，但因受面层的约束发展较缓慢；当组合砖砌体内的砖和混凝土或砂浆面层被压碎或脱落，竖向钢筋在箍筋间压屈，组合砖砌体随即破坏。试验表明，在组合砖砌体中，砖砌体与钢筋混凝土或砂浆面层能够较好地共同受力，但水泥砂浆面层中的受压钢筋应力达不到屈服强度。

组合砖砌体构件在偏心压力作用下的受力性能与钢筋混凝土构件相近，具有较高的承载能力和延性。

2. 适用范围

当采用无筋砖砌体受压构件不能满足结构功能要求或轴向力偏心距 e 超过无筋砌体受压构件的限值 0.6y 时，宜采用组合砖砌体构件。

此外，对于图 3.24（b）所示的砖墙与组合砌体一同砌筑的 T 形截面构件，可按图 3.24（c）矩形截面组合砌体构件计算。但 β 仍按 T 形截面考虑，带壁柱墙的计算截面翼缘宽度 b_f 按如下规定采用：对多层房屋，当有门窗洞口时，可取窗间墙宽度，当无门窗洞口时，每侧翼缘墙宽度可取壁柱高度的 1/3；对单层房屋，可取壁柱宽加 2/3 墙高，但不大于窗间墙宽度和相邻壁柱间距离。

3. 承载力计算

1）轴心受压构件

组合砖砌体轴心受压构件的承载力按下式计算：

$$N \leqslant \varphi_{com}(fA + f_c A_c + \eta_s f_y' A_s') \tag{3.63}$$

式中　　φ_{com}——组合砖砌体构件的稳定系数，见表 3-20；

　　　　A——砖砌体的截面面积；

　　　　f_c——混凝土或面层水泥砂浆的轴心抗压强度设计值，砂浆的轴心抗压强度设计值可取为同强度等级混凝土的轴心抗压强度设计值的 70%，当砂浆为 M15 时，取 5.0MPa，当砂浆为 M10 时取 3.4MPa，当砂浆为 M7.5 时取 2.5MPa；

　　　　A_c——混凝土或砂浆面层的截面面积；

　　　　η_s——受压钢筋的强度系数，当为混凝土面层时可取 1.0，当为砂浆面层时可取 0.9；

　　　　f_y'——钢筋的抗压强度设计值；

　　　　A_s'——受压钢筋的截面面积。

表 3-20　组合砖砌体构件稳定系数 φ_{com}

高厚比 β	配筋率 ρ/%					
	0	0.2	0.4	0.6	0.8	$\geqslant$1.0
8	0.91	0.93	0.95	0.97	0.99	1.00
10	0.87	0.90	0.92	0.94	0.96	0.98
12	0.82	0.85	0.88	0.91	0.93	0.95
14	0.77	0.80	0.83	0.86	0.89	0.92
16	0.72	0.75	0.78	0.81	0.84	0.87
18	0.67	0.70	0.73	0.76	0.79	0.81
20	0.62	0.65	0.68	0.71	0.73	0.75
22	0.58	0.61	0.64	0.66	0.68	0.70
24	0.54	0.57	0.59	0.61	0.63	0.65
26	0.50	0.52	0.54	0.56	0.58	0.60
28	0.46	0.48	0.50	0.52	0.54	0.56

注：组合砖砌体构件截面的配筋率 $\rho = A_s'/bh$。

2）偏心受压构件

组合砖砌体偏心受压构件的承载力按下列公式计算：

$$N \leqslant fA' + f_c A'_c + \eta_s f'_y A'_s - \sigma_s A_s \tag{3.64}$$

或

$$Ne_N \leqslant fS_s + f_c S_{c,s} + \eta_s f'_y A'_s (h_0 - a'_s) \tag{3.65}$$

此时受压区的高度 x 可按下列公式计确定:

$$fS_N + f_c S_{c,N} + \eta_s f'_y A'_s e'_N - \sigma'_s A_s e_N = 0 \tag{3.66}$$

$$e_N = e + e_a + (h/2 - a_s) \tag{3.67}$$

$$e'_N = e + e_a - (h/2 - a'_s) \tag{3.68}$$

$$e_a = \frac{\beta^2 h}{2200}(1 - 0.022\beta) \tag{3.69}$$

式中　σ_s——钢筋 A_s 的应力;

　　　A_s——距轴向力 N 较远侧钢筋的截面面积;

　　　A'——砖砌体受压部分的面积;

　　　A'_c——混凝土或砂浆面层受压部分的面积;

　　　S_s——砖砌体受压部分的面积对钢筋 A_s 重心的面积矩;

　　$S_{c,s}$——混凝土或砂浆面层受压部分的面积对钢筋 A_s 重心的面积矩;

　　　S_N——砖砌体受压部分的面积对轴向力 N 作用点的面积矩;

　　$S_{c,N}$——混凝土或砂浆面层受压部分的面积对轴向力 N 作用点的面积矩;

e_N、e'_N——分别为钢筋 A_s 和 A'_s 重心至轴向力 N 作用点的距离,如图 3.25 所示;

　　　e——轴向力的初始偏心距,按荷载设计值计算,当 e 小于 $0.05h$ 时,应取 e 等于 $0.05h$;

　　　e_a——组合砖砌体构件在轴向力作用下的附加偏心距;

　　　h_0——组合砖砌体构件截面的有效高度,取 $h_0 = h - a_s$;

a_s、a'_s——分别为钢筋 A_s 和 A'_s 重心至截面较近边的距离。

组合砖砌体钢筋 A_s 的应力 σ_s 以正值为拉应力,负值为压应力,按下列规定计算。

小偏心受压时,即 $\xi > \xi_b$:

$$\sigma_s = 650 - 800\xi \tag{3.70}$$

$$-f'_y \leqslant \sigma_s \leqslant f_y \tag{3.71}$$

大偏心受压时,即 $\xi \leqslant \xi_b$:

$$\sigma_s = f_y \tag{3.72}$$

$$\xi = x/h_0 \tag{3.73}$$

式中　ξ——组合砖砌体构件截面的相对受压区高度;

　　　f_y——钢筋的抗拉强度设计值。

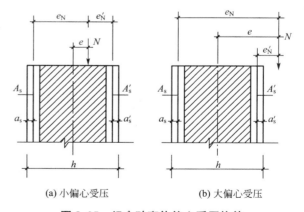

(a) 小偏心受压　　　(b) 大偏心受压

图 3.25　组合砖砌体偏心受压构件

组合砖砌体构件受压区相对高度的界限值 ξ_b,采用 HPB300 级钢筋时取 0.47;采用 HRB335 级钢筋时取 0.44;采用 HRB400 级钢筋时取 0.36。

组合砖砌体构件纵向力偏心方向的截面边长大于另一方向的边长时,也应对较小边长按轴心受压构件进行验算。

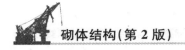

4. 构造要求

组合砖砌体构件的构造应符合下列规定。

（1）面层的混凝土强度等级宜采用 C20；面层的水泥砂浆强度等级不宜低于 M10；砌筑砂浆的强度等级不宜低于 M7.5。

（2）向受力钢筋的混凝土保护层最小厚度应符合表 3-21 的规定。

表 3-21　混凝土保护层最小厚度　　　　　单位：mm

环境条件 构件类别	室内正常环境	露天或室内潮湿环境
墙	15	25
柱	25	35

注：当面层为水泥砂浆时，对于柱，保护层厚度可减小 5mm。

（3）浆面层厚度可采用 30～45mm；当面层厚度大于 45mm 时，其面层宜采用混凝土。

（4）向受力钢筋宜采用 HPB235 级，对于混凝土面层，亦可采用 HRB335 级钢筋。受压钢筋一侧的配筋率，对砂浆面层不宜小于 0.1%；对混凝土面层不宜小于 0.2%。受拉钢筋的配筋率不应小于 0.1%。竖向受力钢筋的直径不应小于 8mm，钢筋的净间距不应小于 30mm。

（5）箍筋的直径不宜小于 4mm 及 0.2 倍的受压钢筋直径，且不宜大于 6mm。箍筋的间距不应大于 20 倍受压钢筋的直径及 500mm，且不应小于 120mm。

（6）当组合砖砌体一侧的竖向受力钢筋多于 4 根时，应设置附加箍筋或拉结钢筋。

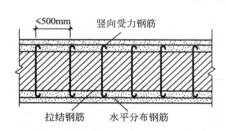

图 3.26　混凝土或砂浆面层组合墙

（7）对于截面长短边相差较大的混凝土或砂浆面层组合墙，应采用穿通墙体的拉结钢筋作为箍筋，同时设置水平分布钢筋。水平分布钢筋的竖向间距及拉结钢筋的水平间距均不应大于 500mm，如图 3.26 所示。

（8）组合砖砌体构件的顶部及底部以及牛腿部位，必须设置钢筋混凝土垫块。竖向受力钢筋伸入垫块的长度必须满足锚固要求。

3.5.3　组合砖墙

1. 受力性能

砖砌体和钢筋混凝土构造柱组成的组合砖墙如图 3.27 所示，在竖向荷载作用下，由于砖砌体和钢筋混凝土的弹性模量不同，砖砌体和钢筋混凝土构造柱之间将发生内力重分布，砖砌体承担的荷载减少，而构造柱承担荷载增加。此外，砌体中的圈梁与构造柱组成的"弱框架"对砌体有一定的约束作用，不但可提高墙体的承载能力，而且可增加墙体的受压稳定性。同时，试验与分析表明，构造柱的间距是影响组合砖墙承载力最主要的因素，当构造柱的间距在 2m 左右时，柱的作用可得到较好的发挥；当为 4m 时，对墙受压承载力影响很小。

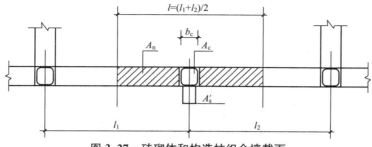

图 3.27 砖砌体和构造柱组合墙截面

2. 承载力计算

由于组合砖墙与组合砖砌体构件有类似之处，故可采用组合砖砌体轴心受压构件承载力的计算公式计算，但需引入强度系数以反映两者之间的差别。

组合砖墙的轴心受压承载力按下列公式计算：

$$N \leqslant \varphi_{com}[fA_n + \eta(f_cA_c + f'_yA'_s)] \tag{3.74}$$

$$\eta = \left(\frac{1}{\dfrac{l}{b_c} - 3}\right)^{\frac{1}{4}} \tag{3.75}$$

式中　φ_{com}——组合砖墙的稳定系数，见表 3-20；

　　　　η——强度系数，当 l/b_c 小于 4 时取 l/b_c 等于 4；

　　　　l——沿墙长方向构造柱的间距；

　　　　b_c——沿墙长方向构造柱的宽度；

　　　　A_n——砖砌体的净截面面积；

　　　　A_c——构造柱的截面面积。

3. 构造要求

组合砖墙的材料和构造应符合下列规定。

（1）组合砖墙的施工程序应先砌墙后浇混凝土构造柱。

（2）砌筑砂浆的强度等级不应低于 M5，构造柱的混凝土强度等级不宜低于 C20。

（3）构造柱的截面尺寸不宜小于 240mm×240mm，且不小于墙厚；边柱、角柱的截面宽度宜适当增大。柱内竖向受力钢筋，对中柱不少于 4φ12；对边、角柱不少于 4φ14；且直径不宜大于 16mm。柱内箍筋一般部位宜采用 φ6@200。楼层上下 500mm 范围内宜采用 φ6@100。构造柱的竖向受力钢筋应在基础梁和楼层圈梁中锚固，并应符合受拉钢筋的锚固要求。

（4）柱内竖向受力钢筋的混凝土保护层厚度应符合表 3-21 的规定。

（5）组合砖墙砌体结构房屋应在基础顶面、有组合墙的楼层处设置现浇钢筋混凝土圈梁。圈梁的截面高度不宜小于 240mm；纵向钢筋不宜小于 4φ12，并伸入构造柱内符合受拉钢筋的锚固要求；圈梁的箍筋宜采用 φ6@200。

（6）砖砌体与构造柱的连接应砌成马牙槎，并沿墙高每隔 500mm 设 2φ6 拉结钢筋，且每边伸入墙内不宜小于 600mm。

(7) 组合砖墙砌体结构房屋应在纵横墙交接处、墙端部和较大洞口的洞边设置构造柱，其间距不宜大于 4m。

3.5.4 配筋砌块砌体构件

在混凝土空心砌块砌体的竖向孔洞中配置竖向钢筋，并用混凝土灌孔注芯，同时在砌体的水平灰缝内设置水平钢筋，即形成配筋砌块砌体构件，如配筋砌块砌体剪力墙或柱，如图 3.28 所示。由于配筋砌块砌体构件具有较高的承载力和较好的延性以及明显的技术经济优势，因此在多高层建筑中得到了较好的应用。

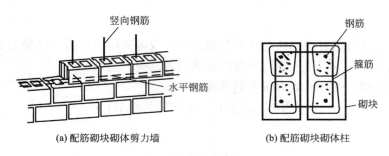

(a) 配筋砌块砌体剪力墙   (b) 配筋砌块砌体柱

图 3.28 配筋砌块砌体剪力墙和柱

对配筋砌块砌体剪力墙结构可按弹性方法计算内力与位移，然后根据结构分析所得的内力，分别按轴心受压、偏心受压或偏心受拉构件进行正截面承载力和斜截面承载力计算，并应根据结构分析所得的位移进行变形验算。

1. 正截面受力性能与承载力计算

1) 正截面受力性能

试验发现，配筋砌块砌体剪力墙试件在水平荷载作用下，首先在试件底部出现水平裂缝，然后随着荷载的增加，水平裂缝不断延伸和扩展，并进一步产生新的水平裂缝；当试件即将被破坏时，试件底部的水平裂缝贯通；当达到极限荷载时，配置在受拉区 $h_0 - 1.5x$ 范围内的竖向钢筋受拉屈服，受压区砌体和注芯混凝土达到极限压应变。配筋砌块砌体剪力墙的破坏形态接近于钢筋混凝土剪力墙。

2) 正截面承载力计算

(1) 轴心受压构件。由于配筋砌块砌体剪力墙、柱在轴心压力作用下的受力性能与钢筋混凝土轴心受压构件基本相近，因此，根据试验研究和工程实践，《规范》给出轴心受压配筋砌块砌体剪力墙、柱的正截面承载力按下列公式计算：

$$N \leqslant \varphi_{0g}(f_g A + 0.8 f'_y A'_s) \tag{3.76}$$

$$\varphi_{0g} = \frac{1}{1 + 0.001\beta^2} \tag{3.77}$$

式中 N——轴向力设计值；

       φ_{0g}——轴心受压构件的稳定系数；

       β——构件的高厚比，计算 β 时，计算高度 H_0 可取层高；

       f_g——灌孔砌体的抗压强度设计值；

A——构件的毛截面面积；

f'_y——钢筋的抗压强度设计值；

A'_s——全部竖向钢筋的截面面积。

当配筋砌块砌体剪力墙的竖向钢筋仅配置在中间时，其平面外偏心受压承载力可按式（3.36）进行计算，但应采用灌孔砌体的抗压强度设计值。

（2）偏心受压构件。矩形截面偏心受压配筋砌块砌体剪力墙，当截面受压区高度 $x \leqslant \xi_b h_0$ 时为大偏心受压，如图 3.29（a）所示；当 $x > \xi_b h_0$ 时为小偏心受压，如图 3.29（b）所示；对界限相对受压区高度 ξ_b，当采用 HRB400 级钢筋时取 0.52；当采用 HRB335 级钢筋时取 0.55；当采用 HPB300 级钢筋时取 0.57。

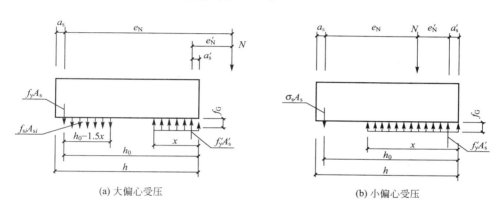

(a) 大偏心受压　　　　　(b) 小偏心受压

图 3.29　矩形截面偏心受压构件正截面承载力计算简

① 大偏心受压时的计算公式为

$$N \leqslant f_g bx + f'_y A'_s - f_y A_s - \sum f_{si} A_{si} \tag{3.78}$$

$$Ne_N \leqslant f_g bx(h_0 - x/2) + f'_y A'_s(h_0 - a'_s) - \sum f_{si} S_{si} \tag{3.79}$$

式中　N——轴向力设计值；

f_g——灌孔砌体的抗压强度设计值；

f_y、f'_y——竖向受拉、受压主筋的强度设计值；

b——截面宽度；

f_{si}——竖向分布钢筋的抗拉强度设计值；

A_s、A'_s——竖向受拉、受压主筋的截面面积；

A_{si}——单根竖向分布钢筋的截面面积；

S_{si}——单根竖向分布钢筋对竖向受拉主筋的面积矩；

e_N——轴向力作用点到竖向受拉主筋合力点之间的距离，可按式（3.67）计算。

当截面受压区高度 $x < 2a'_s$ 时，其正截面承载力可按下式计算：

$$Ne'_N \leqslant f_y A_s(h_0 - a'_s) \tag{3.80}$$

式中　e'_N——轴向力作用点到竖向受压主筋合力点之间的距离，可按式（3.68）计算。

② 小偏心受压时的计算公式为

$$N \leqslant f_g bx + f'_y A'_s - \sigma_s A_s \tag{3.81}$$

$$Ne_N \leqslant f_g bx(h_0 - x/2) + f'_y A'_s(h_0 - a'_s) \tag{3.82}$$

$$\sigma_s = \frac{f_y}{\xi_b - 0.8}\left(\frac{x}{h_0} - 0.8\right) \tag{3.83}$$

矩形截面对称配筋砌块砌体剪力墙小偏心受压时，也可近似按下式计算钢筋截面积：

$$A_s = A_s' = \frac{Ne_N - \xi(1 - 0.5\xi)f_g bh_0^2}{f_y'(h_0 - a_s')} \tag{3.84}$$

$$\xi = \frac{x}{h_0} = \frac{N - \xi_b f_g bh_0}{\dfrac{Ne_N - 0.43 f_g bh_0^2}{(0.8 - \xi_b)(h_0 - a_s')} + f_g bh_0} + \xi_b \tag{3.85}$$

对于小偏心受压构件，正截面承载力计算时不考虑竖向分布钢筋的作用。

2. 斜截面受剪性能与承载力计算

1）斜截面受剪性能

对配筋砌块砌体剪力墙试件在恒定的竖向荷载下施加水平荷载，试件在开始阶段处于弹性状态；当水平荷载达到 $0.71 \sim 0.82 P_u$ 时，试件在底部先出现水平裂缝；继续加荷，斜裂缝开始出现，同时水平裂缝沿阶梯形向上发展；当荷载再增大，斜裂缝贯通为主裂缝，表明试件即将被破坏。由于竖向钢筋和水平钢筋的存在，试件破坏虽然呈明显的脆性性质，但裂而不倒。配筋砌块砌体剪力墙的抗剪承载力除与材料强度有关外，主要与垂直压应力、墙体的高宽比或剪跨比、水平钢筋和竖向钢筋的配筋率有关，其抗剪性能更接近于钢筋混凝土剪力墙。

2）斜截面承载力计算

（1）剪力墙的截面应满足下式要求：

$$V \leqslant 0.25 f_g bh \tag{3.86}$$

式中　V——剪力墙的剪力设计值；

　　　b——剪力墙的截面宽度或 T 形、倒 L 形截面腹板宽度；

　　　h——剪力墙的截面高度。

（2）剪力墙在偏心受压时的斜截面受剪承载力应按下列公式计算：

$$V \leqslant \frac{1}{\lambda - 0.5}\left(0.6 f_{vg} bh_0 + 0.12 N \frac{A_w}{A}\right) + 0.9 f_{yh}\frac{A_{sh}}{s}h_0 \tag{3.87}$$

$$\lambda = \frac{M}{Vh_0} \tag{3.88}$$

式中　f_{vg}——灌孔砌体抗剪强度设计值；

M、N、V——计算截面的弯矩、轴向力和剪力设计值，当 $N > 0.25 f_g bh$ 时取 $N = 0.25 f_g bh$；

　　　A——剪力墙的截面面积；

　　A_w——T 形、倒 L 形截面腹板的截面面积，对矩形截面面积取 A_w 等于 A；

　　　λ——计算截面的剪跨比，当 $\lambda < 1.5$ 时取 1.5，当 $\lambda \geqslant 2.2$ 时取 2.2；

　　h_0——剪力墙的截面有效高度；

　　A_{sh}——配置在同一截面内的水平分布钢筋的全部截面面积；

　　　s——水平分布钢筋的竖向间距；

　　f_{yh}——水平分布钢筋的抗拉强度设计值。

（3）剪力墙在偏心受拉时的斜截面受剪承载力应按下式计算：

$$V \leqslant \frac{1}{\lambda - 0.5}\left(0.6f_{vg}bh_0 + 0.22N\frac{A_w}{A}\right) + 0.9f_{yh}\frac{A_{sh}}{s}h_0 \tag{3.89}$$

3. 构造要求

配筋砌块砌体剪力墙、柱的部分构造规定如下。

（1）配筋砌块砌体剪力墙、柱对砌体材料强度等级的要求：砌块不低于 MU10；砌筑砂浆不低于 Mb7.5；灌孔混凝土不低于 Cb20。

（2）钢筋的直径不宜大于 25mm，当设置在灰缝中时不应小于 4mm，其他部位不应小于 10mm。

（3）当计算中充分利用竖向受拉钢筋的强度时，其锚固长度要求：对 HRB335 级钢筋不宜小于 30d；对 HRB400 和 RRB400 级钢筋不宜小于 35d；在任何情况下钢筋（包括钢丝）锚固长度不宜小于 300mm。

（4）钢筋的最小保护层厚度要求：灰缝中钢筋外露砂浆保护层不宜小于 15mm；位于砌体孔槽中的钢筋保护层，在室内正常环境中不宜小于 20mm，在室外或潮湿环境中不宜小于 30mm。

（5）剪力墙沿竖向和水平方向的构造钢筋配筋率均不宜小于 0.07%。

（6）配筋砌块砌体剪力墙的厚度不应小于 190mm。

（7）配筋砌块砌体柱的截面边长不宜小于 400mm，柱高度与截面短边之比不宜大于 30。

（8）柱的纵向钢筋的直径不宜小于 12mm，数量不少于 4 根，全部纵向受力钢筋的配筋率不宜小于 0.2%。

配筋砌块砌体剪力墙、柱的其他构造要求详见《规范》。

【例 3.11】 某房屋中网状配筋砖柱，截面尺寸 $b \times h = 370\text{mm} \times 490\text{mm}$，柱的计算高度 $H_0 = 3900\text{mm}$，承受轴向力设计值 $N = 185\text{kN}$，沿长边方向的弯矩设计值 $M = 12\text{kN} \cdot \text{m}$，采用 MU10 烧结普通砖和 M7.5 混合砂浆砌筑，网状配筋采用 φ^b4 冷拔低碳钢丝焊接方格网（$A_s = 12.6\text{mm}^2$，$f_y = 430\text{MPa}$），钢丝间距 $a = 50\text{mm}$，钢丝网竖向间距 $s_n = 252\text{mm}$，试验算柱的承载力。

解：（1）沿长边方向的承载力验算。

$f_y = 430\text{MPa} > 320\text{MPa}$，取 $f_y = 320\text{MPa}$，查表 3-5 得 $f = 1.69\text{MPa}$。

$$e = \frac{M}{N} = \frac{12}{185} = 0.065(\text{m}) = 65\text{mm}$$

$$e/h = 65/490 = 0.133 < 0.17$$

$$\rho = 2A_s/as_n \times 100 = \frac{2 \times 12.6}{50 \times 252} \times 100 = 0.2 > 0.1$$

$$A = 037 \times 0.49 = 0.1813(\text{m}^2) < 0.2\text{m}^2,$$

$$\gamma_a = 0.8 + A = 0.8 + 0.1813 = 0.9813$$

$$f_n = f + 2\left(1 - \frac{2e}{y}\right)\frac{\rho}{100}f_y = 1.69 + 2\left(1 - \frac{2 \times 65}{245}\right)\frac{0.2}{100} \times 320 = 2.29\text{MPa}$$

考虑强度调整系数后

$$f_n = 0.9813 \times 2.29 = 2.25(\text{MPa})$$

$$\beta = \gamma_\beta \frac{H_0}{h} = 1.0 \times \frac{3900}{490} = 7.96 < 16$$

$$\varphi_{0n}=\cfrac{1}{1+\cfrac{1+3\rho}{667}\beta^2}=\cfrac{1}{1+\cfrac{1+3\times0.2}{667}\times7.96^2}=0.868$$

$$\varphi_n=\cfrac{1}{1+12\left[\cfrac{e}{h}+\sqrt{\cfrac{1}{12}\left(\cfrac{1}{\varphi_{0n}}-1\right)}\right]^2}=\cfrac{1}{1+12\left[\cfrac{65}{490}+\sqrt{\cfrac{1}{12}\left(\cfrac{1}{0.868}-1\right)}\right]^2}=0.579$$

$$\varphi_n f_n A=0.579\times2.25\times0.1813\times10^3=236.19(\text{kN})>N=185\text{kN}$$

可见，长边方向柱的承载力满足要求。

（2）短边方向按轴心受压验算承载力。

$$\beta=\gamma_\beta\frac{H_0}{b}=1.0\times\frac{3900}{370}=10.54，查表3-19得\ \varphi_n=0.79$$

$$f_n=f+2\left(1-\frac{2e}{y}\right)\frac{\rho}{100}f_y=1.69+2(1-0)\frac{0.2}{100}\times320=2.97(\text{MPa})$$

$$\varphi_n\gamma_n f_n A=0.79\times0.9813\times2.97\times0.1813\times10^3=417.4(\text{kN})>N=185\text{kN}$$

短边方向的轴心受压承载力满足要求。

【例3.12】 某房屋中的承重纵墙采用组合砖砌体如图3.30所示，墙体计算高度 $H_0=$ 3850mm，沿纵向每米长墙体承受轴心压力设计值 $N=515\text{kN}$；墙体采用 MU10 砖、M7.5 混合砂浆砌筑，水泥砂浆面层采用 M10 水泥砂浆（$f_c=3.5\text{MPa}$），钢筋采用 HPB300 级（$f_y=270\text{MPa}$），竖向受力钢筋为 $\phi8@250$，水平钢筋为 $\phi6@250$，同时按规定设置拉结钢筋。试验算墙体的承载力。

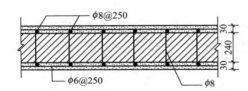

图 3.30 例 3.12 承重组合砖砌体纵墙

解： 查表 3-5 得 $f=1.69\text{MPa}$

$$\beta=\gamma_\beta\frac{H_0}{h}=1.0\times\frac{3850}{240}=16$$

$$A_s'=2\times4\times50.3=402.4(\text{mm}^2)$$

$$\rho=\frac{A_s'}{bh}=\frac{402.4}{1000\times240}=0.167\%$$

查表 3-20 得 $\varphi_{com}=0.75$

$$\varphi_{com}(fA+f_cA_c+\eta_s f_y'A_s')=0.75\times(1.69\times1000\times240+3.5\times1000\times60+0.9\times210\times402.4)$$
$$=535.04(\text{kN})>N=515\text{kN}$$

墙体的承载力满足要求。

【例3.13】 某房屋中的承重横墙拟设计为砖砌体和钢筋混凝土构造柱组合墙，墙厚 $h=240\text{mm}$，采用 MU10 砖、M7.5 混合砂浆砌筑；沿墙长每隔 1.5m 设置截面尺寸为 240mm×240mm 的钢筋混凝土构造柱，构造柱采用 C20 混凝土（$f_c=9.6\text{MPa}$），柱中配置 $4\phi14$ 的 HPB300 级纵向钢筋（$f_y=270\text{MPa}$）；墙体计算高度 $H_0=3850\text{mm}$，每米长墙体承受的轴心压力设计值 $N=720\text{kN/m}$。试验算墙体的承载力。

解： 查表 3-5 得 $f=1.69\text{MPa}$

$$A_n=240\times(1500-240)=302400(\text{mm}^2)，\quad A_c=240\times240=57600(\text{mm}^2)$$

$$A_s'=4\times153.9=615.6(\mathrm{mm}^2), \quad \rho=\frac{A_s'}{bh}=\frac{615.6}{1500\times240}=0.17\%$$

$$\beta=\gamma_\beta\frac{H_0}{h}=1.0\times\frac{3850}{240}=16$$

查表 3-20 得 $\varphi_{\mathrm{com}}=0.75$，

$$\frac{l}{b_c}=\frac{1500}{240}=6.25>4, \quad \eta=\left[\frac{1}{\frac{l}{b_c}-3}\right]^{\frac{1}{4}}=\left(\frac{1}{6.25-3}\right)^{\frac{1}{4}}=0.74$$

$$\varphi_{\mathrm{com}}[fA_n+\eta(f_cA_c+f_y'A_s')]=0.75\times[1.69\times302400+0.74\times(9.6\times57600+270\times615.6)]$$
$$=782.4(\mathrm{kN})>N=720\mathrm{kN}$$

墙体的承载力满足要求。

本 章 小 结

本章主要讲述了以下几个方面的内容。

(1) 砌体结构采用概率理论为基础的极限状态设计方法，通过分项系数的设计表达式，使所设计的结构构件具有的可靠指标达到《规范》规定的目标可靠指标，以保证结构满足预定的功能要求。对砌体结构除必须进行承载能力极限状态设计外，还应满足正常使用极限状态的要求。一般情况下，砌体结构的正常使用极限状态要求可由《规范》给出的有关构造措施得到保证。

(2) 对砌体结构进行承载能力极限状态设计时，应采用砌体的强度设计值。《规范》给出施工质量控制等级为 B 级、龄期为 28d，以毛截面计算的各类砌体的抗压强度设计值、轴心抗拉强度设计值、弯曲抗拉强度设计值以及抗剪强度设计值。当施工质量控制等级为 A 级或 C 级时，应将各类砌体的强度设计值乘以相应的系数。考虑实际工程中各种可能的不利因素，还应将砌体强度设计值乘以《规范》给出的调整系数。

(3) 受压是砌体结构构件中一种主要的受力形式。《规范》根据大量的试验研究结果，在综合考虑构件高厚比 β 和轴向力的偏心距 e 的影响后，给出了统一的受压构件承载力计算公式。同时，为避免构件在使用期间产生较宽的裂缝和较大的侧向变形，对轴向力的偏心距 e 提出了限制条件。当轴向力的偏心距 e 超过规定的限制时，则应采用其他可靠的工程措施。

(4) 当砌体局部受压时，考虑砌体中存在应力扩散和约束作用，砌体的局部抗压强度较砌体的轴心抗压强度有较大的提高。当梁端支承处的砌体局部受压承载力不满足要求时，应在梁端下的砌体内设置垫块或垫梁。

(5) 由于配筋砖砌体可有效地约束砖砌体受压时的横向变形和裂缝的发展，故其承载力和变形能力得到较大的提高。

配筋砌块砌体构件具有较高的承载力和较好的延性以及明显的技术经济优势，故在多高层建筑中得到了较好的应用。配筋砌块砌体剪力墙的受力性能基本上类似于钢筋混凝土剪力墙。

思 考 题

1. 砌体结构设计的基本原则是什么?
2. 何谓结构上的作用?举例说明荷载与作用有何不同。
3. 为什么要对结构上的作用进行分类?
4. 何谓作用效应和结构抗力?各有什么特性?
5. 何谓结构的可靠性和可靠度?
6. 结构的失效概率和可靠概率的关系是什么?
7. 分析影响结构目标可靠指标的因素。
8. 何谓结构的极限状态?其分类及相应的特征是什么?
9. 砌体结构设计的一般要求是什么?
10. 为什么在一般情况下砌体结构的正常使用极限状态要求可由相应的构造措施保证?
11. 砌体受压短柱随着偏心距的增大,截面应力和承载力是如何变化的?
12. 无筋砌体受压构件承载力影响系数 φ 与哪些因素有关?
13. 为什么限制无筋砌体受压构件的偏心距 e 不超过 $0.6y$?当超过时,可采取什么措施?
14. 为什么砌体在局部压力作用下的抗压强度可提高?
15. 为什么网状配筋砖砌体构件具有较高的承载能力?
16. 在轴向力作用下,网状配筋砖砌体与无筋砖砌体的破坏特征有何不同?
17. 为什么当轴向力的偏心距较大或构件的高厚比较大时,不宜采用网状配筋砖砌体?
18. 组合砖砌体在轴心压力作用下的破坏特征是什么?

习 题

1. 某柱的截面尺寸为 370mm×370mm,采用 MU10 烧结普通砖及 M5 水泥砂浆砌筑,柱的计算高度 H_0＝3.6m,柱底截面处承受的轴心压力设计值 N＝110kN,试验算柱的承载力。

2. 某房屋中截面尺寸为 370mm×490mm 的柱,采用 MU10 烧结多孔砖及 M5 混合砂浆砌筑,柱的计算高度 H_0＝3.2m,柱顶截面处承受的轴心压力标准值 N_k＝155kN(其中永久荷载 128kN,已包括柱自重),试验算柱的承载力。

3. 某单层单跨仓库的窗间墙尺寸如图 3.31 所示,采用 MU10 烧结普通砖和 M5 混合砂浆砌筑,柱的计算高度 H_0＝5.0m。当承受轴向压力设计值 N＝195kN,弯矩设计值 M＝13kN·m 时,试验算其截面承载力。

4. 某食堂的窗间墙尺寸如图 3.32 所示,采用 MU10 烧结普通砖和 M2.5 混合砂浆砌筑,

柱的计算高度 $H_0=6.3\text{m}$。当承受轴向压力设计值 $N=315\text{kN}$，弯矩设计值 $M=40\text{kN}\cdot\text{m}$ 时（弯矩方向为墙体外侧受压，壁柱受拉），试验算其截面承载力。

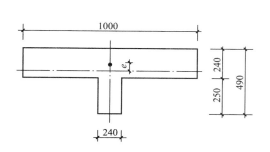

图 3.31 某单层单跨仓库的窗间墙尺寸
（单位：mm）

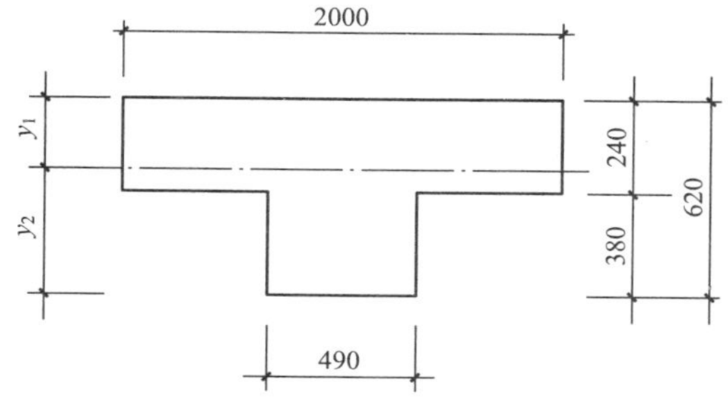

图 3.32 某食堂的窗间墙尺寸（单位：mm）

5. 图 3.33 所示为钢筋混凝土柱支承在砖墙上的情况，柱的截面尺寸为 240mm×240mm，墙的厚度为 240mm，砖墙采用 MU10 烧结普通砖和 M7.5 混合砂浆砌筑。柱传来的轴心压力设计值 $N_0=140\text{kN}$，试验算柱下砌体局部受压承载力是否满足要求。

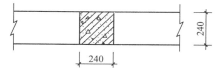

图 3.33 钢筋混凝土柱（单位：mm）

6. 某房屋外墙采用 MU10 混凝土小型空心砌块和 Mb5 混合砂浆砌筑，窗间墙的截面尺寸为 1200mm×190mm，其上支承截面尺寸为 $b\times h=200\text{mm}\times400\text{mm}$ 的钢筋混凝土梁，梁的支承长度 $a=190\text{mm}$。梁端支承压力设计值 $N_l=58\text{kN}$，梁底墙体截面由上部荷载设计值产生的轴向力 $N_s=255\text{kN}$，试验算梁端支承处砌体局部受压承载力。

7. 图 3.34 所示为钢筋混凝土梁在窗间墙上的支承情况，梁的截面尺寸 $b\times h=250\text{mm}\times550\text{mm}$，在窗间墙上的支承长度 $a=240\text{mm}$。窗间墙的截面尺寸为 1200mm×240mm，采用 MU10 烧结普通砖和 M2.5 混合砂浆砌筑。梁端支承压力设计值 $N_l=130\text{kN}$，梁底墙体截面由上部荷载设计值产生的轴向力 $N_s=45\text{kN}$，试验算梁端支承处砌体局部受压承载力。若不满足要求，设置刚性垫块，并进行验算。

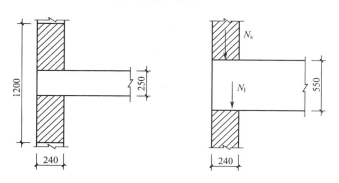

图 3.34 钢筋混凝土梁

8. 某圆形水池的池壁采用 MU10 烧结普通砖和 M5 水泥砂浆砌筑，池壁厚 490mm，承受轴向拉力设计值 $N_t=50\text{kN/m}$，试验算池壁的受拉承载力。

9. 某矩形浅水池的池壁底部厚 740mm，采用 MU15 烧结普通砖和 M7.5 水泥砂浆砌筑。池壁水平截面承受的弯矩设计值 $M=9.6kN \cdot m$，剪力设计值 $V=16.8kN/m$，试验算截面承载力是否满足要求。

10. 某拱支座截面厚度 370mm，采用 MU10 烧结普通砖和 M5 水泥砂浆砌筑。支座截面承受剪力设计值 $V=33kN/m$，永久荷载产生的纵向力设计值 $N=45kN/m(\gamma_G=1.2)$。试验算拱支座截面的抗剪承载力是否满足要求。

11. 某房屋中网状配筋砖柱，截面尺寸 $b \times h=370mm \times 740mm$，柱的计算高度 $H_0=5.2m$，承受轴向力设计值 $N=205kN$，沿长边方向的弯矩设计值 $M=21kN \cdot m$，采用 MU10 烧结普通砖和 M5 混合砂浆砌筑，网状配筋采用 $\varphi^b 4$ 冷拔低碳钢丝焊接方格网（$A_s=12.6mm^2$，$f_y=430MPa$），钢丝间距 $a=60mm$，钢丝网竖向间距 $s_n=180mm$，试验算柱的承载力。

12. 某房屋中的承重墙体采用组合砖砌体，墙厚为 370mm，墙体计算高度 $H_0=4.2m$，墙体采用 MU10 砖、M5 混合砂浆砌筑；双面为钢筋水泥砂浆面层，面层厚 30mm，采用 M10 水泥砂浆（$f_c=3.5MPa$），钢筋采用 HPB300 级（$f_y=270MPa$），竖向受力钢筋为 $\phi 10@250$，水平钢筋为 $\phi 6@250$，同时按规定设置拉结钢筋。试计算每米墙体可承受的轴心压力设计值。

13. 某房屋中的砖砌体和钢筋混凝土构造柱组合墙，墙厚 $h=240mm$，采用 MU10 砖、M7.5 混合砂浆砌筑；沿墙长每隔 1.2m 设置截面尺寸为 240mm×240mm 的钢筋混凝土构造柱，构造柱采用 C20 混凝土（$f_c=9.6MPa$），柱中配置 $4\phi 12$ 的 HPB300 级纵向钢筋（$f_y=270MPa$）；墙体计算高度 $H_0=3.6m$。试计算每米墙体可承受的轴心压力设计值。

第 4 章

砌体结构房屋的墙体承载力验算

教学目标

　　本章主要介绍砌体结构房屋的结构布置方案及特点；详细讨论砌体结构房屋的静力计算方案，砌体结构房屋墙柱高厚比验算方法以及单层、多层房屋的墙体截面承载力的计算方法等，并通过相应的例题说明计算方法在实际工程中的应用。通过本章的学习，应达到以下目标：

　　（1）了解砌体结构房屋的结构布置方案及特点；

　　（2）掌握确定房屋静力计算方案方法；

　　（3）熟练掌握砌体结构刚性方案多层房屋墙体设计计算方法、构造要求、墙柱高厚比验算。

教学要求

知识要点	掌握程度	相关知识
砌体结构房屋的结构布置方案	理解	（1）砌体结构房屋的结构布置方案特点 （2）砌体结构房屋的各种结构布置方案竖向荷载传递路线
砌体结构房屋静力计算方案	掌握	（1）静力计算方案的划分原则 （2）各种静力计算方案的计算简图
砌体结构刚性方案多层房屋墙体设计	熟练掌握	（1）墙体计算方法 （2）墙柱高厚比验算 （3）墙体设计构造要求

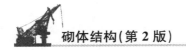

 引例

2008年5月12日14时28分04秒，8级强震猝然袭来，大地颤抖，山河移位，满目疮痍，生离死别。截至2009年5月25日10时，"5·12"地震共遇难69227人，受伤374643人，失踪17923人。其中四川省68712名同胞遇难，17921名同胞失踪，共有5335名学生遇难或失踪。由于地震发生在学校上课时间，灾难中死伤的师生人数众多，人们在扼腕叹息之余也不禁存有疑问：为什么学校楼房在地震面前如此脆弱？工程抗震专家、中国科学院周锡元院士表示，砖混结构校舍抗震能力差，这是世界性的普遍问题，学校在抗震方面存在几个先天缺陷。

(1) 房间大。躲到卫生间等场所是地震发生时的一条逃生原则，原因就在于空间狭小、有墙面支撑，墙的面积大抗震能力就强。但学校教室、活动室等场所空间都比较大，相对而言墙的面积就小。

(2) 窗户大。教学需要良好的光线，采光使用大面积的窗户设计，相应的使得墙的面积大大缩减。

(3) 走廊设计。一般学校都采用单面、外廊的走廊设计，多由柱子支撑，如果教室两边都是走廊，在纵向上一间教室就只有前后的两面墙抗震，两边柱子的作用则很弱。

因此，砌体结构房屋的结构布置方案是否合理对房屋的安全有极其重要的影响。在实际工程中应如何进行合理设计来保证墙体稳定性，是本章所要解决的主要问题。

4.1 砌体结构房屋的组成及结构布置

砌体结构房屋通常是指主要承重构件由砖、石、砌块等不同的砌体材料组成的房屋。如房屋的楼(屋)盖采用钢筋混凝土结构、轻钢结构或木结构，而墙体、柱、基础等承重构件采用砌体材料。

一般情况下，砌体结构房屋的墙、柱占房屋总重的60%左右，其造价约占40%。由于砌体结构房屋的墙体材料通常就地取材，因此砌体结构房屋具有造价低的优点，被广泛应用于多层住宅、宿舍、办公楼、中小学教学楼、商店、酒店、食堂等民用建筑中；同时还大量应用于中小型单层及多层工业厂房、仓库等工业建筑中。

过去我国砌体结构房屋的墙体材料大多数采用粘土砖，由于粘土砖的烧制要占用大量农田，破坏环境资源，近年来国家已经限制了粘土实心砖的使用，主要采用粘土空心砖、蒸压灰砂砖、蒸压粉煤灰砖等墙体材料。

在砌体结构房屋的设计中，承重墙、柱的布置十分重要。因为承重墙、柱的布置直接影响到房屋的平面划分，空间大小，荷载传递、结构强度、刚度、稳定、造价及施工的难易。通常将平行于房屋长向布置的墙体称为纵墙；平行于房屋短向布置的墙体称为横墙；房屋四周与外界隔离的墙体称外墙；外横墙又称为山墙；其余墙体称为内墙。

砌体结构房屋中的屋盖、楼盖、内外纵墙、横墙、柱和基础等是主要承重构件，它们互相连接，共同构成承重体系。根据结构的承重体系和荷载的传递路线，房屋的结构布置可分为以下几种方案。

4.1.1 纵墙承重方案

纵墙承重方案是指纵墙直接承受屋面、楼面荷载的结构方案。对于要求有较大空间的房屋(如单层工业厂房、仓库等)或隔墙位置可能变化的房屋,通常无内横墙或横墙间距很大,因而由纵墙直接承受楼面或屋面荷载,从而形成纵墙承重方案,如图4.1所示。这种方案房屋的竖向荷载的主要传递路线为:板→梁(屋架)→纵向承重墙→基础→地基。

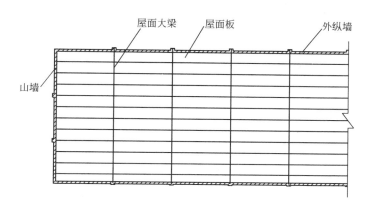

图 4.1 纵墙承重方案

纵墙承重体系的特点如下。

(1)纵墙是主要的承重墙。横墙的设置主要是为了满足房间的使用要求、保证纵墙的侧向稳定和房屋的整体刚度,因而房屋的划分比较灵活。

(2)由于纵墙承受的荷载较大,在纵墙上设置的门、窗洞口的大小及位置都受到一定的限制。

(3)纵墙间距一般比较大,横墙数量相对较少,房屋的空间刚度不如横墙承重体系。

(4)与横墙承重体系相比,楼盖材料用量相对较多,墙体的材料用量较少。

纵墙承重方案适用于使用上要求有较大空间的房屋(如教学楼、图书馆)以及常见的单层和多层空旷砌体结构房屋(如食堂、俱乐部、中小型工业厂房)等。纵墙承重的多层房屋,特别是空旷的多层房屋,层数不宜过多,因纵墙承受的竖向荷载较大;若层数较多,需显著增加纵墙厚度或采用大截面尺寸的壁柱,这从经济上或适用性上都不合理。因此,当层数较多、楼面荷载较大时,宜选用钢筋混凝土框架结构。

4.1.2 横墙承重方案

房屋的每个开间都设置横墙,楼板和屋面板沿房屋纵向搁置在墙上。板传来的竖向荷载全部由横墙承受,并由横墙传至基础和地基,纵墙仅承受墙体自重。因此这类房屋称为横墙承重方案,如图4.2所示。这种方案房屋的竖向荷载的主要传递路线为:楼(屋)面板→横墙→基础→地基。

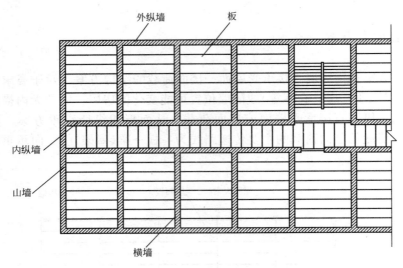

图 4.2　横墙承重方案

横墙承重方案的特点如下。

(1) 横墙是主要的承重墙。纵墙的作用主要是围护、隔断以及与横墙拉结在一起，保证横墙的侧向稳定。由于纵墙是非承重墙，对纵墙上设置门、窗洞口的限制较少，外纵墙的立面处理比较灵活。

(2) 横墙间距较小，一般为 3～4.5m，同时又有纵向拉结，形成良好的空间受力体系，刚度大、整体性好。对抵抗沿横墙方向作用的风力、地震作用以及调整地基的不均匀沉降等较为有利。

(3) 由于在横墙上放置预制楼板，结构简单、施工方便，楼盖的材料用量较少，但墙体的用料较多。

横墙承重方案适用于宿舍、住宅、旅馆等居住建筑和由小房间组成的办公楼等。横墙承重方案中横墙较多，承载力及刚度比较容易满足要求，故可建造较高层的房屋。

4.1.3　纵横墙混合承重方案

当建筑物的功能要求房间的大小变化较多时，为了结构布置的合理性，通常采用纵横墙混合承重方案，如图 4.3 所示。这种方案房屋的竖向荷载的主要传递路线为

$$楼(屋)面板 \rightarrow \begin{cases} 梁 \rightarrow 纵墙 \\ 横墙或纵墙 \end{cases} \rightarrow 基础 \rightarrow 地基$$

纵横墙混合承重方案的特点如下。

(1) 纵横墙均作为承重构件，使得结构受力较为均匀，能避免局部墙体承载过大。

(2) 由于钢筋混凝土楼板(及屋面板)可以依据建筑设计的使用功能灵活布置，较好地满足使用要求，结构的整体性较好。

(3) 在占地面积相同的条件下，外墙面积较小。

纵横墙混合承重方案，既可保证有灵活布置的房间，又具有较大的空间刚度和整体性，所以适用于教学楼、办公楼、医院等建筑。

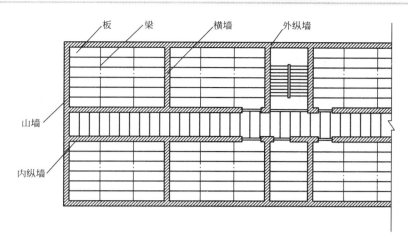

图 4.3 纵横墙混合承重方案

4.1.4 内框架承重方案

当房屋需要较大空间，且允许中间设柱时，可取消房屋的内承重墙而用钢筋混凝土柱代替，由钢筋混凝土柱及楼盖组成钢筋混凝土内框架。楼盖及屋盖梁在外墙处仍然支承在砌体墙或壁柱上。这种由内框架柱和外承重墙共同承担竖向荷载的承重体系称为内框架承重体系，如图4.4所示。这种方案房屋的竖向荷载的主要传递路线为

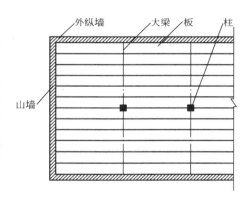

图 4.4 内框架承重方案

$$ 板\rightarrow 梁\rightarrow \begin{cases} 外纵墙\rightarrow 外纵墙基础 \\ 柱\rightarrow 柱基础 \end{cases} \rightarrow 地基 $$

内框架承重方案的特点如下。

（1）外墙和柱为竖向承重构件，内墙可取消，因此有较大的使用空间，平面布置灵活。

（2）由于竖向承重构件材料不同，基础形式亦不同，因此施工较复杂，易引起地基不均匀沉降。

（3）横墙较少，房屋的空间刚度较差。

内框架承重方案一般用于多层工业车间、商店等建筑。此外，某些建筑的底层为了获得较大的使用空间，有时也采用这种承重方案。必须指出，对内框架承重房屋应充分注意两种不同结构材料所引起的不利影响，并在设计中选择符合实际受力情况的计算简图，精心地进行承重墙、柱的设计。

4.1.5 底部框架承重方案

当沿街住宅底部为公共房时，在底部也可以用钢筋混凝土框架结构同时取代内外承重

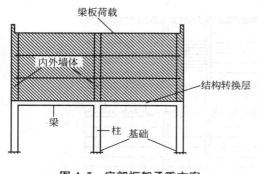

图 4.5　底部框架承重方案

墙体，相关部位形成结构转换层，成为底部框架承重方案。此时，梁板荷载在上部几层通过内外墙体向下传递，在结构转换层部位通过钢筋混凝土梁传给柱，再传给基础，如图 4.5 所示。

底部框架承重方案的特点如下。

（1）墙和柱都是主要承重构件。以柱代替内外墙体，在使用上可获得较大的使用空间。

（2）由于底部结构形式的变化，其抗侧刚度发生了明显的变化，成为上部刚度较大，底部刚度较小的上刚下柔结构房屋。

以上是从大量工程实践中概括出来的几种承重方案。设计时，应根据不同的使用要求以及地质、材料、施工等条件，按照安全可靠、技术先进、经济合理的原则，正确选用比较合理的承重方案。

4.2　砌体结构房屋的静力计算方案

4.2.1　房屋的空间工作性能

砌体结构房屋是由屋盖、楼盖、墙、柱、基础等主要承重构件组成的空间受力体系，共同承担作用在房屋上的各种竖向荷载（结构的自重、屋面、楼面的活荷载）、水平风荷载和地震作用。砌体结构房屋中仅墙、柱为砌体材料，因此墙、柱设计计算即成为本章的两个主要方面的内容。墙体计算主要包括内力计算和截面承载力计算（或验算）。

计算墙体内力首先要确定其计算简图，也就是如何确定房屋的静力计算方案的问题。计算简图既要尽量符合结构实际受力情况，又要使计算尽可能简单。现以单层房屋为例，说明在竖向荷载（屋盖自重）和水平荷载（风荷载）作用下，房屋的静力计算是如何随房屋空间刚度不同而变化的。

（1）情况一，图 4.6 所示为两端没有设置山墙的单层房屋，外纵墙承重，屋盖为装配式钢筋混凝土楼盖。该房屋的水平风荷载传

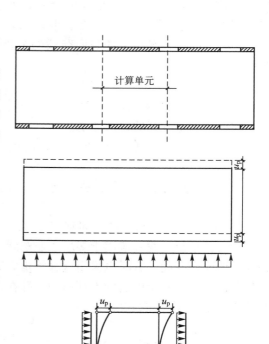

图 4.6　无山墙单层房屋的受力状态及计算简图

递路线是风荷载→纵墙→纵墙基础→地基；竖向荷载的传递路线是屋面板→屋面梁→纵墙→纵墙基础→地基。

假定作用于房屋的荷载是均匀分布的，外纵墙的刚度是相等的，因此在水平荷载作用下整个房屋墙顶的水平位移是相同的。如果从其中任意取出一单元，则这个单元的受力状态将和整个房屋的受力状态一样。因此，可以用这个单元的受力状态来代表整个房屋的受力状态，这个单元称为计算单元。

在这类房屋中，荷载作用下的墙顶位移主要取决于纵墙的刚度，而屋盖结构的刚度只是保证传递水平荷载时两边纵墙位移相同。如果把计算单元的纵墙看作排架柱、屋盖结构看作横梁，把基础看作柱的固定支座，屋盖结构和墙的连接点看作铰结点，则计算单元的受力状态就如同一个单跨平面排架，属于平面受力体系，其静力分析可采用结构力学的分析方法。

（2）情况二，图 4.7 所示为两端设置山墙的单层房屋。在水平荷载作用下，屋盖的水平位移受到山墙的约束，水平荷载的传递路线发生了变化。屋盖可以看作水平方向的梁（跨度为房屋长度，梁高为屋盖结构沿房屋横向的跨度），两端弹性支承在山墙上，而山墙可以看作竖向悬臂梁支承在基础上。因此，该房屋的水平风荷载传递路线为

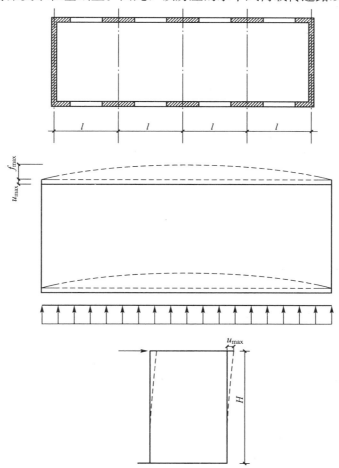

图 4.7 有山墙单层房屋在水平力作用下的变形情况

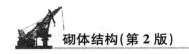

$$风荷载 \rightarrow 纵墙 \rightarrow \begin{cases} 纵墙基础 \\ 屋盖结构 \rightarrow 山墙 \rightarrow 山墙基础 \end{cases} \rightarrow 地基$$

从上面的分析可以清楚地看出，这类房屋，风荷载的传递体系已经不是平面受力体系，而是空间受力体系。此时，墙体顶部的水平位移不仅与纵墙自身刚度有关，而且与屋盖结构水平刚度和山墙顶部水平方向的位移有关。

可以用空间性能影响系数 η 来表示房屋空间作用的大小。假定屋盖在水平面内是支承于横墙上的剪切型弹性地基梁，纵墙(柱)为弹性地基，由理论分析可以得到空间性能影响系数为

$$\eta = \frac{u_s}{u_p} = 1 - \frac{1}{\mathrm{ch}\,ks} \leqslant 1 \qquad (4.1)$$

式中　u_s——考虑空间工作时，外荷载作用下房屋排架水平位移的最大值；

　　　u_p——外荷载作用下，平面排架的水平位移值；

　　　k——屋盖系统的弹性系数，取决于屋盖的刚度；

　　　s——横墙的间距。

η 值越大，表明考虑空间作用后的排架柱顶最大水平位移与平面排架的柱顶位移越接近，房屋的空间作用越小；η 值越小，则表明房屋的空间作用越大。因此，η 又称为考虑空间作用后的侧移折减系数。由于按照相关理论来计算弹性系数 k 是比较困难的，为此，《规范》采用半经验、半理论的方法来确定弹性系数 k：对于第一类屋盖，$k=0.03$；第二类屋盖，$k=0.05$；第三类屋盖，$k=0.065$。

横墙的间距 s 是影响房屋刚度和侧移大小的重要因素，不同横墙间距房屋的各层空间工作性能影响系数 η_i 可见表 4-1。

表 4-1　房屋各层的空间性能影响系数 η_i

屋盖或楼盖类别	横墙间距 s/m														
	16	20	24	28	32	36	40	44	48	52	56	60	64	68	72
1	—	—	—	—	0.33	0.39	0.45	0.50	0.55	0.60	0.64	0.68	0.71	0.74	0.77
2	—	0.35	0.45	0.54	0.61	0.68	0.73	0.78	0.82	—	—	—	—	—	—
3	0.37	0.49	0.60	0.68	0.75	0.81	—	—	—	—	—	—	—	—	—

注：i 取 $1 \sim n$，n 为房屋的层数。

此外，为了简便计算，《规范》偏于安全的取多层房屋的空间性能影响系数 η_i 与单层房屋相同的数值，即见表 4-1。

4.2.2　房屋的静力计算方案

影响房屋空间性能的因素很多，除上述的屋盖刚度和横墙间距外，还有屋架的跨度、排架的刚度、荷载类型及多层房屋层与层之间的相互作用等。《规范》为方便计算，仅考虑屋盖刚度和横墙间距两个主要因素的影响，按房屋空间刚度(作用)大小，将砌体结构房屋静力计算方案分为 3 种，见表 4-2。

表 4-2　房屋的静力计算方案

	屋盖或楼盖类别	刚性方案	刚弹性方案	弹性方案
1	整体式、装配整体式和装配式无檩体系钢筋混凝土屋盖或钢筋混凝土楼盖	$s<32$	$32\leqslant s\leqslant72$	$s>72$
2	装配式有檩体系钢筋混凝土屋盖、轻钢屋盖和有密铺望板的木屋盖或楼盖	$s<20$	$20\leqslant s\leqslant48$	$s>48$
3	瓦材屋面的木屋盖和轻钢屋盖	$s<16$	$16\leqslant s\leqslant36$	$s>36$

注：（1）表中 s 为房屋横墙间距，其长度单位为 m；

（2）当多层房屋的屋盖、楼盖类别不同或横墙间距不同时，可按本表规定分别确定各层（底层或顶部各层）房屋的静力计算方案；

（3）对无山墙或伸缩缝无横墙的房屋，应按弹性方案考虑。

1. 刚性方案

房屋的空间刚度很大，在水平风荷载作用下，墙、柱顶端的相对位移 $u_s/H\approx0$（H 为纵墙高度），这类房屋称为刚性方案房屋。对于单层房屋，屋盖可看成纵向墙体上端的不动铰支座，墙柱内力可按上端有不动铰支承于屋盖，下端嵌固于基础的竖向构件进行计算。而对于多层房屋，在竖向荷载作用下，墙、柱在每层高度范围内，可近似地视作两端铰支的竖向构件；在水平荷载作用下，墙、柱可视作竖向连续梁。

2. 弹性方案

房屋的空间刚度很小，即在水平风荷载作用下 $u_s\approx u_p$，墙顶的最大水平位移接近于平面结构体系，其墙柱内力计算应按不考虑空间作用的平面排架或框架计算，这类房屋称为弹性方案房屋。

3. 刚弹性方案

房屋的空间刚度介于上述两种方案之间，在水平风荷载作用下 $0<u_s<u_p$，纵墙顶端水平位移比弹性方案要小，但又不可忽略不计，其受力状态介于刚性方案和弹性方案之间，这时墙柱内力计算应按考虑空间作用的平面排架或框架计算，这类房屋称为刚弹性方案房屋。

有关计算表明，当房屋的空间性能影响系数 $\eta<0.33$ 时，可以近似按刚性方案计算；当 $\eta>0.77$ 时，按弹性方案计算是偏于安全的；当 $0.33<\eta<0.77$ 时，可按刚弹性方案计算。在设计多层砌体结构房屋时，不宜采用弹性方案，否则会造成房屋的水平位移较大，当房屋高度增大时，可能会因为房屋的位移过大而影响结构的安全。

4.2.3 《规范》对横墙的要求

由上面的分析可知，房屋墙、柱的静力计算方案是根据房屋空间刚度的大小确定的，而房屋的空间刚度则由两个主要因素确定：①房屋中屋（楼）盖的类别；②房屋中横墙间距及其刚度的大小。因此作为刚性和刚弹性方案房屋的横墙，《规范》规定应符合下列要求。

（1）横墙中开有洞口时，洞口的水平截面面积不应超过横墙截面面积的 50%。

(2) 横墙的厚度不宜小于 180mm。

(3) 单层房屋的横墙长度不宜小于其高度，多层房屋的横墙长度不宜小于 $H/2$（H 为横墙总高度）。

当横墙不能同时符合上述要求时，应对横墙的刚度进行验算。如其最大水平位移值 $u_{max} \leqslant H/4000$（H 为横墙总高度）时，仍可视作刚性和刚弹性方案房屋的横墙；凡符合此刚度要求的一段横墙或其他结构构件（如框架等），也可以视作刚性或刚弹性方案房屋的横墙。

横墙在水平集中力 P_1 作用下产生剪切变形（u_v）和弯曲变形（u_b），故总水平位移由两部分组成。对于单层单跨房屋，如纵墙受均布风荷载作用，且当横墙上门窗洞口的水平截面面积不超过其水平全截面面积的 75% 时，横墙顶点的最大水平位移 u_{max} 可按下式计算，如图 4.8 所示。

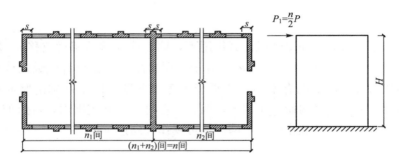

图 4.8 单层房屋横墙简图

$$u_{max} = u_v + u_b = \frac{P_1 H^3}{3EI} + \frac{\tau}{G}H = \frac{nPH^3}{6EI} + \frac{2.5nPH}{EA} \tag{4.2}$$

式中 P_1——作用于横墙顶端的水平集中荷载，$P_1 = nP/2$，且 $P = W + R$；

     n——与该横墙相邻的两横墙间的开间数；

     W——由屋面风荷载折算为每个开间柱顶处的水平集中风荷载；

     R——假定排架无侧移时作用在纵墙上均布风荷载所求出的每个开间柱顶的反力；

     H——横墙总高度；

     E——砌体的弹性模量；

     I——横墙的惯性矩，考虑转角处有纵墙共同工作时按 I 型或 [型截面计算，但从横墙中心线算起的翼缘宽度每边取 $b_f = 0.3H$；

     τ——横墙水平截面上的剪应力，$\tau = \dfrac{P}{\xi A}$；

     ξ——剪应力分布不均匀和墙体洞口影响的折算系数，近似取 0.5；

     A——横墙毛截面面积；

     G——砌体的剪变模量，$G = \dfrac{E}{2(1+\mu)} \approx 0.4E$。

多层房屋也可以仿照上述方法进行计算：

$$u_{max} = u_v + u_b = \frac{n}{6EI}\sum_{i=1}^{m}P_i H_i^3 + \frac{2.5n}{EA}\sum_{i=1}^{m}P_i H_i \tag{4.3}$$

式中　m——房屋总层数；

　　　P_i——假定每开间框架各层均为不动铰支座时第 i 层的支座反力；

　　　H_i——第 i 层楼面至基础上顶面的高度。

4.3 墙、柱的高厚比验算

砌体结构房屋中的墙、柱均是受压构件，除了应满足承载力的要求外，还必须保证其稳定性，《规范》规定：用验算墙、柱高厚比的方法来保证墙、柱的稳定性。

4.3.1 墙、柱的计算高度

对墙、柱进行承载力计算或验算高厚比时所采用的高度称为计算高度。它是由墙、柱的实际高度 H，并根据房屋类别和构件两端的约束条件来确定的。按照弹性稳定理论分析结果，并为了偏于安全，《规范》规定，受压构件的计算高度 H_0 可见表 4-3。

表 4-3　受压构件的计算高度 H_0

房屋类型			柱		带壁柱墙或周边拉结的墙		
			排架方向	垂直排架方向	$s>2H$	$2H \geqslant s>H$	$s \leqslant H$
有吊车的单层房屋	变截面柱上段	弹性方案	$2.5H_u$	$1.25H_u$	$2.5H_u$		
		刚性、刚弹性方案	$2.0H_u$	$1.25H_u$	$2.0H_u$		
	变截面柱下段		$1.0H_l$	$0.8H_l$	$1.0H_l$		
无吊车的单层房屋和多层房屋	单跨	弹性方案	$1.5H$	$1.0H$	$1.5H$		
		刚弹性方案	$1.2H$	$1.0H$	$1.2H$		
	多跨	弹性方案	$1.25H$	$1.0H$	$1.25H$		
		刚弹性方案	$1.10H$	$1.0H$	$1.10H$		
	刚性方案		$1.0H$	$1.0H$	$1.0H$	$0.4s+0.2H$	$0.6s$

注：（1）表中 H_u 为变截面柱的上段高度，H_l 为变截面柱的下段高度；

（2）对于上端为自由端的构件，$H_0=2H$；

（3）对独立柱，当无柱间支撑时，柱在垂直排架方向的 H_0 应按表中数值乘以 1.25 后采用；

（4）s 为房屋横墙间距；

（5）自承重墙的计算高度应根据周边支承或拉接条件确定；

（6）表中的构件高度 H 应按下列规定采用。在房屋底层，为楼板顶面到构件下端支点的距离，下端支点的位置可取在基础顶面，当埋置较深且有刚性地坪时，可取室外地面下 500mm 处；在房屋的其他层，为楼板或其他水平支点间的距离；对于无壁柱的山墙，可取层高加山墙尖高度的 1/2；对于带壁柱山墙可取壁柱处山墙的高度。

对有吊车的房屋，当荷载组合不考虑吊车作用时，变截面柱上段的计算高度可见表 4-3；变截面柱下段的计算高度应按下列规定采用（本规定也适用于无吊车房屋的变截

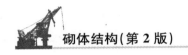

面柱）。

（1）当 $H_u/H \leqslant 1/3$ 时，取无吊车房屋的 H_0。

（2）当 $1/3 < H_u/H \leqslant 1/2$ 时，取无吊车房屋的 H_0 乘以修正系数 μ；其中 $\mu = 1.3 - 0.3 I_u/I_l$，I_u 为变截面柱上段的惯性矩，I_l 为变截面柱下段的惯性矩。

（3）当 $H_u/H \geqslant 1/2$ 时，取无吊车房屋的 H_0；但在确定 β 值时，应采用上柱截面。

4.3.2　高厚比的影响因素

影响墙、柱允许高厚比 $[\beta]$ 的因素比较复杂，难以用理论推导的公式来计算，《规范》规定的限值是综合考虑以下各种因素确定的。

1. 砂浆强度等级

砂浆强度直接影响砌体的弹性模量，而砌体弹性模量的大小又直接影响砌体的刚度。所以砂浆强度是影响允许高厚比的重要因素。砂浆强度越高，允许高厚比亦相应增大。

2. 砌体类型

毛石墙比一般砌体墙刚度差，允许高厚比要降低；而组合砌体由于钢筋混凝土的刚度好，允许高厚比可提高。

3. 横墙间距

横墙间距越小，墙体稳定性和刚度越好；横墙间距越大，墙体稳定性和刚度越差。高厚比验算时用改变墙体的计算高度来考虑这一因素，柱子没有横墙联系，其允许高厚比应比墙小些。这一因素在计算高度和相应高厚比的计算中考虑。

4. 砌体截面刚度

砌体截面惯性矩较大，稳定性则好。当墙上门窗洞口削弱较多时，允许高厚比值降低，可以通过有门窗洞口墙允许高厚比的修正系数来考虑此项影响。

5. 构造柱间距及截面

构造柱间距越小，截面越大，对墙体的约束越大，因此墙体稳定性越好，允许高厚比可提高，通过修正系数来考虑。

6. 支承条件

刚性方案房屋的墙柱在屋盖和楼盖支承处假定为不动铰支座，刚性好；而弹性和刚弹性房屋的墙柱在屋（楼）盖处侧移较大，稳定性差。验算时用改变其计算高度来考虑这一因素。

7. 构件重要性和房屋使用情况

对次要构件，如自承重墙，允许高厚比可以增大，通过修正系数考虑；对于使用时有振动的房屋则应酌情降低。

4.3.3　允许高厚比及其修正

墙、柱高厚比的允许极限值称允许高厚比，用 $[\beta]$ 表示，见表 4-4。需要指出的是，

$[\beta]$ 值与墙、柱砌体材料的质量和施工技术水平等因素有关，随着科学技术的进步，在材料强度日益增高、砌体质量不断提高的情况下，$[\beta]$ 值将有所增大。

表 4-4　墙、柱允许高厚比 $[\beta]$ 值

砌体类型	砂浆强度等级	墙	柱
无筋砌体	M2.5	22	15
	M5.0 或 Mb5.0、Ms5.0	24	16
	≥M7.5 或 Mb7.0、Ms7.5	26	17
配筋砌块砌体	—	30	21

注：(1) 毛石墙、柱允许高厚比应按表中数值降低 20%；

　　(2) 组合砖砌体构件的允许高厚比，可按表中数值提高 20%，但不得大于 28；

　　(3) 验算施工阶段砂浆尚未硬化的新砌砌体高厚比时，允许高厚比对墙取 14，对柱取 11。

自承重墙是房屋中的次要构件，且仅有自重作用。根据弹性稳定理论，对用同一材料制成的等高、等截面杆件，当两端支承条件相同，且仅受自重作用时失稳的临界荷载比上端受有集中荷载的要大，所以自承重墙的允许高厚比的限值可适当放宽，即 $[\beta]$ 可乘以一个大于 1 的修正系数 μ_1。对于厚度 $h \leqslant 240mm$ 的自承重墙，μ_1 的取值分别为：当 $h = 240mm$ 时，$\mu_1 = 1.2$；当 $h = 90mm$ 时，$\mu_1 = 1.5$；当 $90 < h < 180$ 时，μ_1 插入法取值。

上端为自由端墙的允许高厚比，除按上述规定提高外，尚可再提高 30%；对厚度小于 90mm 的墙，当双面用不低于 M10 的水泥砂浆抹面，包括抹面层的墙厚不小于 90mm 时，可按墙厚等于 90mm 验算高厚比。

对有门窗洞口的墙，允许高厚比 $[\beta]$，按表 4-4 所列数值乘以修正系数 μ_2，μ_2 可按下式计算：

$$\mu_2 = 1 - 0.4 \frac{b_s}{s} \qquad (4.4)$$

式中　b_s——在宽度 s 范围内的门窗洞口总宽度，如图 4.9 所示；

　　　s——相邻窗间墙或壁柱之间的距离。

当按 (4.4) 式计算的 μ_2 值小于 0.7 时，应采用 0.7；当洞口高度等于或小于墙高的 1/5 时，取 $\mu_2 = 1.0$；当洞口高度大小于或等于墙高的 4/5 时，按独立墙段验算高厚比。

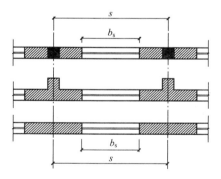

图 4.9　门窗洞口宽度示意图

4.3.4　墙、柱高厚比验算

1. 一般墙、柱高厚比验算

$$\beta = \frac{H_0}{h} \leqslant \mu_1 \mu_2 [\beta] \qquad (4.5)$$

式中　H_0——墙、柱的计算高度，见表 4-3；

　　　h——墙厚或矩形柱与 H_0 相对应的边长；

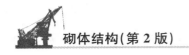

μ_1——自承重墙允许高厚比的修正系数，按前述规定采用；

μ_2——有门窗洞口的墙允许高厚比修正系数，按前述规定采用；

$[\beta]$——墙、柱允许高厚比，见表 4-4。

2. 带壁柱墙的高厚比验算

1) 整片墙高厚比验算

$$\beta=\frac{H_0}{h_T}\leqslant\mu_1\mu_2[\beta] \tag{4.6}$$

式中　h_T——带壁柱墙截面的折算厚度，$h_T=3.5i$；

　　　i——带壁柱墙截面的回转半径，$i=\sqrt{I/A}$，I、A 分别为带壁柱墙截面的惯性矩和截面面积。

《规范》规定，当确定带壁柱墙的计算高度 H_0 时，s 应取相邻横墙间距。在确定截面回转半径 i 时，带壁柱墙的计算截面翼缘宽度 b_f 可按下列规定采用(取小值)。

(1) 多层房屋，当有门窗洞口时，可取窗间墙宽度；当无门窗洞口时，每侧翼墙宽度可取壁柱高度的 1/3，但不应大于相邻壁柱间的距离。

(2) 单层房屋，可取壁柱宽加 2/3 墙高，但不大于窗间墙宽度和相邻壁柱间距离。

(3) 计算带壁柱墙的条形基础时，可取相邻壁柱间的距离。

2) 壁柱间墙的高厚比验算

壁柱间墙的高厚比可按无壁柱墙公式(4.5)进行验算。此时可将壁柱视为壁柱间墙的不动铰支座。因此计算 H_0 时，s 应取相邻壁柱间距离，而且不论带壁柱墙体的房屋的静力计算采用何种计算方案，H_0 一律按表 4-3 中的刚性方案取用。

3. 带构造柱墙高厚比验算

墙中设钢筋混凝土构造柱时，可提高墙体使用阶段的稳定性和刚度。但由于在施工过程中大多数是先砌墙后浇筑构造柱，所以应采取措施，保证构造柱墙在施工阶段的稳定性。

1) 整片墙高厚比验算

$$\beta=\frac{H_0}{h_T}\leqslant\mu_1\mu_2\mu_c[\beta] \tag{4.7}$$

式中　μ_c——带构造柱墙在使用阶段的允许高厚比提高系数，按下式计算。

$$\mu_c=1+\gamma\frac{b_c}{l} \tag{4.8}$$

式中　γ——系数，对细料石、半细料石砌体，$\gamma=0$，对混凝土砌块、粗料石、毛料石及毛砌体，$\gamma=1.0$，对其他砌体，$\gamma=1.5$；

　　　b_c——构造柱沿墙长方向的宽度；

　　　l——构造柱间距。

当确定 H_0 时，s 取相邻横墙间距。

为与组合砖墙承载力计算相协调，规定：当 $b_c/l>0.25$ 时取 $b_c/l=0.25$；当 $b_c/l<0.05$ 时取 $b_c/l=0$。表明构造柱间距过大，对提高墙体稳定性和刚度的作用已很小，考虑构造柱有利作用的高厚比验算不适用于施工阶段，此时，对施工阶段直接取 $\mu_c=1.0$。

2）构造柱间墙的高厚比验算

构造柱间墙的高厚比可按公式(4.5)进行验算。此时可将构造柱视为壁柱间墙的不动铰支座。因此计算 H_0 时，s 应取相邻构造柱间距离，而且不论带壁柱墙体的房屋的静力计算采用何种计算方案，H_0 一律按表 4-3 中的刚性方案取用。

《规范》规定设有钢筋混凝土圈梁的带壁柱墙或带构造柱墙，当 $b/s \geqslant 1/30$ 时，圈梁可视作壁柱间墙或构造柱间墙的不动铰支点(b 为圈梁宽度)。这是由于圈梁的水平刚度较大，能够限制壁柱间墙体或构造柱间墙的侧向变形的缘故。如果墙体条件不允许增加圈梁的宽度，可按墙体平面外等刚度原则增加圈梁高度，以满足壁柱间墙或构造柱间墙不动铰支点的要求。

【例 4.1】 某无吊车的单层仓库，平面尺寸、山墙立面尺寸、壁柱墙截面尺寸如图 4.10 所示，层高 4.2m，采用 M2.5 砂浆砌筑，装配式无檩体系钢筋混凝土屋盖，试验算纵墙与山墙的高厚比。

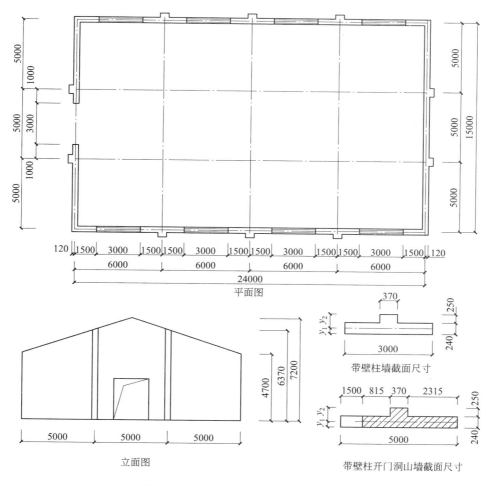

图 4.10 单层仓库尺寸图(单位：mm)

解：1. 静力计算方案的确定

根据装配式无檩体系钢筋混凝土屋盖，查表 4-2 得 $s < 32\text{m}$ 时属刚性方案房屋，本题山墙间距 $s = 24\text{m} < 32\text{m}$，故为刚性方案。

2. 纵墙高厚比验算

1）带壁柱墙截面几何特征

$$A = 240 \times 3000 + 370 \times 250 = 8.13 \times 10^5 (\text{mm}^2)$$

$$y_1 = [3000 \times 240 \times 120 + 250 \times 370 \times (240 + 250/2)] / (8.13 \times 10^5) = 147.8 (\text{mm})$$

$$I = 1/3 \times 3000 \times 147.8^3 + 1/3 \times 370 \times (250 + 240 - 147.8)^3 + 1/3 \times (3000 - 370)(240 - 147.8)^3$$
$$= 8.86 \times 10^9 (\text{mm}^4)$$

$$i = \sqrt{\frac{I}{A}} = \sqrt{\frac{8.86 \times 10^9}{8.13 \times 10^5}} = 104.39 (\text{mm})$$

$$h_T = 3.5i = 3.5 \times 104.39 = 365.37 (\text{mm})$$

2）纵墙整片墙高厚比验算

壁柱高度 $H = 4.2 + 0.5 = 4.7\text{m}$（0.5m 是室内地面至基础顶面的距离）

$$s = 24\text{m} > 2H = 2 \times 4.7 = 9.4(\text{m})$$

查表知，壁柱的计算高度 $H_0 = 1.0H = 4.7\text{m}$，$[\beta] = 22$，$\mu_1 = 1.0$

$$\mu_2 = 1 - 0.4 \frac{b_s}{s} = 1 - 0.4 \times \frac{3000}{6000} = 0.8$$

$$\beta = \frac{H_0}{h_T} = \frac{4.7 \times 10^3}{365.37} = 12.86 < \mu_1 \mu_2 [\beta] = 1.0 \times 0.8 \times 22 = 17.6$$

3）纵墙壁柱间墙高厚比验算

$$H = 4.7\text{m} < s = 60\text{m} < 2H = 9.4\text{m}$$

查表得 $H_0 = 0.4s + 0.2H = 0.4 \times 6 + 0.2 \times 4.7 = 3.34(\text{m})$

$$\beta = \frac{H_0}{h} = \frac{3.34 \times 10^3}{240} = 13.92 < \mu_1 \mu_2 [\beta] = 1.0 \times 0.8 \times 22 = 17.6$$

所以纵墙满足稳定性要求。

3. 山墙高厚比验算

1）带壁柱开门洞山墙截面的几何特征

$$A = 370 \times (240 + 250) \times (3500 - 370) \times 240 = 9.325 \times 10^5 (\text{mm}^2)$$

$$y_1 = [3500 \times 240 \times 120 + 250 \times 370 \times (240 + 250/2)] / (9.325 \times 10^5) = 144.3 (\text{mm})$$

$$I = 1/3 \times 3500 \times 144.3^3 + 1/3 \times 370 \times (250 + 240 - 144.3)^3 + 1/3 \times (3500 - 370)(240 - 144.3)^3$$
$$= 9.52 \times 10^9 (\text{mm}^4)$$

$$i = \sqrt{\frac{I}{A}} = \sqrt{\frac{9.52 \times 10^9}{9.325 \times 10^5}} = 101.04 (\text{mm})$$

$$h_T = 3.5i = 3.5 \times 101.04 = 353.64 (\text{mm})$$

2）开门洞山墙整片墙高厚比验算

$H = 6.37\text{m}$（取山墙壁柱高度）

$$s = 15\text{m} > 2H = 12.74\text{m}，查表得 H_0 = 1.0H = 6.37\text{m}，[\beta] = 22，\mu_1 = 1.0$$

$$\beta = \frac{H_0}{h_T} = \frac{6.37 \times 10^3}{353.64} = 18.01 < \mu_1 \mu_2 [\beta] = 1.0 \times 0.92 \times 22 = 20.24$$

3）开门洞山墙壁柱间墙高厚比验算

墙高取中间壁柱间墙的平均高度，即 $H = (6.37 + 7.2)/2 = 6.79\text{m}$，壁柱间墙长 $s = 5\text{m}$

由于 $s = 5\text{m} < H = 6.79\text{m}$；查表得 $H_0 = 0.6s = 0.6 \times 5 = 3.0(\text{m})$；$[\beta] = 22$；$\mu_1 = 1.0$

$$\mu_2 = 1 - 0.4\frac{b_s}{s} = 1 - 0.4 \times \frac{3000}{5000} = 0.76$$

$$\beta = \frac{H_0}{h} = \frac{3.0 \times 10^3}{240} = 12.5 < \mu_1\mu_2[\beta] = 1.0 \times 0.76 \times 22 = 16.72$$

所以山墙稳定性满足要求。

【例 4.2】 某办公楼平面布置如图 4.11 所示，采用装配式钢筋混凝土楼盖，纵横向承重墙厚度均为 190mm，采用 MU7.5 单排孔混凝土砌块、双面粉刷，一层用 Mb7.5 砂浆，二至三层采用 Mb5 砂浆，层高为 3.3m，一层墙从楼板顶面到基础顶面的距离为 4.1m，窗洞宽均为 1800mm，门洞宽均为 1000mm，在纵横墙相交处和屋面或楼面大梁支承处均设有截面为 190mm×250mm 的钢筋混凝土构造柱（构造柱沿墙长方向的宽度为 250mm），试验算各层纵、横墙的高厚比。

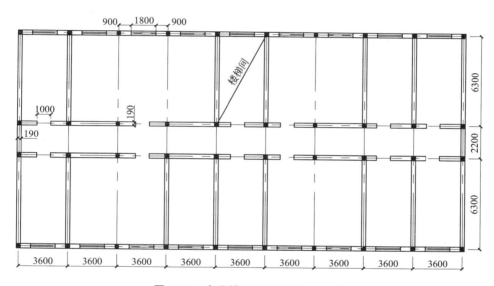

图 4.11 办公楼平面图(单位：mm)

解：1. 纵墙高厚比验算

1）静力计算方案的确定

横墙间距 $s_{max} = 3.6 \times 3 = 10.8(m) < 32m$，查表得，属于刚性方案。

2）一层纵墙高厚比验算（只验算外纵墙）

（1）整片墙高厚比验算（不宜用此类序号，下同）。

$s = 3.6 \times 3 = 10.8(m) > 2H = 8.2(m)$，查表 4-4 得 $H_0 = 1.0H = 4.1m$，$\mu_1 = 1.0$，$[\beta] = 26$

$$\mu_2 = 1 - 0.4\frac{b_s}{s} = 1 - 0.4 \times \frac{1800}{3600} = 0.8 > 0.7$$

$$0.05 < \frac{b_c}{l} = \frac{250}{3600} = 0.069 < 0.25, \quad \mu_c = 1 + \gamma\frac{b_c}{l} = 1 + 1.0\frac{250}{3600} = 1.069$$

$$\beta = \frac{H_0}{h_T} = \frac{4.1 \times 10^3}{190} = 21.58 < \mu_1\mu_2\mu_c[\beta] = 1.0 \times 0.76 \times 1.069 \times 26 = 22.24$$

满足要求。

（2）构造柱间墙高厚比验算。

构造柱间距 $s=3.6\text{m}<H=4.1\text{m}$，查表 4-4 得 $H_0=0.6s=0.6\times3.6=2.16(\text{m})$，$[\beta]=26$

$$\mu_2=1-0.4\frac{b_\text{s}}{s}=1-0.4\times\frac{1800}{3600}=0.8>0.7 \quad \mu_1=1.0$$

$$\beta=\frac{H_0}{h}=\frac{2.16\times10^3}{190}=11.37<\mu_1\mu_2[\beta]=1.0\times0.8\times26=20.8$$

满足要求。

3）二、三层纵墙高厚比验算（只验算外纵墙）

（1）整片墙高厚比验算。

$s=3.6\times3=10.8(\text{m})>2H=6.6\text{m}$，查表 4-4 得 $H_0=1.0H=3.3\text{m}$，$\mu_1=1.0$，$[\beta]=24$

$$\mu_2=1-0.4\frac{b_\text{s}}{s}=1-0.4\times\frac{1800}{3600}=0.8>0.7$$

$$0.05<\frac{b_\text{c}}{l}=\frac{250}{3600}=0.069<0.25; \quad \mu_\text{c}=1+\gamma\frac{b_\text{c}}{l}=1+1.0\frac{250}{3600}=1.069$$

$$\beta=\frac{H_0}{h}=\frac{3.3\times10^3}{190}=17.37<\mu_1\mu_2\mu_\text{c}[\beta]=1.0\times0.8\times1.069\times24=20.52$$

满足要求。

（2）构造柱间墙高厚比验算。

构造柱间距 $s=3.6\text{m}$，$H=3.3\text{m}<s<2H=6.6\text{m}$

查表 4-4 得 $H_0=0.4s+0.2H=0.4\times3.6+0.2\times3.3=2.1(\text{m})$，$[\beta]=26$

$$\mu_2=1-0.4\frac{b_\text{s}}{s}=1-0.4\times\frac{1800}{3600}=0.8>0.7 \quad \mu_1=1.0$$

$$\beta=\frac{H_0}{h}=\frac{2.1\times10^3}{190}=11.05<\mu_1\mu_2[\beta]=1.0\times0.8\times24=19.2$$

满足要求。

2. 横墙高厚比验算

1）静力计算方案的确定

纵墙间距 $s_{\max}=6.3\text{m}<32\text{m}$，查表得，属于刚性方案。

2）一层横墙高厚比验算

$$s=6.3\text{m}; \quad H=4.1\text{m}<s<2H=8.2\text{m}$$

查表得 $H_0=0.4s+0.2H=0.4\times6.3+0.2\times4.1=3.34(\text{m})$，$[\beta]=26$，$\mu_1=1.0$，$\mu_2=1.0$

$$\beta=\frac{H_0}{h}=\frac{3.34\times10^3}{190}=17.58<\mu_1\mu_2[\beta]=1.0\times1.0\times26=26$$

满足要求。

3）二、三层横墙高厚比验算

$$s=3.6\text{m}, \quad H=3.3\text{m}<s<2H=6.6\text{m}$$

查表得 $H_0=0.4s+0.2H=0.4\times6.3+0.2\times3.3=3.18(\text{m})$，$[\beta]=24$，$\mu_1=1.0$，$\mu_2=1.0$

因为 $\frac{b_\text{c}}{l}=\frac{190}{6300}=0.03<0.05$ 所以不考虑构造柱的影响，取 $\mu_\text{c}=1.0$

$$\beta=\frac{H_0}{h}=\frac{3.18\times10^3}{190}=16.74<\mu_1\mu_2[\beta]=1.0\times1.0\times24=24$$

满足要求。

4.4 单层房屋的墙体计算

4.4.1 单层刚性方案房屋承重纵墙的计算

由前述分析可知，单层房屋为刚性方案时，其纵墙顶端的水平位移在静力分析时可以认为是零。内力计算可采用下列假定，如图4.12所示。

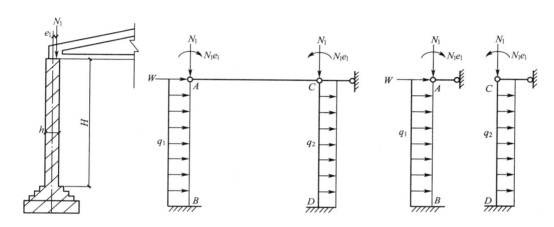

图4.12 单层刚性方案房屋承重纵墙的计算简图

（1）纵墙、柱下端在基础顶面处固接，上端与屋面大梁（或屋架）铰接。

（2）屋盖结构可视为纵墙上端的不动铰支座。

根据上述假定，每片纵墙就可以按上端支承在不动铰支座和下端支承在固定支座上的竖向构件单独进行计算，使计算工作大为简化。

作用于结构上的荷载及内力计算如下所示。

1. 屋面荷载作用

屋面荷载包括屋盖构件自重、屋面活荷载或雪荷载，这些荷载通过屋架或屋面大梁以集中力的形式作用于墙体顶端。通常情况下，屋架或屋面大梁传至墙体顶端集中力 N_1 的作用点对墙体中心线有一个偏心距 e_1，所以作用于墙体顶端的屋面荷载由轴心压力 N_1 和弯矩 $M = N_1 e_1$ 组成，由此可计算出其内力，如图4.13所示。

2. 风荷载作用

风荷载包括作用于屋面上和墙面上的风荷载两部分。屋面上的风荷载（包括作用在女儿墙上的风荷载）一般简化为作用于墙、柱顶端的集中荷载 W。对于刚性方案房屋，W 已通过屋盖直接传至横墙，再由横墙传至基础后传给地基，所以在纵墙上不产生内力。墙面风荷载为均布荷载 q，应考虑两种风向，即按迎风面（压力）、背风面（吸力）分别考虑。在 q 作用下，墙体的内力如图4.14所示。

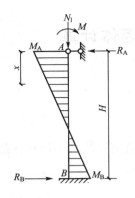

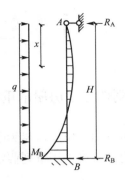

图 4.13　屋面荷载作用下内力图　　　　　图 4.14　风荷载作用下内力图

$$\left.\begin{aligned} R_A &= -R_A = -\frac{3M}{2H} \\ M_A &= M \\ M_B &= -M/2 \\ M_x &= \frac{M}{2}\left(2 - 3\frac{x}{H}\right) \end{aligned}\right\} \qquad (4.9)$$

$$\left.\begin{aligned} R_A &= \frac{3q}{8}H \\ R_B &= \frac{5q}{8}H \\ M_B &= \frac{q}{8}H^2 \\ M_x &= -\frac{qH}{8}x\left(3 - 4\frac{x}{H}\right) \end{aligned}\right\} \qquad (4.10)$$

当 $x = \frac{3}{8}H$ 时，$M_{max} = \frac{9qH^2}{128}$。迎风面 $q = q_1$，背风面 $q = q_2$。

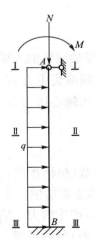

图 4.15　控制截面

3. 墙体自重

墙体自重包括砌体、内外粉刷及门窗的自重，作用于墙体的轴线上。当墙柱为等截面时，自重不引起弯矩；当墙柱为变截面时，上阶柱自重 G_1 对下阶柱各截面产生弯矩 $M_1 = G_1 e_1$（e_1 为上下阶柱轴线间距离）。因 M_1 在施工阶段就已经存在，应按悬臂柱计算。

4. 控制截面及内力组合

在进行承重墙、柱设计时，应先求出多种荷载作用下的内力，然后根据荷载规范考虑多种荷载组合，再找出墙柱的控制截面，求出控制截面的内力组合，最后选出各控制截面的最不利内力进行墙柱承载力验算。

墙截面宽度取窗间墙宽度，其控制截面为墙柱顶端Ⅰ-Ⅰ截面、墙柱下端Ⅱ-Ⅱ截面和风荷载作用下的最大弯矩 M_{max} 对应的Ⅲ-Ⅲ截面，如图 4.15 所示。Ⅰ-Ⅰ截面既有轴力 N 又有弯矩 M，按偏心受压验算承载力，同时还需验算梁下的砌体局部受压承载力；Ⅱ-Ⅱ、Ⅲ-Ⅲ截面均按偏心受压验算承载力。

设计时，应先求出各种荷载单独作用下的内力，然后按照可能同时作用的荷载产生的内力进行组合，求出上述控制截面中的控制内力，作为选择墙柱截面尺寸和作为承载力验算的依据。

根据荷载规范，在一般混合结构单层房屋中，采用下列 3 种荷载组合：①恒荷载＋风荷载；②恒荷载＋活荷载(除风荷载外的活荷载)；③恒荷载＋0.9 活荷载(包括风荷载)。

4.4.2　单层弹性方案房屋承重纵墙的计算

由于单层弹性方案房屋的横墙间距大，空间刚度很小，因此墙、柱内力可按屋架或屋面大梁与墙(柱)铰接、不考虑空间作用的有侧移的平面排架计算，并采用以下假定。

(1) 屋架(或屋面梁)与墙、柱顶端铰接，下端嵌固于基础顶面。

(2) 屋架(或屋面梁)可视为刚度无限大的系杆，在轴力作用下无拉伸或压缩变形，故在荷载作用下，柱顶水平位移相等。

取一个开间为计算单元，其计算简图如图 4.16 所示，按有侧移的平面排架进行内力分析，计算步骤如下。

(1) 先在排架上端加一个假设的不动水平铰支座，形成无侧移的平面排架，如图 4.18(a) 所示，计算出此时假设的不动水平铰支座的反力和相应的内力，其内力分析和刚性方案相同。

(2) 把已求出的假设柱顶支座反力反向作用于排架顶端，求出这种受力情况下的内力。

(3) 将上述两种结果进行叠加，抵消了假设的柱顶反力，仍为有侧移平面排架，可得到按弹性方案计算结果。

现以单层单跨等截面柱的弹性方案房屋为例，说明其内力计算方法。

1. 屋盖荷载作用

图 4.17 所示的单层单跨等高房屋，当屋盖荷载对称时，排架柱顶将不产生侧移。因此内力计算与刚性方案相同，即

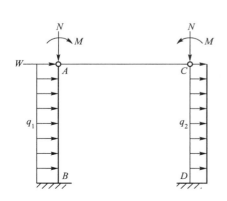

图 4.16　单层弹性方案房屋计算简图

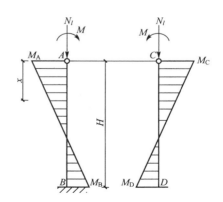

图 4.17　屋盖荷载作用下的内力

$$\left.\begin{aligned} M_A=M_C&=M \\ M_B=M_D&=-\frac{M}{2} \\ M_x&=-\frac{M}{2}\left(2-3\frac{x}{H}\right) \end{aligned}\right\} \quad (4.11)$$

2. 风荷载作用

在风荷载作用下排架产生侧移。假定在排架顶端加一个不动铰支座，如图4.18(b)所示，与刚性方案相同。由图4.18可得

$$\left.\begin{aligned} R&=W+\frac{3}{8}(q_1+q_2)H \\ M_{B(B)}&=\frac{1}{8}q_1H^2 \\ M_{D(B)}&=-\frac{1}{8}q_2H^2 \end{aligned}\right\} \quad (4.12)$$

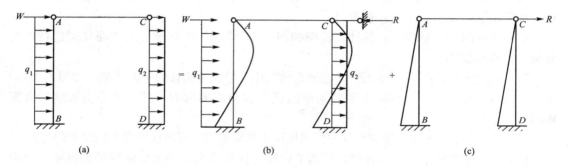

图 4.18   风荷载作用下的内力

将反力 R 反向作用于排架顶端，由图4.18(c)可得

$$\left.\begin{aligned} M_{B(C)}&=\frac{1}{2}RH=\frac{H}{2}\left[W+\frac{3}{8}(q_1+q_2)H\right]=\frac{WH}{2}+\frac{3}{16}H^2(q_1+q_2) \\ M_{D(C)}&=-\frac{R}{2}H=-\left[\frac{WH}{2}+\frac{3}{16}H^2(q_1+q_2)\right] \end{aligned}\right\} \quad (4.13)$$

叠加式(4.12)和式(4.13)可得内力为

$$\left.\begin{aligned} M_B&=M_{B(B)}+M_{B(C)}=\frac{WH}{2}+\frac{5}{16}q_1H^2+\frac{3}{16}q_2H^2 \\ M_D&=M_{D(B)}+M_{D(C)}=-\left(\frac{WH}{2}+\frac{3}{16}q_1H^2+\frac{5}{16}q_2H^2\right) \end{aligned}\right\} \quad (4.14)$$

弹性方案房屋墙柱控制截面为柱顶Ⅰ-Ⅰ及柱底Ⅲ-Ⅲ截面，其承载力验算与刚性方案相同。

4.4.3   单层刚弹性方案房屋承重纵墙的计算

在水平荷载作用下，刚弹性方案房屋墙顶将产生水平位移，侧移值比弹性方案房屋小，但不能忽略。因此计算时应考虑房屋的空间工作，其计算简图采用在平面排架(弹性

方案)的柱顶加一个弹性支座，如图 4.19(a)所示。弹性支座刚度与房屋空间性能影响系数 η 有关。

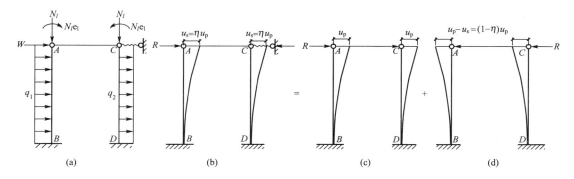

图 4.19 单层刚弹性方案计算简图

当水平集中力作用于排架柱顶时，由于空间作用的影响，柱顶水平侧移 $u_s = \eta u_p$，较平面排架的柱顶水平侧移 u_p 减小，其差值为

$$u_p - u_s = (1-\eta)u_p \tag{4.15}$$

设 x 为弹性支座反力，根据位移与内力成正比的关系可以求出此反力 x，即

$$u_p : (1-\eta)u_p = R : x \tag{4.16}$$

则

$$x = (1-\eta)R \tag{4.17}$$

因此，对于刚弹性方案单层房屋的内力计算，只需在弹性方案房屋的计算简图上，加上一个由空间作用引起的弹性支座反力 $x = (1-\eta)R$ 的作用即可。刚弹性方案房屋墙柱内力，如图 4.20 所示计算步骤如下。

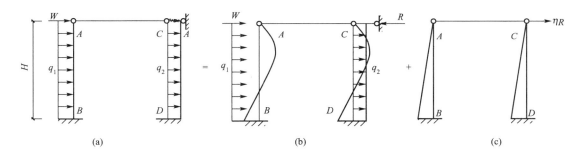

图 4.20 刚弹性方案单层房屋的内力计算

(1) 先在排架的顶端附加一个假设的不动铰支座，如图 4.20(b)所示，计算出假设的不动铰支座反力 R 及相应内力(同弹性方案计算的第 1 步)。

(2) 把假设附加反力 R 反向作用于排架顶端，并与柱顶弹性支座反力 $x = (1-\eta)R$ 进行叠加，即相当于在排架柱顶端反向作用 $R - (1-\eta)R = \eta R$ 的反力，如图 4.20(c)所示，然后求出其墙柱内力。η 为空间性能影响系数(查表取用)。

(3) 把上述两种情况的内力计算结果叠加，即得到按刚弹性方案房屋的内力计算结果。

现以单层单跨等截面柱的刚弹性方案房屋为例，说明其内力计算方法。

1. 屋盖荷载

由于屋盖荷载为对称荷载，排架柱顶无水平位移，所以其内力计算与弹性方案的计算方法完全相同。

2. 风荷载

风荷载计算方法类似于弹性方案，由图 4.20(b)和图 4.20 中(c)两部分内力叠加得到。

$$M_B = \frac{\eta WH}{2} + \left(\frac{1}{8} + \frac{3\eta}{16}\right)q_1 H^2 + \frac{3\eta}{16}q_2 H^2 \left.\right\}$$
$$M_D = \left[\frac{\eta WH}{2} + \left(\frac{1}{8} + \frac{3\eta}{16}\right)q_2 H^2 + \frac{3\eta}{16}q_1 H^2\right] \tag{4.18}$$

刚弹性方案房屋墙柱控制截面为柱顶 Ⅰ-Ⅰ 及柱底 Ⅲ-Ⅲ 截面，其承载力验算与刚性方案相同。

【例 4.3】 某单跨仓库采用装配式有檩体系钢筋混凝土屋盖(带壁柱砖墙承重)，房屋跨度为 15m、长度为 36m，壁柱间距离 6m，两端山墙厚 180mm，从檐口到基础顶面的距离为 6.65m，屋架支承中心位于壁柱墙形心处。壁柱间有宽度 3.0m 的窗洞。基本风压 $\omega_0 = 0.35 \text{kN/m}^2$，$\mu_z = 1.0$。坡屋顶迎风面风荷载体型系数 $\mu_s = -0.14$；背风面风荷载体型系数 $\mu_s = -0.5$，墙面迎风面风荷载体型系数 $\mu_s = +0.8$，背风面风荷载体型系数 $\mu_s = -0.5$，如图 4.21 所示，要求如下。

(1) 确定房屋的静力计算方案。

(2) 确定带壁柱墙的翼缘宽度。

(3) 风荷载作用下柱底的弯矩设计值。

解：计算时，可按屋架与墙为铰接的不考虑空间作用的平面排架计算，取中间一个柱距(6m)作为计算单元，如图 4.21(b)所示。

1. 房屋静力计算方案的确定

根据《规范》规定，当横墙的厚度不小于 180mm 时，该墙可以作为刚性或刚弹性方案房屋的横墙，本题横墙厚度为 180mm，故静力计算方案为弹性方案房屋。

2. 带壁柱墙的翼缘宽度的确定

根据《规范》规定，带壁柱墙的翼缘宽度应取下列 3 种情况的较小值。

(1) 壁柱宽加 2/3 墙高 $b_f = 490 + 2/3 \times 6650 = 4923 (\text{mm})$。

(2) 窗间墙宽度 $b_f = 3000 \text{mm}$。

(3) 相邻壁柱间距离 $b_f = 6000 \text{mm}$。

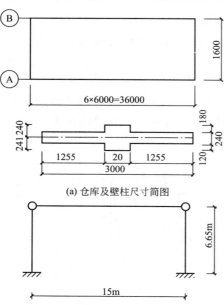

(a) 仓库及壁柱尺寸简图

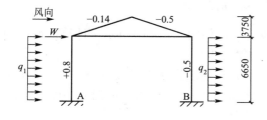

(b) 计算单元及风载体型系数

图 4.21 仓库及壁柱尺寸简图和计算单元及风载体型系数

所以带壁柱墙的翼缘宽度 $b_f=3000\text{mm}$。

3. 风荷载作用下柱底的弯矩设计值的确定

1）风力分析

由于房屋高度小于30m，故风振系数 $\beta_z=1.0$

柱顶集中风荷载 ω_k 由柱顶到屋脊高度范围(3.75m)内的风荷载组成，其值为

$\omega_k=1\times(0.5-0.14)\times1\times0.35\times3.75\times62.835(\text{kN})$，$\omega=1.4\times2.835=3.97(\text{kN})$

迎风墙面均布风荷载 $q_{1k}=0.35\times0.8\times6=1.68(\text{kN/m})$，$q_1=1.4\times1.68=2.35(\text{kN/m})$

背风墙面均布风荷载 $q_{1k}=0.35\times0.5\times6=1.05(\text{kN/m})$，$q_1=1.4\times1.05=1.47(\text{kN/m})$

2）柱顶水平集中力 ω 作用下柱底端的弯矩

用剪力分配法将 ω 分配给 A、B 两柱的柱顶，由于 A、B 两柱的刚度相等，所以 A、B 两柱各分得的水平力为 $\omega/2$，所以柱底弯矩 $M_A^\omega=M_B^\omega=\dfrac{\omega}{2}H=\dfrac{3.97}{2}\times6.65=13.2(\text{kN}\cdot\text{m})$，如图 4.22 所示。

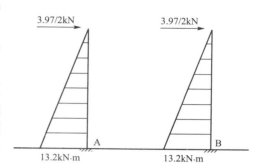

图 4.22　柱顶水平集中力 ω 作用下柱底端的弯矩图

3）左来风 q_1 作用下柱底端的弯矩

先在排架顶端加一根水平支杆，如图 4.23 所示，在 q_1 作用下支杆的反力为

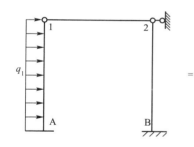 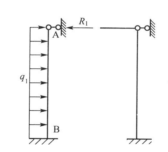 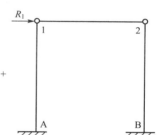

图 4.23　左风作用下排架计算简图

$$R_1=\frac{3}{8}q_1H=\frac{3}{8}\times2.35\times6.65=5.86(\text{kN})$$

此时，柱 A 的柱顶剪力 $V_A'=5.86\text{kN}$，柱 B 的柱顶剪力 $V_B'=0$。

把附加支杆反力 R_1 反向作用于排架柱顶，这反力由 A、B 两柱承担，由于 A、B 两柱的刚度相等，各分得一半，柱顶剪力 $V_A''=V_B''=5.86/2=2.93\text{kN}$，将上述两步叠加起来，即得柱顶剪力。

柱 A 的柱顶剪力 $V_A=V_A'+V_A''=-5.86+2.93=-2.93(\text{kN})$

柱 B 的柱顶剪力 $V_B=V_B'+V_B''=0+2.93=2.93(\text{kN})$

柱 A 的底端弯矩 $M_A^q=\dfrac{q_1H^2}{2}-V_AH=\dfrac{2.35\times6.65^2}{2}-2.93\times6.65=32.48(\text{kN}\cdot\text{m})$

柱 B 的底端弯矩 $M_B^q=V_BH=2.93\times6.65=19.48(\text{kN}\cdot\text{m})$，如图 4.24 所示。

4）左来风 q_2 作用下柱底端的弯矩（图 4.25）

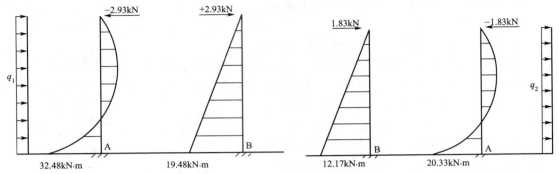

图 4.24　柱 B 的底端弯矩　　　　图 4.25　柱 A 的底端弯矩

先在排架顶端加一根水平支杆，在 q_2 作用下支杆的反力为

$$R_2 = \frac{3}{8} q_2 H = \frac{3}{8} \times 1.47 \times 6.65 = 3.67 \text{(kN)}$$

此时，柱 A 的柱顶剪力 $V'_A = 0$，柱 B 的柱顶剪力 $V'_B = 3.76$kN。

把附加支杆反力 R_2 反向作用于排架柱顶，这反力由 A、B 两柱承担，由于 A、B 两柱的刚度相等，各分得一半，柱顶剪力 $V''_A = V''_B = 3.67/2 = 1.83$kN，将上述两步叠加起来，即得柱顶剪力。

柱 A 的柱顶剪力 $V_A = V'_A + V''_A = 0 + 1.83 = 1.83$(kN)

柱 B 的柱顶剪力 $V_B = V'_B + V''_B = -3.76 + 1.83 = -1.83$(kN)

柱 A 的底端弯矩 $M^{q_2}_A = V_A H = 1.83 \times 6.65 = 12.17$(kN·m)，如图 4.25 所示。

柱 B 的底端弯矩 $M^{q_2}_B = \dfrac{q_2 H^2}{2} - V_B H = \dfrac{1.47 \times 6.65^2}{2} - 1.83 \times 6.65 = 20.33$(kN·m)

5）弯矩的组合

A 柱　左来风 $M = 13.2 + 32.48 + 12.17 = 57.85$(kN·m)；右来风 $M = 52.93$kN·m

B 柱　左来风 $M = 13.2 + 19.48 + 20.88 = 52.93$(kN·m)；右来风 $M = 57.85$kN·m

【例 4.4】　某单层仓库如图 4.26 所示，其纵墙设有壁柱，两端横墙设有钢筋混凝土构造柱，纵横墙均为承重墙；墙体采用 MU10 砖、M7.5 砂浆砌筑，施工质量控制等级 B 级，层高 4.5m，装配式无檩体系屋盖。屋盖恒载标准值为 2kN/m²（水平投影），活载标准值为 0.7kN/m²，组合值系数 $\psi_c = 0.7$；基本风压为 $\omega_0 = 0.4$kN/m²，组合值系数 $\psi_c = 0.6$；窗高 3.2m，剖面如图 4.27 所示。

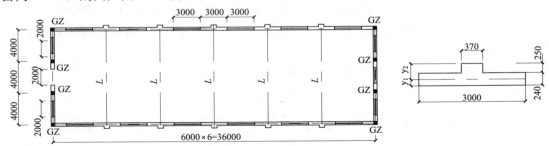

图 4.26　仓库平面图与壁柱墙截面图（单位：mm）

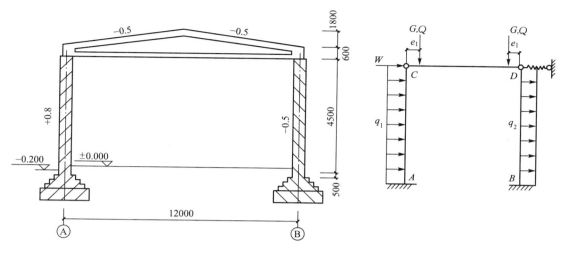

图 4.27 仓库剖面图与计算简图(单位:mm)

(1)试验算该仓库的高厚比是否满足要求。

(2)试验算仓库纵墙的承载力是否满足要求。

解:1. 纵墙高厚比验算

该仓库采用装配式无檩体系屋盖,属 1 类屋盖,横墙间距 32m<s=36m<72m,属刚性方案房屋。壁柱下端嵌固于室内地坪以下 0.5m 处,$H=4.5+0.5=5.0(\text{m})$,查表得 $[\beta]=26$。

1)求带壁柱墙截面几何特征
$$A=240\times3000+370\times250=8.125\times10^5(\text{mm}^2)$$
$$y_1=[3000\times240\times120+250\times370\times(240+250/2)]/(8.125\times10^5)=147.9(\text{mm})$$
$$y_2=240+250-147.9=342.1(\text{mm})$$
$$I=1/3\times3000\times147.9^3+1/3\times370\times342.1^3+1/3\times(3000-370)(240-147.9)^3$$
$$=8.858\times10^9(\text{mm}^4)$$
$$i=\sqrt{\frac{I}{A}}=\sqrt{\frac{8.858\times10^9}{8.125\times10^5}}=104.39(\text{mm})$$
$$h_T=3.5i=3.5\times104.39=365.37(\text{mm})$$

2)纵墙整片墙高厚比验算

查表 4-4 知壁柱的计算高度 $H_0=1.2H=1.2\times5=6\text{m}$,$[\beta]=26$,$\mu_1=1.0$。
$$\mu_2=1-0.4\frac{b_s}{s}=1-0.4\frac{3000}{6000}=0.8>0.7$$
$$\beta=\frac{H_0}{h_T}=\frac{4.7\times10^3}{365.37}=12.86<\mu_1\mu_2[\beta]=1.0\times0.8\times26=20.8$$

3)纵墙壁柱间墙高厚比验算
$$H=5\text{m}<s=0.6\text{m}<2H=10\text{m}$$
查表 4-4 得 $H_0=0.4s+0.2H=0.4\times6+0.2\times5=3.4(\text{m})$
$$\beta=\frac{H_0}{h}=\frac{3.4\times10^3}{240}=14.2<\mu_1\mu_2[\beta]=1.0\times0.8\times26=20.8$$

所以纵墙满足稳定性要求。

2. 横墙高厚比验算

最大纵墙间距 $s=12\text{m}<32\text{m}$，查表知属于刚性方案。

1）整片墙高厚比验算

外横墙厚240mm，设有与墙等厚度的钢筋混凝土构造柱，且有

$$0.05<b_\text{c}/l=240/4000=0.06<0.25$$

$$\mu_\text{c}=1+\gamma\frac{b_\text{c}}{l}=1+1.5\times0.06=1.09$$

$s=12\text{m}>2H=10\text{m}$，查表得 $H_0=1.0H=5\text{m}$，$[\beta]=26$，$\mu_1=1.0$。

$$\mu_2=1-0.4\frac{b_\text{s}}{s}=1-0.4\times\frac{2000}{4000}=0.8>0.7$$

$$\beta=\frac{H_0}{h_\text{T}}=\frac{5\times10^3}{240}=20.83<\mu_1\mu_2[\beta]=1.0\times0.8\times26=22.67$$

满足要求。

2）构造柱间墙高厚比验算

由于 $s=4\text{m}<H=5\text{m}$，查表得 $H_0=0.6s=0.6\times4=2.4(\text{m})$，$[\beta]=26$，$\mu_1=1.0$。

$$\mu_2=1-0.4\frac{b_\text{s}}{s}=1-0.4\times\frac{2000}{4000}=0.8>0.7$$

$$\beta=\frac{H_0}{h}=\frac{2.4\times10^3}{240}=10<\mu_1\mu_2[\beta]=1.0\times0.8\times26=20.8$$

满足要求。

3. 计算简图及荷载

1）计算简图

该仓库采用装配式无檩体系屋盖，属1类屋盖，横墙间距 $32\text{m}<s=36\text{m}<72\text{m}$，属刚性方案房屋。计算时取房屋中部一个壁柱间距（6m）作为计算单元，计算截面宽度取窗间墙宽度3m，按等截面排架柱计算，计算简图如图4.27所示。

2）荷载计算

（1）屋面荷载，由屋架传至墙顶的集中力由两部分组成（恒载 G 和活载 Q）。

恒载标准值 $N_\text{lGk}=G_\text{k}=2\times6\times12/2=72(\text{kN})$

活载标准值 $N_\text{lQk}=Q_\text{k}=0.7\times6\times12/2=25.2(\text{kN})$

（2）风荷载，基本风压 $\omega_0=0.4\text{kN/m}^2$，风荷载标准值 $\omega_\text{k}=\beta_\text{z}\mu_\text{s}\mu_\text{z}\omega_0$，其中 $\beta_\text{z}=1.0$。

对屋盖背风面 $\mu_{\text{s}2}=-0.5$（风吸力）

对屋盖迎风面 $\mu_{\text{s}3}=-0.6\times\dfrac{30-16.7}{30-15}=-0.532\approx\mu_{\text{s}2}=-0.5$（风吸力）

因此，屋盖风荷载作用在两个坡面上水平分量大小基本相等，但方向相反，两者作用基本抵消。

对墙面背风面 $\mu_\text{s}=-0.5$（风吸力）

对屋盖迎风面 $\mu_{\text{s}2}=+0.8$（风压力）

取柱顶至屋面平均高度计算 μ_z，$H=0.2+4.5+\dfrac{1.8+0.6}{2}=5.9(\text{m})$。

地面粗糙度类别为 B 类，所以 $\mu_z=1.0$。

屋盖风荷载转化为作用在墙顶的集中力，其标准值为

$$W_k=(0.8+0.5)\times1.0\times0.6\times0.4\times6=1.87(\text{kN})$$

迎风墙面风荷载标准值 $q_{1k}=0.8\times1.0\times0.4\times6=1.92(\text{kN/m})$

背风墙面风荷载标准值 $q_{2k}=0.5\times1.0\times0.4\times6=1.20(\text{kN/m})$

4．内力计算

1）轴向力

（1）墙体自重〔砖砌体容重为 19kN/m^3，水泥砂浆粉刷墙面（20mm 厚）为 0.36kN/m^2〕。

窗间墙自重（包括粉刷层）为

$$(3\times0.24+0.37\times0.25)\times5\times19+(3\times2+0.25\times2)\times5\times0.36=88.89(\text{kN})$$

窗上墙自重（包括粉刷层）有窗台距室内地坪高度 1m，窗宽 3m、高 3.2m，窗上墙高度 0.3m。

$$3\times0.24\times0.3\times19+3\times0.3\times2\times0.36=4.75(\text{kN})$$

由于纵墙采用条形基础，窗自重及窗下墙自重直接传至基础，计算时可以不考虑。则在基础顶面由墙自重产生轴向力的标准值为 $88.89+4.75=93.64(\text{kN})$。

（2）基础顶面恒载产生的轴向力标准值 $N_{Gk}=93.64+72=165.64(\text{kN})$。

（3）基础顶面活载产生的轴向力标准值 $N_{Qk}=25.2\text{kN}$。

2）排架内力计算

计算简图如图 4.27 所示，房屋空间性能影响系数 $\eta=0.39$。

（1）屋盖恒载标准值作用下墙柱内力，如图 4.28（b）所示。

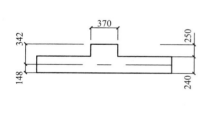
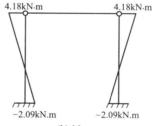

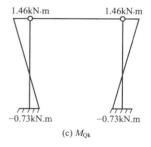

(a) 壁柱截面尺寸(单位:mm)   (b) M_{Gk} (c) M_{Qk}

图 4.28　屋盖荷载标准值作用下排架内力

根据构造要求，屋架支承反力作用点距外墙面 150mm，窗间墙形心位置 $y_1=148$mm（计算略），则屋架支承反力对截面形心偏心距 $e_1=150-(240-148)=58(\text{mm})$。

墙顶面弯矩 $M_{CGk}=M_{DGk}=N_{lGk}e_1=72\times0.058=4.18(\text{kN}\cdot\text{m})$

墙底面弯矩 $M_{AGk}=M_{BGk}=-M_{CGk}/2=-4.18/2=-2.09(\text{kN}\cdot\text{m})$

（2）屋盖活载标准值作用下墙柱内力，如图 4.29（c）所示。

墙顶面弯矩 $M_{CQk}=M_{DQk}=N_{lQk}\cdot e_1=25.2\times0.058=1.46(\text{kN}\cdot\text{m})$。

墙底面弯矩 $M_{AQk}=M_{BQk}=-M_{CQk}/2=-1.46/2=-0.73(\text{kN}\cdot\text{m})$。

（3）风荷载标准值作用下弯矩，如图 4.29 所示。

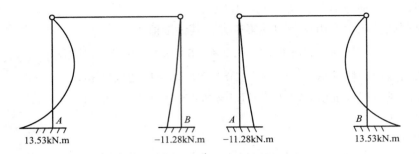

13.53kN.m   −11.28kN.m   −11.28kN.m   13.53kN.m

图 4.29　风荷载标准值作用下弯矩图

左风 $M_{\mathrm{WAk}}^{\mathrm{l}}=\dfrac{\eta W_{\mathrm{k}}+}{2}+\left(\dfrac{1}{8}+\dfrac{3\eta}{16}\right)q_{1\mathrm{k}}H^2+\dfrac{3\eta}{16}q_{2\mathrm{k}}H^2$

$$=\frac{0.39\times1.87\times5}{2}+\left(\frac{1}{8}+\frac{3\times0.39}{16}\right)\times1.92\times5^2+\frac{3\times0.39}{16}\times1.2\times5^2=13.53(\mathrm{kN\cdot m})$$

$M_{\mathrm{WBk}}^{\mathrm{l}}=\dfrac{\eta W_{\mathrm{k}}H}{2}+\left(\dfrac{1}{8}+\dfrac{3\eta}{16}\right)q_{2\mathrm{k}}H^2+\dfrac{3\eta}{16}q_{1\mathrm{k}}H^2$

$$=-\left[\frac{0.39\times1.87\times5}{2}+\left(\frac{1}{8}+\frac{3\times0.39}{16}\right)\times1.2\times5^2+\frac{3\times0.39}{16}\times1.92\times5^2\right]=-11.28(\mathrm{kN\cdot m})$$

在右风作用下的弯矩与在左风作用下的弯矩是反对称的，即

$$M_{\mathrm{WAk}}^{\mathrm{r}}=-11.28\mathrm{kN\cdot m};\ M_{\mathrm{WBk}}^{\mathrm{r}}=13.53\mathrm{kN\cdot m}$$

5. 内力组合

由于排架对称，仅对 A 柱进行组合，控制截面分别为墙顶Ⅰ-Ⅰ截面和基础顶面Ⅲ-Ⅲ
截面。

1）墙顶Ⅰ-Ⅰ截面

（1）可变荷载控制的组合。

$$N_{\mathrm{I}}=1.2\times72+1.4\times25.2=121.68(\mathrm{kN})$$

$$M_{\mathrm{I}}=1.2\times4.18+1.4\times1.46=7.06(\mathrm{kN\cdot m})$$

$$e_{\mathrm{I}}=\frac{M_{\mathrm{I}}}{N_{\mathrm{I}}}=\frac{7.06\times10^6}{121.68\times10^3}=58(\mathrm{mm})$$

（2）由永久荷载控制的组合。

$$N_{\mathrm{I}}=1.35\times72+0.7\times1.4\times25.2=121.9(\mathrm{kN})$$

$$M_{\mathrm{I}}=1.35\times4.18+0.7\times1.4\times1.46=7.07(\mathrm{kN\cdot m})$$

$$e_{\mathrm{I}}=\frac{M_{\mathrm{I}}}{N_{\mathrm{I}}}=\frac{7.06\times10^6}{121.68\times10^3}=58(\mathrm{mm})$$

2）基础顶面Ⅲ-Ⅲ截面

（1）可变荷载控制的组合。

$$N_{\mathrm{III}}=1.2\times165.64+1.4\times25.2=234.05(\mathrm{kN})$$

$$M_{\mathrm{III}}=1.2\times2.09+1.4\times0.9\times(0.73+11.28)=17.64(\mathrm{kN\cdot m})$$

$$e_{\mathrm{III}}=\frac{M_{\mathrm{III}}}{N_{\mathrm{III}}}=\frac{17.64\times10^6}{234.05\times10^3}=75(\mathrm{mm})$$

（2）由永久荷载控制的组合。

$$N_{\text{Ⅲ}}=1.35\times165.64+0.7\times1.4\times25.2=248.3(\text{kN})$$

$$M_{\text{Ⅲ}}=1.35\times2.09+0.7\times1.4\times(0.73+11.28)=14.59(\text{kN}\cdot\text{m})$$

$$e_{\text{Ⅲ}}=\frac{M_{\text{Ⅲ}}}{N_{\text{Ⅲ}}}=\frac{14.59\times10^6}{248.3\times10^3}=59(\text{mm})$$

6. 承载力验算

由内力组合结果可知，基础顶面Ⅲ-Ⅲ截面内力为最不利内力，因此，仅对基础顶面Ⅲ-Ⅲ截面进行承载力验算。

截面特性参数 $A=8.125\times10^5\text{mm}^2$，$h_{\text{T}}=365.4\text{mm}$，$H_0=6000\text{mm}$，$f=1.69\text{MPa}$。

(1) 对可变荷载控制的组合内力。

$$N=234.05\text{kN}$$

$$e=75\text{mm}<0.6y_1=0.6\times148=88.8(\text{mm})$$

$$e/h_{\text{T}}=75/365.4=0.205$$

$$\beta=\gamma_{\beta}\frac{H_0}{h_{\text{T}}}=1.0\times\frac{6000}{365.4}=16.42$$

查表 $\phi=0.358$

$$\phi Af=0.358\times1.69\times8.125\times10^5=491.6(\text{kN})>N=234.05\text{kN}$$

满足要求。

(2) 对永久荷载控制的组合内力。

$$N=248.3\text{kN}$$

$$e=59\text{mm}<0.6y_1=0.6\times148=88.8(\text{mm})$$

$$e/h_{\text{T}}=59/365.4=0.161$$

$$\beta=\gamma_{\beta}\frac{H_0}{h_{\text{T}}}=1.0\times\frac{6000}{365.4}=16.42$$

查表 $\phi=0.415$

$$\phi Af=0.415\times1.69\times8.125\times10^5=569.8(\text{kN})>N=248.3\text{kN}$$

满足要求。

4.5 多层房屋的墙体计算

4.5.1 多层刚性方案房屋承重纵墙的计算

对多层民用房屋，如住宅、宿舍、教学楼、办公楼等，由于横墙间距较小，一般属于刚性方案房屋。设计时，既需验算墙体的高厚比，又要验算承重墙的承载力。

1. 计算单元的选取

混合结构房屋纵墙一般较长，设计时可仅取一段有代表性的墙柱（一个开间）作为计算单元。一般情况下，计算单元的受荷宽度为一个开间 $N_1=N_u+N_1$，如图 4.30 所示。有门窗洞口时，内外纵墙的计算截面宽度 B 一般取一个开间的门间墙或窗间墙；无门窗洞口时，计算截面宽度 B 取$(l_1+l_2)/2$；如壁柱间的距离较大且层高较小时，B 可按下式取用：

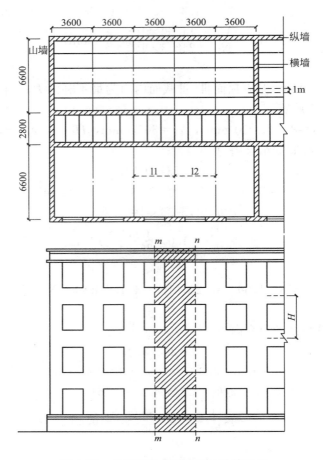

图 4.30　多层刚性方案房屋的计算单元

$$B=b+\frac{2}{3}H\leqslant\frac{l_1+l_2}{2} \tag{4.19}$$

式中　　b——壁柱宽度。

2. **竖向荷载作用下的计算**

在竖向荷载作用下，多层刚性方案房屋的承重墙如同一竖向连续梁，屋盖、楼盖及基础顶面作为连续梁的支承点。由于屋盖、楼盖中的梁或板伸入墙内搁置，致使墙体的连续性受到削弱，因此在支承点处所能传递的弯矩很小。为了简化计算，假定连续梁在屋盖、楼盖处为铰接。在基础顶面处的轴向力远比弯矩大，所引起的偏心距 $e=M/N$ 也很小，按轴心受压和偏心受压的计算结果相差不大，因此，墙体在基础顶面处也可假定为铰接，如图 4.31 所示。这样，在竖向荷载作用下，刚性方案多层房屋的墙体在每层高度范围内均可简化为两端铰接的竖向构件进行计算。

按照上述假定，多层房屋上下层墙体在楼盖支承处均为铰接。在计算某层墙体时，以上各层荷载传至该层墙体顶端支承截面处的弯矩为零；而所计算层墙体顶端截面处，由楼盖传来的竖向力则应考虑其偏心距。

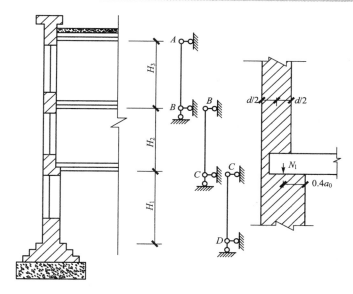

图 4.31　竖向荷载作用下墙体计算简图

以图 4.32 所示三层办公楼的第二层和第一层墙为例，来说明其在竖向荷载作用下内力计算的方法。

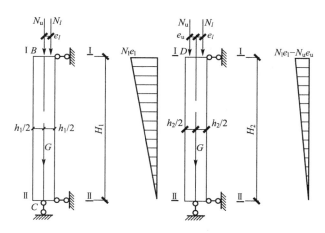

图 4.32　竖向荷载作用下墙体受力分析

（1）对第二层墙，如图 4.32 所示。

上端截面内力为 $N_{\mathrm{I}} = N_{\mathrm{u}} + N_l$，$M_{\mathrm{I}} = N_l e_l$。

下端截面内力为 $N_{\mathrm{II}} = N_{\mathrm{u}} + N_l + G$，$M_{\mathrm{II}} = 0$。　　　　　　　　　　　　（4.20）

式中　N_l——本层墙顶楼盖的梁或板传来的荷载，即支承力；

　　　N_{u}——由上层墙传来的荷载；

　　　e_l——N_l 对本层墙体截面形心线的偏心距；

　　　G——本层墙体自重（包括内外粉刷、门窗自重等）。

（2）对底层，假定墙体在一侧加厚，则由于上下层墙厚不同，上下层墙轴线偏离 e_{u}，因此，由上层墙传来的竖向荷载 N_{u} 将对下层墙产生弯矩，如图 4.32 所示。

上端截面内力为 $N_I = N_u + N_l$，$M_I = N_l e_l - N_u e_u$。

下端截面内力为 $N_{III} = N_u + N_l + G$，$M_{III} = 0$。 (4.21)

式中 N_l——本层墙顶楼盖的梁或板传来的荷载，即支承力；

        N_u——由上层墙传来的荷载；

        e_l——N_l 对本层墙体截面形心线的偏心距；

        G——本层墙体自重(包括内外粉刷、门窗自重等)；

        e_u——N_u 对本层墙体截面形心线的偏心距。

N_l 对本层墙体截面形心线的偏心距 e_l 可按下面方式确定：当梁、板支承在墙体上时，有效支承长度为 a_0，由于上部墙体压在梁或板上面阻止其端部上翘，使 N_l 作用点内移。《规范》规定这时取 N_l 作用点距墙体内边缘 $0.4a_0$ 处，如图 4.31 所示。因此，N_l 对墙体截面产生的偏心距 e_l 为

$$e_l = y - 0.4a_0 \qquad (4.22)$$

式中 y——墙截面形心到受压最大边缘的距离，对矩形截面墙体 $y = h/2$，h 为墙厚，如图 4.30 所示；

        a_0——梁、板有效支承长度，按前述有关公式计算。

当墙体在一侧加厚时，上下墙形心线间的距离为

$$e_u = (h_2 - h_1)/2 \qquad (4.23)$$

式中 h_1，h_2——分别为上下层墙体的厚度。

3. 水平荷载作用下的计算

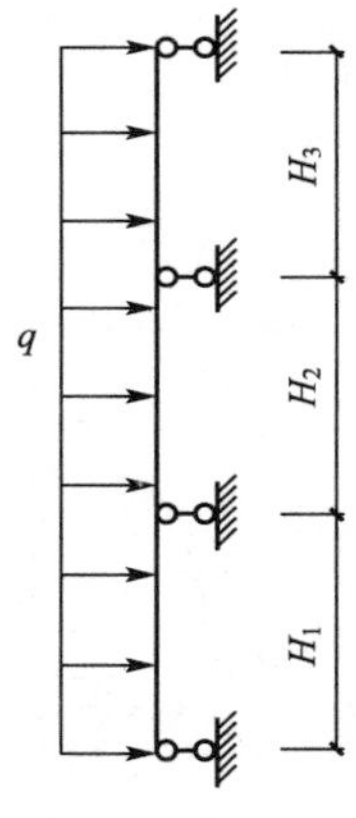

由于风荷载对外墙面相当于横向力作用，所以在水平风荷载作用下，计算简图仍为一竖向连续梁，屋盖、楼盖为连续梁的支承，并假定沿墙高承受均布线荷载 ω，如图 4.33 所示，其引起的弯矩可近似按下式计算。

$$M = \frac{1}{12}\omega H_i^2 \qquad (4.24)$$

式中 ω——沿楼层高均布风荷载的设计值(kN/m)；

        H_i——第 i 层墙高，即第 i 层层高。

计算时应考虑左右风，使得与风荷载作用下计算的弯矩组合值绝对值最大。

对于刚性方案多层房屋外墙，当符合下列要求时，静力计算可不考虑风荷载的影响：①洞口水平截面面积不超过全截面面积的 2/3；②层高和总高不超过表 4-5 的规定；③屋面自重不小于 $0.8kN/m^2$。

图 4.33　风荷载作用下的计算简图

表 4-5　外墙不考虑风荷载影响时的最大高度

基本风压值/(kN/m²)	层高/m	总高/m
0.4	4.0	28
0.5	4.0	24
0.6	4.0	18
0.7	3.5	18

注：对于多层砌块房屋 190mm 厚的外墙，当层高不大于 2.8m、总高不大于 19.6m、基本风压不大于 $0.7kN/m^2$ 时，可不考虑风荷载的影响。

4. 选择控制截面进行承载力计算

每层墙取两个控制截面,上截面可取墙体顶部位于大梁(或板)底的砌体截面Ⅰ-Ⅰ,该截面承受弯矩 M_{I} 和轴力 N_{I},因此需进行偏心受压承载力和梁下局部受压承载力验算。下截面可取墙体下部位于大梁(或板)底稍上的砌体截面Ⅲ-Ⅲ,底层墙则取基础顶面,该截面轴力 N_{III} 最大,仅考虑竖向荷载时弯矩为零,按轴向受压计算;若需考虑风荷载,则该截面弯矩 $M=\dfrac{1}{12}\omega H_i^2$,因此需按偏心受压进行承载力计算。

当楼面梁支承于墙上时,梁端上下的墙体对梁端转动有一定的约束作用,因而梁端也有一定的约束弯矩。当梁的跨度较小时,约束弯矩可以忽略;但当梁的跨度较大时,约束弯矩不可忽略。约束弯矩将在梁端上、下墙体内产生弯矩,使墙体偏心距增大(曾出现过因梁端约束弯矩较大引起的事故)。为防止这种情况,《规范》规定:对于梁跨度大于9m的墙承重的多层房屋,除按上述方法计算墙体承载力外,宜再按梁两端固结计算梁端弯矩,再将其乘以修正系数 γ 后,按墙体线刚度分到上层墙底部和下层墙顶部。修正系数 γ 可按下列公式计算:

$$\gamma=0.2\sqrt{\frac{a}{h}} \tag{4.25}$$

式中　a——梁端实际支承长度;

　　　h——支承墙体的墙厚,当上下墙厚不同时取下部墙厚,当有壁柱时取 h_{T}。

此时Ⅲ-Ⅲ截面的弯矩不为零,不考虑风荷载时也应按偏心受压计算。

4.5.2　多层刚性方案房屋承重横墙的计算

在以横墙承重的房屋中,横墙间距较小,纵墙间距(房间的进深)亦不大,一般情况均属于刚性方案房屋。承载力计算按下列方法进行。

1. 计算单元和计算简图

刚性方案房屋的横墙承受屋盖和楼盖传来的均布线荷载,通常取单位宽度($b=1000\mathrm{mm}$)的横墙作为计算单元;一般屋盖和楼盖构件均搁置在横墙上,因而屋面板和楼板可视为横墙的侧向支承,另外,由于墙两侧楼板伸入墙身,较纵墙更加削弱了墙体在该处的整体性以及在底层墙与基础连接处,墙体整体性虽未削弱,但由于上部传来的轴向力与该处弯矩相比大很多,因此计算简图可简化为每层横墙视为两端不动铰接的竖向构件,如图4.34所示,构件的高度一般取为层高。但对于底层,取基础顶面至楼板顶面的距离,基础埋置较深且有刚性地坪时,可取室外地面下500mm处;对于顶层为坡屋顶时,则取层高加上山墙高度的一半。

2. 控制截面的承载力验算

横墙承受的荷载也和纵墙一样,但对中间墙则承受两边楼盖传来的竖向力,即 N_u、N_{l1}、N_{l2}、G,如图4.34所示,其中 N_{l1}、N_{l2} 分别为横墙左、右两侧楼板传来的竖向力。当由横墙两边的恒载和活载引起的竖向力相同时,沿整个横墙高度都承受轴心压力,横墙的控制截面应取该层墙体的底部;否则,应按偏心受压验算横墙顶部的承载力。当横墙上

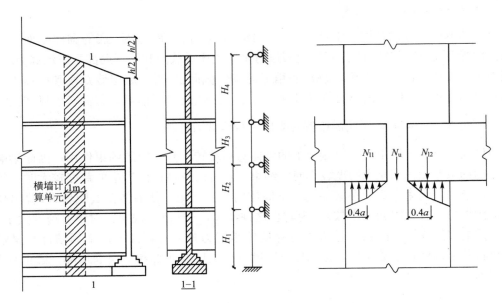

图 4.34　多层刚性方案房屋承重横墙的计算简图

有洞口时应考虑洞口削弱的影响。对直接承受风荷载的山墙，其计算方法与纵墙相同。

【**例 4.5**】　图 4.35 所示为三层办公楼，底层采用 MU10 单排孔混凝土小型空心砌块、Mb7.5 砂浆砌筑；2～3 层采用 MU7.5 单排孔混凝土小型空心砌块、Mb5 砂浆砌筑，墙厚 190mm；图中梁 L-1 截面为 250mm×600mm，两端伸入墙内 190mm，窗宽 1800mm、高 1500mm，施工质量控制等级为 B 级。试验算各承重墙的承载力。

解：（1）荷载计算。

① 屋面荷载。

屋面恒载标准值 4.28kN/m²

屋面活载标准值 0.5kN/m²；组合值系数 $\psi_c=0.7$

② 楼面荷载。

楼面恒载标准值 3.19kN/m²

楼面活载标准值 2.0kN/m²，组合值系数 $\psi_c=0.7$

③ 墙体荷载。

190mm 厚混凝土小型空心砌块墙体双面水泥砂浆粉刷 20mm 为 2.96kN/m²，铝合金窗为 0.25kN/m²。

④ L-1 梁自重。

L-1 梁自重为 0.25×0.6×25=3.75(kN/m)

（2）确定静力计算方案。

采用装配式钢筋混凝土屋盖，最大横墙间距 s=3.6×3=10.8(m)<32m。查表知，属于刚性方案房屋，且符合《规范》要求，外墙可以不考虑风荷载影响。

（3）高厚比验算。

高厚比验算详见本章例 4.2。

（4）纵墙内力计算和截面承载力验算。

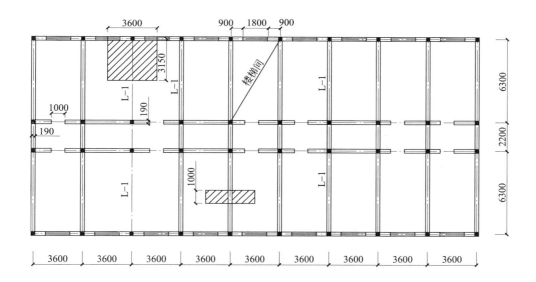

(a) 平面图

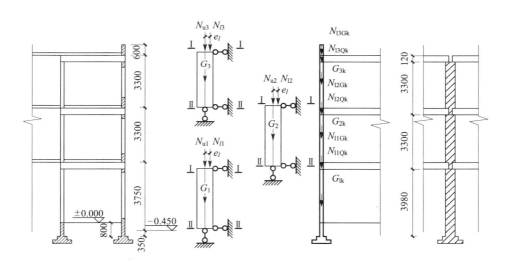

(b) 剖面图

图 4.35 三层办公楼平面图及剖面图

① 计算单元的确定。

外纵墙取一个开间为计算单元;根据图 4.35(a),取图中斜线部分为纵墙计算单元的受荷面积,窗间墙为计算截面。纵墙承载力由外纵墙控制,内纵墙由于洞口面积较小,不起控制作用,因而不必计算。

② 控制截面。

由于底层和二、三层砂浆等级不同,需验算底层及二层墙体承载力,每层墙取两个控制截面Ⅰ-Ⅰ、Ⅱ-Ⅱ，如图4.35(b)所示。二、三层砌体抗压强度设计值 $f=1.71$MPa，底层砌体抗压强度设计值 $f=2.50$MPa。每层墙的计算截面面积为

$$A_1=A_2=A_3=190\times1800=3.42\times10^5(\text{mm}^2)$$

③ 各层墙体内力标准值计算。

(a) 计算各层墙重。

女儿墙及顶层梁高范围墙重为女儿墙高600mm、梁高600mm，屋楼面板厚120mm。

$$G_k=(0.6+0.12+0.6)\times3.6\times2.96=14.07(\text{kN})$$

2~3 层墙重(从上一层梁底面到下一层梁底面)为

$$G_{2k}=G_{3k}=(3.6\times3.3-1.8\times5)\times2.96+1.8\times1.5\times0.25=27.85(\text{kN})$$

底层墙重(大梁底面到基础顶面)为

$$G_{1k}=(3.6\times3.38-1.8\times5)\times2.96+1.8\times1.5\times0.25=28.70(\text{kN})$$

(b) 计算屋面梁支座反力。

由恒载标准值传来 $N_{l3Gk}=0.5\times(4.28\times3.6\times6.3+3.75\times6.3)=60.35(\text{kN})$

由活载标准值传来 $N_{l3Qk}=0.5\times0.5\times3.6\times6.3=5.76(\text{kN})$

有效支承长度 $a_{03}=10\sqrt{\dfrac{h_c}{f}}=10\times\sqrt{\dfrac{600}{1.71}}=187.33(\text{mm})<190\text{mm}$，取 $a_{03}=187.3$mm。

(c) 计算楼面梁支座反力。

由恒载标准值传来 $N_{l1Gk}=N_{l2Gk}=0.5\times(3.19\times3.6\times6.3+3.75\times6.3)=47.99(\text{kN})$

由活载标准值传来 $N_{l1Qk}=N_{l2Qk}=0.5\times2.0\times3.6\times6.3=22.68(\text{kN})$

二层楼面梁有效支承长度 $a_{02}=a_{03}=187.3$mm

一层楼面梁有效支承长度 $a_{01}=10\sqrt{\dfrac{h_c}{f}}=10\times\sqrt{\dfrac{600}{2.5}}=154.9(\text{mm})<190\text{mm}$

④ 内力组合。

(a) 二层墙Ⅰ-Ⅰ截面。

组合一为由可变荷载效应控制的组合($\gamma_G=1.2$，$\gamma_Q=1.4$)。

$$N_{2\text{I}}=1.2(G_k+G_{3k}+N_{l3Gk}+N_{l2Gk})+1.4(N_{l3Qk}+N_{l2Qk})$$
$$=1.2\times(14.07+27.85+60.35+47.99)+1.4\times(5.67+22.68)=220(\text{kN})$$
$$N_{l2}=1.2N_{l2Gk}+1.4N_{l2Gk}=1.2\times47.99+1.4\times22.68=89.34(\text{kN})$$

$$e_{l2}=\frac{190}{2}-0.4a_{02}=95-0.4\times187.3=20.1(\text{mm})$$

$$e=\frac{N_{l2}e_{l2}}{N_{2\text{I}}}=\frac{89.34\times20.1}{220}=8.16(\text{mm})$$

组合二为由永久荷载效应控制的组合($\gamma_G=1.35$，$\gamma_Q=1.4$，$\psi_c=0.7$)。

$$N_{2\text{I}}=1.35(G_k+G_{3k}+N_{l3Gk}+N_{l2Gk})+1.4\times0.7(N_{l3Qk}+N_{l2Qk})$$
$$=1.35\times(14.07+27.85+60.35+47.99)+1.4\times0.7\times(5.67+22.68)=230.63(\text{kN})$$
$$N_{l2}=1.2N_{l2Gk}+1.4\times0.7N_{l2Gk}=1.2\times47.99+1.4\times0.7\times22.68=87.01(\text{kN})$$

$$e=\frac{N_{l2}e_{l2}}{N_{2\text{I}}}=\frac{87.01\times20.1}{230.63}=7.58(\text{mm})$$

(b) 二层墙Ⅱ-Ⅱ截面。

组合一为由可变荷载效应控制的组合($\gamma_G=1.2$，$\gamma_Q=1.4$)

$$N_{2\text{II}}=1.2G_{2k}+220=1.2\times27.85+220=253.42(\text{kN})$$

组合二为由永久荷载效应控制的组合（$\gamma_G=1.35$，$\gamma_Q=1.4$，$\psi_c=0.7$）

$$N_{2\text{II}}=1.35G_{2k}+230.63=1.35\times27.85+230.63=268.23(\text{kN})$$

（c）一层墙Ⅰ-Ⅰ截面（根据《规范》，考虑2～3楼面荷载折减系数0.85）。

组合一为由可变荷载效应控制的组合（$\gamma_G=1.2$，$\gamma_Q=1.4$）。

$$N_{1\text{I}}=1.2(G_k+G_{3k}+G_{2k}+N_{l3Gk}+N_{l2Gk}+N_{l1Gk})+1.4\left[N_{l3Qk}+0.85(N_{l2Qk}+N_{l1Qk})\right]$$
$$=1.2\times(14.07+27.85+60.35+47.99\times2)+1.4\times(5.67+0.85\times22.68\times2)$$
$$=333.24(\text{kN})$$

$$N_{l1}=N_{l2}=1.2N_{l2Gk}+1.4N_{l2Gk}=1.2\times47.99+1.4\times22.68=89.34(\text{kN})$$

$$e_{l2}=\frac{190}{2}-0.4a_{01}=95-0.4\times154.9=33.04(\text{mm})$$

$$e=\frac{N_{l1}e_{l1}}{N_{1\text{I}}}=\frac{89.34\times33.04}{333.24}=8.86(\text{mm})$$

组合二为由永久荷载效应控制的组合（$\gamma_G=1.35$，$\gamma_Q=1.4$，$\psi_c=0.7$）。

$$N_{2\text{I}}=1.35(G_k+G_{3k}+G_{2k}+N_{l3Gk}+N_{l2Gk}+N_{l1Gk})+1.4\times0.7\left[N_{l3Qk}+0.85(N_{l2Qk}+N_{l1Qk})\right]$$
$$=1.35\times(14.07+27.85\times2+60.35+47.99\times2)+1.4\times0.7\times(5.67+0.85\times22.68\times2)$$
$$=348.58(\text{kN})$$

$$N_{l1}=N_{l2}=1.2N_{l2Gk}+1.4\times0.7N_{l2Qk}=1.2\times47.99+1.4\times0.7\times22.68=87.01(\text{kN})$$

$$e=\frac{N_{l1}e_{l1}}{N_{1\text{I}}}=\frac{87.01\times33.04}{348.58}=8.25(\text{mm})$$

（d）一层墙Ⅱ-Ⅱ截面。

组合一为由可变荷载效应控制的组合（$\gamma_G=1.2$，$\gamma_Q=1.4$）。

$$N_{1\text{II}}=1.2G_{1k}+333.24=1.2\times28.7+333.24=367.68(\text{kN})$$

组合二为由永久荷载效应控制的组合（$\gamma_G=1.35$，$\gamma_Q=1.4$，$\psi_c=0.7$）。

$$N_{1\text{II}}=1.35G_{1k}+348.58=1.35\times28.7+348.58=387.32(\text{kN})$$

⑤ 截面承载力验算。

（a）二层墙Ⅰ-Ⅰ截面。

组合一为 $A=3.42\times10^5\text{mm}^2$，$f=1.71\text{MPa}$，$H_0=3300\text{mm}$，$\gamma_\beta=1.1$。

$$\beta=\gamma_\beta\frac{H_0}{h}=1.1\times\frac{3300}{190}=19.1，e=8.16\text{mm}<0.6y=0.6\times95=57(\text{mm})$$

$\dfrac{e}{h}=\dfrac{8.16}{190}=0.043$，查表有 $\varphi=0.56$

$$\varphi Af=0.56\times3.42\times10^5\times1.71=327.5(\text{kN})>N_{2\text{I}}=220\text{kN}$$
满足要求。

组合二为 $A=3.42\times10^5\text{mm}^2$，$f=1.71\text{MPa}$，$H_0=3300\text{mm}$，$\gamma_\beta=1.1$。

$$\beta=\gamma_\beta\frac{H_0}{h}=1.1\times\frac{3300}{190}=19.1，e=7.58\text{mm}<0.6y=0.6\times95=57\text{mm}$$

$\dfrac{e}{h}=\dfrac{7.58}{190}=0.04$，查表有 $\varphi=0.566$

$$\varphi Af=0.566\times3.42\times10^5\times1.71=331(\text{kN})>N_{2\text{I}}=230.63\text{kN}$$
满足要求。

(b) 二层墙Ⅱ-Ⅱ截面。

按轴心受压计算，取两组组合中的较大轴力进行验算。

$$\beta = \gamma_\beta \frac{H_0}{h} = 1.1 \times \frac{3300}{190} = 19.1，查表有 \varphi = 0.643$$

$$\varphi A f = 0.643 \times 3.42 \times 10^5 \times 1.71 = 376.04(kN) > N_{2Ⅱ} = 268.23kN$$

(c) 一层墙Ⅰ-Ⅰ截面。

组合一为 $A = 3.42 \times 10^5 mm^2$，$f = 2.50MPa$，$H_0 = 4100mm$，$\gamma_\beta = 1.1$。

$$\beta = \gamma_\beta \frac{H_0}{h} = 1.1 \times \frac{4100}{190} = 23.74，e = 8.86mm < 0.6y = 0.6 \times 95 = 57(mm)$$

$$\frac{e}{h} = \frac{8.86}{190} = 0.047，查表有 \varphi = 0.46$$

$$\varphi A f = 0.46 \times 3.42 \times 10^5 \times 2.50 = 393.3(kN) > N_{1Ⅰ} = 333.24kN$$

满足要求。

组合二为 $A = 3.42 \times 10^5 mm^2$，$f = 2.50MPa$，$H_0 = 4100mm$，$\gamma_\beta = 1.1$

$$\beta = \gamma_\beta \frac{H_0}{h} = 1.1 \times \frac{4100}{190} = 23.74，e = 8.25mm < 0.6y = 0.6 \times 95 = 57(mm)$$

$$\frac{e}{h} = \frac{8.25}{190} = 0.043，查表有 \varphi = 0.466$$

$$\varphi A f = 0.466 \times 3.42 \times 10^5 \times 2.50 = 398.43(kN) > N_{1Ⅰ} = 348.58kN$$

满足要求。

(d) 一层墙Ⅱ-Ⅱ截面。

按轴心受压计算，取两组组合中的较大轴力进行验算。

$$\beta = \gamma_\beta \frac{H_0}{h} = 1.1 \times \frac{4100}{190} = 23.74，查表有 \varphi = 0.545$$

$$\varphi A f = 0.545 \times 3.42 \times 10^5 \times 2.50 = 465.98(kN) > N_{1Ⅱ} = 387.32kN$$

⑥ 大梁下局部受压承载力验算(略)。

⑦ 横墙内力计算和截面承载力验算。

取 1m 宽墙体作为计算单元，沿纵向取 3.6m 为受荷宽度，计算截面面积 $A = 190 \times 1000 = 1.9 \times 10^5 (mm^2)$。由于房屋开间、荷载均相同，因此近似按轴心受压验算。

(a) 二层墙Ⅱ-Ⅱ截面。

组合一为由可变荷载效应控制的组合($\gamma_G = 1.2$，$\gamma_Q = 1.4$)。

$N_{2Ⅱ} = 1.2(1 \times 3.3 \times 2.96 \times 2 + 1 \times 3.6 \times 4.28 + 1 \times 3.6 \times 3.19) + 1.4(1 \times 0.5 + 1 \times 2.0) \times 3.6$
$= 68.32(kN)$

组合二为由永久荷载效应控制的组合($\gamma_G = 1.35$，$\gamma_Q = 1.4$，$\psi_c = 0.7$)。

$N_{2Ⅱ} = 1.35(1 \times 3.3 \times 2.96 \times 2 + 1 \times 3.6 \times 4.28 + 1 \times 3.6 \times 3.19) + 0.98(1 \times 0.5 + 1 \times 2.0) \times 3.6$
$= 71.5(kN)$

取 $N = 71.5kN$

$$H_0 = 0.4s + 0.2H = 0.4 \times 6.3 + 0.2 \times 3.3 = 3.18(m)$$

$$\beta = \gamma_\beta \frac{H_0}{h} = 1.1 \times \frac{3180}{190} = 18.41，查表有 \varphi = 0.66$$

$$\varphi A f = 0.66 \times 1.9 \times 10^5 \times 1.71 = 214.43(kN) > N = 71.5kN$$

（b）一层墙 Ⅱ-Ⅱ 截面。

组合一为由可变荷载效应控制的组合（$\gamma_G = 1.2$，$\gamma_Q = 1.4$）。

$N_{1Ⅱ} = 68.31 + 1.2(1 \times 3.98 \times 2.96 + 1 \times 3.6 \times 2.19) + 1.4 \times 1 \times 3.6 \times 2 = 106.31(\text{kN})$

组合二为由永久荷载效应控制的组合（$\gamma_G = 1.35$，$\gamma_Q = 1.4$，$\psi_c = 0.7$）。

$N_{1Ⅱ} = 71.5 + 1.35(1 \times 3.98 \times 2.96 + 1 \times 3.6 \times 3.19) + 0.98 \times 2 \times 3.6 = 109.97(\text{kN})$

取 $N = 109.97\text{kN}$

$$H_0 = 0.4s + 0.2H = 0.4 \times 6.3 + 0.2 \times 4.1 = 3.34(\text{m})$$

$$\beta = \gamma_\beta \frac{H_0}{h} = 1.1 \times \frac{3340}{190} = 19.34，\text{查表有} \varphi = 0.637$$

$$\varphi A f = 0.637 \times 1.9 \times 10^5 \times 2.50 = 302.58(\text{kN}) > N = 109.97\text{kN}$$

4.5.3 多层刚弹性方案房屋的计算

1. 多层刚弹性方案房屋的静力计算方法

多层房屋由屋盖、楼盖和纵、横墙组成空间承重体系，除了在纵向各开间有空间作用之外，各层之间亦有相互约束的空间作用。

在水平风荷载作用下，刚弹性方案多层房屋墙、柱的内力分析，可仿照单层刚弹性方案房屋，考虑空间性能影响系数 η（查表，与单层方按房屋取值相同），取多层房屋的一个开间为计算单元作为平面排架的计算简图，如图 4.36（a）所示，按下述方法进行。

（1）在平面排架的计算简图中，多层横梁与柱连接处加一水平铰支杆，计算其在水平荷载作用下无侧移时的内力和各支杆反力 $R_i(i = 1, 2, \cdots, n)$，如图 4.36（b）所示。

（2）考虑房屋的空间作用，将支杆反力 R_i 乘以 η，反向施加于节点上，计算出排架内力，如图 4.36（c）所示。

（3）叠加上述两种情况下求得的内力，即可得到所求内力。

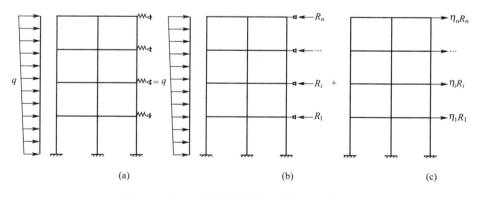

图 4.36 多层刚弹性方案房屋的内力计算简图

2. 上柔下刚多层房屋的计算

在多层房屋中，当下面各层作为办公室、宿舍、住宅时，横墙间距较小；而当顶层作为会议室、俱乐部、食堂等用房时，所需空间大，横墙较少。如顶层横墙间距超过刚性方案限值，而下面各层均符合刚性方案的房屋称为上柔下刚的多层房屋。

计算上柔下刚多层房屋时，顶层可按单层房屋计算，其空间性能影响系数 η 查表取用（与单层房屋取值相同），下面各层则按刚性方案计算。

3. 上刚下柔多层房屋的计算

在多层房屋中，当底层用作商店、食堂、娱乐室，而上部各层用作住宅、办公楼等时，其底层横墙间距超过刚性方案限值，而上面各层均符合刚性方案，这样的房屋称为上刚下柔的多层房屋。由于上刚下柔多层房屋存在着显著的刚度突变，在构造处理不当时存在着整体失效的可能性，况且通过适当的结构布置，如增加横墙，可成为符合刚性方案的房屋结构，既经济又安全。因此新《规范》取消了该结构方案。

4.6 地下室墙的计算

混合结构房屋有时需要布置地下室。一般情况下，地下室顶板是现浇或装配式钢筋混凝土楼盖，地下室地面是现浇钢筋混凝土地面，地下室墙体仍采用砌体结构。由于外墙尚需承受土及水的侧压力，墙体要比首层墙体厚，并且为了保证房屋上部有较好的刚度，要求地下室横墙布置较密，纵横墙之间应很好地砌合。因此地下室墙体计算方法与上部结构相同，但有以下特点。

（1）地下室墙体静力计算一般为刚性方案。

（2）由于墙体较厚，一般可不进行高厚比验算。

（3）地下室墙体计算时，作用于外墙上的荷载，除上部墙体传来的荷载、首层地面梁板传来的荷载和地下室墙体自重以外，还有土侧压力、地下水压力，有时还有室外地面荷载。

（4）如果墙下大放脚材料强度较低时，要验算大放脚顶部的局部受压承载力。

4.6.1 地下室墙体的荷载

图 4.37 所示为某办公楼地下室外墙计算单元(宽为 B)的剖面图，作用于墙体上的荷载有如下几种。

（1）上部墙体传来的荷载 N_l，包括 ± 0.000 以上墙体自重及其屋面、楼面传来的恒荷载和活荷载，作用于第一层墙体截面的形心上。

（2）第一层楼面梁、板传来的轴向力 N_l，作用于距墙体内侧 $0.4a_0$ 处，偏心距 $e = h/2 - 0.4a_0$。

（3）土的侧压力 q_s。

当无地下水时，按照库伦理论，土的侧压力为

$$q_s = \gamma l H \tan^2(45° - \varphi/2) \tag{4.26}$$

当有地下水时，土的侧压力为

$$q_s = \gamma l H_1 \tan^2(45° - \varphi/2) + \gamma' l H_2 \tan^2(45° - \varphi/2) + \gamma_w H_2 \tag{4.27}$$

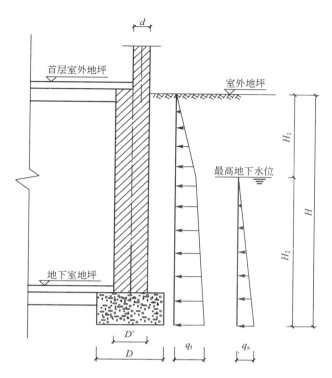

图 4.37　地下室墙体的荷载

式中　γ——土的天然重度，按地质勘察资料确定，也可近似取 18～20kN/m³；

　　　　l——计算单元的长度(m)；

　　　　H——地面以下产生侧压力的土的深度(m)；

　　　　φ——土的内摩擦角，按地质勘察资料确定，也可见表 4-6；

　　　　H_1——地下水位以上土的高度(m)；

　　　　H_2——地下水位以下土的高度(m)；

　　　　γ'——地下水位以下土的重度(m)，$\gamma' = \gamma - \gamma_w$；

　　　　γ_w——地下水的重度，一般近似取 10kN/m³。

表 4-6　土的内摩擦角

土的名称	内摩擦角	土的名称	内摩擦角
稍湿的粘土	40°～45°	细砂	30°～35°
很湿的砂质粘土	30°～35°	中砂	32°～38°
很饱和的粉质粘土	20°～25°	粗砂	35°～40°
粉砂	28°～33°		

（4）室外地面活荷载。

室外地面活荷载 p 指堆积在室外地面上的建筑材料、车辆等产生的荷载，其值应按实际情况采用，无特殊要求时，一般取 10kN/m²。为简化计算，将 p 换算成当量土层，其

高度为 $H' = p/\gamma$，并近似认为当量土层对地下室墙体产生的侧压力 q_p 从地面到基础底面都是均匀分布的，其值为

$$q_p = \gamma l H' \tan^2(45° - \varphi/2) \tag{4.28}$$

（5）地下室墙体自重。

4.6.2 地下室墙体的计算

1. 计算简图

当地下室墙体基础的宽度较小时，其计算简图按两端铰支的竖向构件计算。上端铰支于地下室顶盖梁底处（或板底处），下部铰支于混凝土地面，计算高度取地下室层高，如图 4.38 所示。但当施工期间未浇捣混凝土地面或混凝土地面未达到足够强度就回填土时，墙体下端铰支承应取基础底板的底面处。

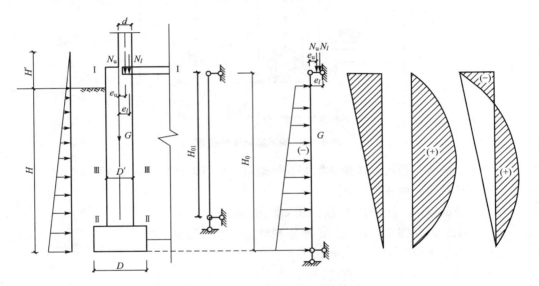

图 4.38　地下室墙体的内力计算图

当地下室墙体的厚度 D' 与地下室墙体基础的宽度 D 之比 $D'/D < 0.7$ 时，由于基础的刚度较大，墙体下部支座可按部分嵌固考虑。这是墙体如同上端为铰支座，下端为弹性嵌固支座的竖向构件，其嵌固弯矩可按下式计算：

$$M = \frac{M_0}{1 + \dfrac{3E}{CH}\left(\dfrac{D'}{D}\right)^3} \tag{4.29}$$

式中　M_0——按地下室墙下支点完全固定时计算的固端弯矩（kN·m）；

$\quad\quad E$——砌体的弹性模量；

$\quad\quad C$——地基刚度系数，见表 4-7；

$\quad\quad H$——地下室顶盖底面至基础底面的距离（m）；

$\quad\quad D$——基础底面的宽度（m）；

$\quad\quad D'$——地下室墙体的厚度（m）。

表 4-7　地基刚度系数

地基的承载力特征值/kPa	地基刚度系数/(kN/m²)
150 以下	3000 以下
350	6000
600	10000
600 以上	10000 以上

2. 内力计算与截面验算

地下室墙体一般要进行 3 个截面的验算。

（1）Ⅰ-Ⅰ截面：地下室墙体上部截面；按偏心受压验算，同时还要验算大梁底部的局部受压承载力。

（2）Ⅱ-Ⅱ截面：地下室墙体下部截面；一般按轴心受压验算；当地下室墙体的厚度 D' 与地下室墙体基础的宽度 D 之比 $D'/D<0.7$ 时，应考虑基础底面的嵌固弯矩，按偏心受压验算；当基础强度比砌体强度低时，还要验算基础顶面的局部受压承载力。

（3）Ⅲ-Ⅲ截面：跨中弯矩最大处截面；按偏心受压验算。

3. 施工阶段抗滑移验算

施工阶段回填土时，土对地下室墙体将产生侧向压力。这时如果上部结构产生的轴向力比较小，则应验算基础底面的抗滑移能力。

$$1.2Q_{sk}+1.4Q_{pk}\leqslant 0.8\mu N_k \tag{4.30}$$

式中　Q_{sk}——土侧向压力合力标准值（有地下水时含水压力）；

　　　Q_{pk}——室外地面施工活荷载产生的侧压力合力标准值；

　　　μ——基础与土的摩擦系数；

　　　N_k——回填土时基础底面实际存在的轴向压力标准值。

4.7　墙、柱刚性基础设计

墙、柱的基础是混合结构房屋的重要构件之一，它设置于地面以下，并将上部结构的荷载传给地基。

土壤受外部荷载作用时被压缩，有可能使得房屋产生较大的变形。因此，设计房屋基础时：①要保证基础和地基的承载力；②要使基础的沉降控制在规定的允许限值之内，并使各部分的沉降差较小，以免房屋产生较大的不均匀沉降，引起房屋的破坏。

在混合结构房屋中，常采用条形（带形）基础，它连续地设置在内外墙下。柱下基础通常做成方形或短形单独基础。壁柱下基础与墙下基础须连成一体。

为了保证基础的耐久性，地面以下或防潮层以下的砌体所选用的材料不得低于表 4-8 中规定的最低强度等级。

表 4-8　无筋扩展基础台阶宽高比的允许值

基础材料	质量要求	台阶宽高比的允许值		
		$p_k \leqslant 100$	$100 < p_k \leqslant 200$	$200 < p_k \leqslant 300$
混凝土基础	C15 混凝土	1∶1.00	1∶1.00	1∶1.25
毛石混凝土基础	C15 混凝土	1∶1.00	1∶1.25	1∶1.50
砖基础	砖不低于 MU10、砂浆不低于 M5	1∶1.50	1∶1.50	1∶1.50
毛石基础	砂浆不低于 M5	1∶1.25	1∶1.50	—
灰土基础	体积比为 3∶7 或 2∶8 的灰土，其最小干密度： 粉土 1.55t/m³； 粉质粘土 1.50t/m³； 粘土 1.45t/m³	1∶1.25	1∶1.50	
三合土基础	体积比 1∶2∶4～1∶3∶6(石灰∶砂∶骨料)，每层约虚铺 220mm，夯至 150mm	1∶1.50	1∶2.00	—

注：(1) p_k 为荷载效应标准组合时基础底面处的平均压力值(kPa)；

(2) 阶梯形毛石基础的每阶伸出宽度不应大于 200mm；

(3) 当基础由不同材料叠合组成时，应对接触部分作抗压验算；

(4) 基础底面处的平均压力值超过 300kPa 的混凝土基础，尚应进行抗剪验算。

一般混合结构房屋中的基础设计只按承载力要求选择基础底面面积和基础高度，可不验算地基变形。

按照多层混合结构房屋静力计算的假定，多层房屋墙、柱的基础按轴心受压构件设计；单层房屋的墙、柱基础按偏心受压构件设计。6 层和 6 层以下(三合土基础不超过 4 层)混合结构的民用建筑和墙承重的轻型厂房的基础大多数设计成刚性基础。它通常是用抗压能力较其抗拉能力大得多的砖、毛石或混凝土等材料砌筑或浇筑而成的。由于刚性大，当作用于基础上的荷载向下传递时，在压力分布线范围内基础主要承受压应力，弯曲应力和剪应力则较小。刚性基础中，压力角的极限值称作刚性角，如图 4.39 所示，它随基础材料不同而有不同的数值。由此可知，刚性基础需将基础尺寸控制在刚性角限定的范围内，一般由基础台阶的宽高比控制，即要求 $\tan\alpha$ 不应超过表 4-8 中的限值(即刚性角限值)。

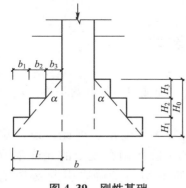

图 4.39　刚性基础

4.7.1　基础埋置深度

基础的埋置深度一般是指基础底面距室外设计地面的距离，记为 d(m)，简称埋深。

对于内墙、柱基础，d 可取基础底面到室内设计地面的距离；对于地下室的外墙基础，可取：$d=(d_1+d_2)/2$。

影响基础埋深的因素较多，设计时应视实际情况确定适宜的埋置深度。一般天然地基上浅基础的设置应符合以下几点要求。

（1）在满足地基稳定和变形要求的条件下，基础应尽量浅埋，但也不宜小于 0.5m。因为地表土常受风化、侵蚀，不宜用作天然地基。

（2）基础底面应位于冰冻线以下 100～200mm，以免季节交替时冻融循环引起建筑物沉降和倾斜。

（3）基础底面应距室外设计地面至少 150～200mm，以保证基础不受外力的碰撞以及大气的影响。

（4）考虑周围环境的影响，如有无沟道、枯井、墓穴和相邻房屋基础等情况。当相邻房屋基础相距很近或相连时，宜取相同埋深；否则，相邻基础底面高差按图 4.40 所示确定，即 $\tan\alpha\leqslant\tan\varphi$。$\varphi$ 为土中压力分布角，如干粘土、干砂可取 40°；稍湿粘土取 30°；潮湿粘土取 60°。相邻基础的净距可取基础底面高差的 1～2 倍。

当纵、横墙基础相邻但基础深度不一致或新旧房屋相接处的基础埋深不一致时，应将基础做成台阶形，如图 4.41 所示。在一般土质条件下，阶梯的高度(h)与宽度(l)之比 $h/l\leqslant1/2$ 且 $h\leqslant0.5\text{m}$；对坚硬土质 $h/l\leqslant1$ 且 $h\leqslant1.0\text{m}$。

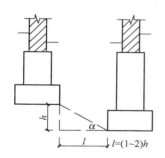

图 4.40 相邻基础埋深

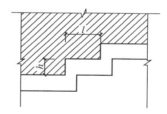

图 4.41 基底标高不一致时的阶梯做法

4.7.2 墙、柱基础的计算

在设计混合结构房屋墙、柱基础时，应先选择基础的类型和材料，确定基础埋置深度，然后按以下规定进行。

1. 选择计算单元

确定计算单元内作用于基础上的竖向力 F，均布荷载作用下的横墙基础承受左右 1/2 跨度范围内的全部恒载和活荷载，通常横墙基础的计算单元沿墙长方向取 1.0m，按条形基础计算。

（1）对于纵墙基础，取一个开间为计算单元，将屋盖和楼盖传来的荷载，以及墙体、门窗自重的总和折算为沿墙长每米的均布荷载，按条形基础进行计算。

（2）对于带壁柱的条形基础，应按 T 形截面计算，其计算单元为以壁柱轴线为中心，向两侧各取相邻壁柱间距的 $1/2$，总长为 s_2。

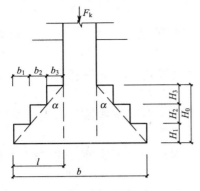

图 4.42 轴心受压基础的计算简图

2. 轴心受压条形基础的计算

取 1.0m 长条形基础为计算单元，条形基础宽度 b 应满足下列要求，如图 4.42 所示。

（1）按承载力计算。

$$p_k=\frac{F_k+G_k}{1\times b}\leqslant f_a \tag{4.31a}$$

设 d 为基础埋深，γ_m 为基础及其上土的平均重度。一般取 $\gamma_m=20\text{kN/m}^2$，则 $G_k=\gamma_m db$，代入上式可得

$$b\geqslant\frac{F_k}{f_a-\gamma_m d} \tag{4.31b}$$

式中　F_k——相应于荷载效应标准组合时，上部结构传至基础顶面的竖向力值；

G_k——基础自重设计值和基础上的土重标准值；

f_a——地基承载力设计值，按《建筑地基基础设计规范》（GB 50007—2011）确定；

b——基础底面宽度。

（2）按刚性角控制。

$$b\leqslant b_0+2H_0\tan\alpha=b_0+2H_0[1/H_0] \tag{4.32}$$

式中　b——基础底面宽度；

b_0——基础顶面砌体宽度；

H_0——基础高度；

$\tan\alpha$——基础台阶宽高比容许值 $[1/H_0]$，见表 4-8。

（3）综合考虑墙和柱的截面尺寸、基础材料和建筑模数等条件，最后选定 b 的尺寸。当基础由不同材料叠合而成时，尚应验算接触面上的受压承载力。

3. 偏心受压条形基础的计算

当基础顶面作用有轴心力 F_k、弯矩 M_k 和剪力 V_k 时，应按偏心荷载作用验算地基的承载力。先按轴心受压，由式(4.31)初定基础宽度 b，考虑偏心影响将其值增大为 1.1～1.4，按模数取定 b 再按下式验算，直至满足要求为止。

$$p_{k,\max}=\frac{F_k+G_k}{b\times 1}+\frac{M_k+V_k H}{W}\leqslant 1.2 f_a \tag{4.33}$$

$$p_{k,\min}=\frac{F_k+G_k}{b\times 1}+\frac{M_k+V_k H}{W}\geqslant 0 \tag{4.34}$$

$$\frac{p_{k,\max}+p_{k,\min}}{2}\leqslant f_a \tag{4.35}$$

$$p_{k,\max}\leqslant 1.2 f_a \tag{4.36a}$$

式中　$M_k+V_k H$——作用于基础底面的弯矩值；

W——基础底面的面积抵抗矩，此处对于条形基础 $W=lb^2/6$（其中 $l=1\text{m}$）。

当偏心距较大($e>b/6$)时，$p_{k,min}$ 为负值，为避免产生较大的拉应力，宜将偏心距控制在 $b/4$ 以内，如图4.43所示。此时，不考虑受拉边参加工作，由静力平衡条件得

$$p_{k,max}=\frac{2(F_k+G_k)}{3a}\leqslant 1.2f_a \quad (4.36b)$$

式中 a——合力作用点至基础底面最大压应力边缘的距离。

当偏心受压时，若 $p_{k,min}$ 与 $p_{k,max}$ 相差太大，会造成基础倾斜，甚至影响房屋的正常使用，此时可将基础设计成偏离墙中心的形式。如使基础底面中心与偏心压力的作用点重合，则宽度为 b_1，基础底面的压力将均匀分布，此时基础的尺寸仍需满足刚性角的限制条件。

4. 柱下独立基础的计算

柱下独立基础的宽度为 b，长度为 l，轴心受压时，由式(4.31a)得

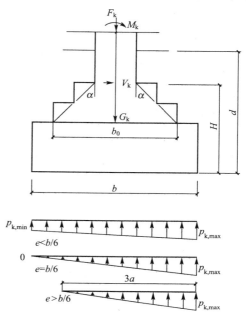

图4.43 偏心受压基础的计算简图

$$bl\geqslant\frac{F_k}{f_a-\gamma_m d} \quad (4.37)$$

当 $b=l$ 时即为正方形基础，设 $b/l=1.5\sim 2$，则可以初步确定 b 和 l。

偏心受压时，只需将长度 l 代入，仍按式(4.33)～式(4.36)进行计算。

4.7.3 常用刚性基础的剖面形式及其适用范围

常用基础有砖基础、毛石基础和混凝土基础等。

1. 砖基础

砖基础的剖面形式可以采用等高大放脚和不等高大放脚两种，通常台阶宽度为60mm、高度为120mm。基础底面以下可作100mm厚碎石垫层、碎石三合土垫层或20mm厚砂垫层，使基础和地基接触良好，以均匀地传递压力。砖基础广泛用作一般混合结构房屋墙、柱的基础。

2. 碎砖三合土基础

三合土基础系由灰、砂、碎砖按体积比 $1:2:4$ 或 $1:3:6$ 混合，加适量水搅拌均匀后分层夯实而成。每层铺 $220\sim 250$mm，夯实至150mm，俗称一步，三层以下房屋用二步，四层用三步。通常在其上铺一层薄砂并砌砖墙大放脚。三合土基础造价低、施工简单，在我国南方低于四层的民用房屋中应用广泛。

3. 毛石基础

毛石基础用毛石砌成阶梯形，每阶高度和毛石墙的厚度不宜小于400mm。毛石易于

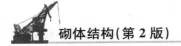

就地取材，故较多地使用在产石地区。毛石砌体的刚性角较小，往往用料较多，不经济。

4. 混凝土和毛石混凝土基础

采用C15混凝土或在混凝土中掺入30%的毛石，毛石强度等级不低于MU20，长度不大于300mm，称为混凝土基础或毛石混凝土基础。基础剖面形状可做成阶梯形或锥形。阶梯形基础适用于土质条件较差、地下水位较高的浅基础。刚性角$\alpha=45°$，基础宽度不宜大于1100mm。毛石混凝土基础适用于地下水位较高、表层土质软弱而埋置较深的基础。

本 章 小 结

本章主要讲述了以下几个方面的内容。

（1）混合结构房屋的结构布置方案：纵墙承重方案、横墙承重方案、纵横墙承重方案、内框架承重和底部框架承重方案。

（2）考虑屋盖刚度和横墙间距两个主要因素的影响，按房屋空间刚度（作用）大小，将混合结构房屋静力计算方案分为3种：刚性方案房屋、弹性方案房屋和刚弹性方案房屋。

（3）混合结构房屋墙、柱高厚比的验算方法。

① 一般墙柱高厚比验算：$\beta=H_0/h\leqslant\mu_1\mu_2[\beta]$。

② 带壁柱墙高厚比验算。

整片墙高厚比验算：$\beta=H_0/h_T\leqslant\mu_1\mu_2[\beta]$。

壁柱间墙高厚比验算：$\beta=H_0/h\leqslant\mu_1\mu_2[\beta]$。

③ 带构造柱墙高厚比验算。

整片墙高厚比验算：$\beta=H_0/h\leqslant\mu_1\mu_2\mu_c[\beta]$。

构造柱间墙高厚比验算：$\beta=H_0/h\leqslant\mu_1\mu_2[\beta]$。

（4）单层房屋墙、柱的计算方法：包括刚性方案房屋、弹性方案房屋和刚弹性方案房屋。

（5）多层房屋墙、柱的计算方法：包括刚性方案房屋、弹性方案房屋和刚弹性方案房屋。

（6）地下室墙的计算方法。

（7）墙柱刚性基础的设计方法。

思 考 题

1. 在混合结构房屋中，按照墙体的结构布置分为哪几种承重方案？其特点是什么？

2. 如何确定房屋的静力计算方案？

3. 为什么要验算墙、柱的高厚比？

4. 怎样验算带壁柱墙的高厚比？

5. 混合结构房屋墙、柱计算的主要内容有哪些？

6. 刚性方案房屋墙、柱的静力计算简图是怎样的？

7. 对刚性、刚弹性方案房屋的横墙有哪些要求？

8. 在单层刚性方案房屋墙、柱的计算简图中，基础顶面处为固定支座，为什么多层房屋静力计算简图中将此处简化为铰支座？

9. 在砌体房屋墙、柱的承载力验算中，选择哪些部位和截面既能减少计算工作量又能保证安全可靠？

10. 试述弹性方案、刚弹性方案房屋墙、柱内力分析的主要步骤。

11. 验算地下室墙体承载力时如何计算荷载？

12. 何谓刚性角？何谓刚性基础台阶的宽高比容许值？

13. 单层和多层房屋的空间工作性能的影响因素有什么异同？房屋空间性能影响系数 η_i 的物理意义是什么？

习　　题

1. 某单层车间，长 30m，宽 15m，柱距 6m，层高 5.5m，中间无横墙，两端山墙上的门洞为 $4m \times 4m$，纵墙上窗洞为 $3m \times 4m$，1 类屋盖体系，柱顶受集中风荷载 $W = 3.85kN$，迎风柱均布风荷载为 $1.57kN/m^2$，背风柱均布风荷载为 $1.0kN/m^2$，试求一个单元柱底截面的弯矩。

2. 在题 1 的条件下，试计算当横墙间距 $s = 30m$ 和 60m 时柱底的弯矩（$\eta = 0.68$）。

3. 某房屋砖柱截面为 $490mm \times 370mm$，用 MU15 和 M5 水泥砂浆砌筑，层高 4.5m，假定为刚性方案，试验算该柱的高厚比。

4. 某带壁柱墙，柱距 6m，窗宽 2.7m，横墙间距 30m，纵墙厚 240mm，包括纵墙在内的壁柱截面为 $370mm \times 490mm$，砂浆为 M5 混合砂浆，1 类屋盖体系，试验算其高厚比。

大　作　业

某 6 层砖混结构教学楼，其平面如图 4.44 所示，剖面图及建筑构造详图如图 4.45 所示。外墙厚 490mm，内墙厚均为 240mm，墙体拟采用 MU10 实心砖，1～3 层采用 M10 混合砂浆砌筑，4～6 层采用 M7.5 混合砂浆砌筑，墙面及梁侧抹灰均为 20mm，试验算外纵墙的强度。（提示：楼面活荷载标准值为 $2kN/m^2$，屋面活荷载为 $0.5kN/m^2$，基本风压为 $0.45kN/m^2$。）

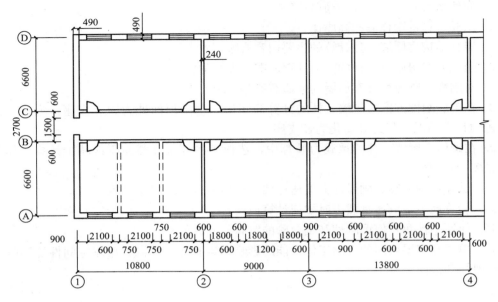

图 4.44　教学楼平面图(单位：mm)

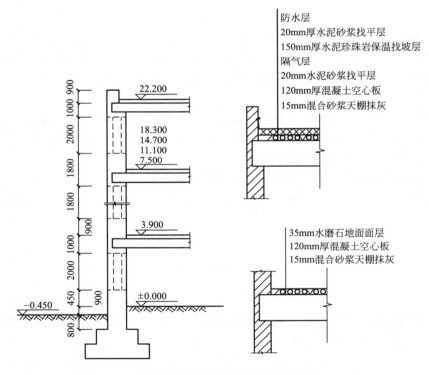

图 4.45　教学楼剖面图及建筑构造详图(单位：mm)

第5章

砌体结构墙体中的过梁、圈梁、构造柱、墙梁、挑梁

教学目标

　　本章介绍过梁、圈梁、构造柱、墙梁、挑梁的受力性能及破坏形态、计算方法及构造要点，重点让学生了解不同类型构件的计算和构造要点。当在设计中遇到具体问题时，应根据构件的受力性能，针对具体情况进行具体分析，来解决问题。通过本章的学习，应达到以下目标：

　　(1) 了解过梁、墙梁、挑梁的受力性能及破坏形态；

　　(2) 掌握圈梁、构造柱的作用及构造要求；

　　(3) 掌握过梁、墙梁、挑梁的计算方法。

教学要求

知识要点	掌握程度	相关知识
过梁、墙梁、挑梁	掌握	构造要求、计算方法
圈梁、构造柱	掌握	作用、构造要求

基本概念

　　过梁、墙梁、圈梁、构造柱、挑梁

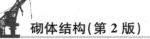 砌体结构(第2版)

 引例

　　房屋建筑中，挑檐、阳台、雨篷是常见的悬挑构件。由于悬挑构件在受力性能上有一些特点，如设计或施工中不加注意，尤其是在施工人员不懂技术或知之不深的情况下，很容易因处置不当而造成事故。因此悬挑构件塌落的事故在全国各地时有发生。

　　例如，某百货大楼一层橱窗上设置有挑出 1200mm 长的现浇钢筋混凝土雨篷，待到达混凝土设计强度拆模时，突然发生从雨篷根部折断的质量事故，雨篷倾覆呈门帘状。分析事故产生原因，发现主要是由于施工人员施工不当造成。我们知道，在房屋结构中通常的梁板结构是两端都有支撑的(支承于梁或墙上)。因此在竖向荷载作用下，梁板跨中产生正弯矩，使得梁或板的底面受拉，因而受拉筋应配置在梁底或板底。但悬挑构件不同，在竖向荷载作用下，挑梁根部产生负弯矩，上边受拉，因而受拉钢筋应配置在挑梁上边 [图 5.1(a)]，这一点务必注意。如果不懂原理，把钢筋放在下边 [图 5.1(b)]，则必然造成断裂。有些情况下，施工人员也知道按图应放在上边，但由于支垫设置不妥，现场施工时浇筑混凝土的工人踩在上边，容易把负钢筋踩下去或被浇筑的混凝土压到下面，造成梁板计算控制截面的有效高度减小，这样也易造成事故。此外，还有钢筋位置配反的情况，此种情况更加危险，拆模时就可能坍塌。

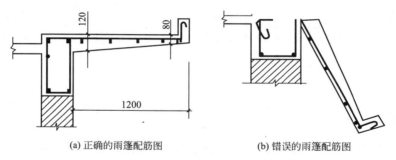

(a) 正确的雨篷配筋图　　　　(b) 错误的雨篷配筋图

图 5.1　雨篷配筋图

　　因此，在砌体结构设计中，不仅要重视承重墙体的设计和计算，雨篷、挑梁等构件的设计同样不可忽视。

5.1　过梁的设计计算

5.1.1　过梁的类型

　　过梁是砌体结构门窗洞口上常用的构件，主要有钢筋混凝土过梁、钢筋砖过梁、砖砌平拱过梁和砖砌弧拱过梁等几种不同的形式，如图 5.2 所示。

　　由于砖砌过梁延性较差，跨度不宜过大，因此对有较大振动荷载或可能产生不均匀沉降的房屋，应采用钢筋混凝土过梁。钢筋混凝土过梁端部支承长度不宜小于 240mm。

　　砖砌过梁的构造要求应符合下列规定。

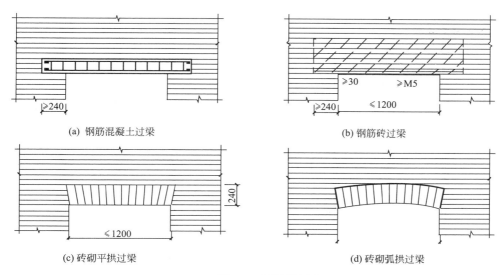

(a) 钢筋混凝土过梁　　　　　　　　(b) 钢筋砖过梁

(c) 砖砌平拱过梁　　　　　　　　　(d) 砖砌弧拱过梁

图 5.2　过梁的形式

（1）砖砌过梁截面计算高度内的砂浆不宜低于 M5(Mb5、Ms5)。

（2）砖砌平拱用竖砖砌筑部分的高度不应小于 240mm。

（3）钢筋砖过梁底面砂浆层处的钢筋，其直径不应小于 5mm，间距不宜大于 120mm，钢筋伸入支座砌体内的长度不宜小于 240mm，砂浆层的厚度不宜小于 30mm。

5.1.2　过梁上的荷载取值

过梁上的荷载有两种：①仅承受墙体荷载；②除承受墙体荷载外，还承受其上梁板传来的荷载。

试验表明，如过梁上的砌体采用水泥混合砂浆砌筑，当砖砌体的砌筑高度接近跨度的一半时，跨中挠度的增加明显减小。此时，过梁上砌体的当量荷载相当于高度等于 1/3 跨度时的墙体自重。这是由于砌体砂浆随时间增长而逐渐硬化，参加工作的砌体高度不断增加，使砌体的组合作用不断增强。当过梁上墙体有足够高度时，施加在过梁上的竖向荷载将通过墙体内的拱作用直接传给支座。因此，过梁上的墙体荷载应如下取用。

（1）对砖砌体，当过梁上的墙体高度 $h_w < l_n/3$ 时，应按墙体的均布自重采用，如图 5.3(a)所示，其中 l_n 为过梁的净跨；当墙体高度 $h_w \geqslant l_n/3$ 时，应按高度为 $l_n/3$ 墙体的均布自重采用，如图 5.3(b)所示。

（2）对混凝土砌块砌体，当过梁上的墙体高度 $h_w < l_n/2$ 时，应按墙体的均布自重采用，如图 5.3(c)所示；当墙体高度 $h_w \geqslant l_n/2$ 时，应按高度为 $l_n/2$ 墙体的均布自重采用，如图 5.3(d)所示。

对梁板传来的荷载，试验结果表明，当在砌体高度等于跨度的 0.8 倍左右的位置施加外荷载时，过梁的挠度变化已很微小。因此可认为，在高度等于跨度的位置上施加外荷载时，荷载将全部通过拱作用传递，而不由过梁承受。对过梁上部梁、板传来的荷载，《规

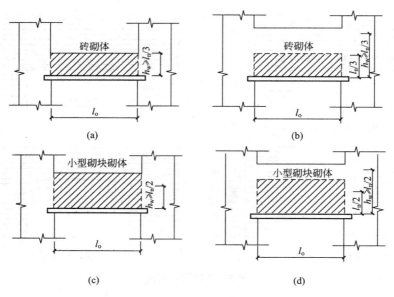

图 5.3　过梁上的墙体荷载

范》规定：对砖和小型砌块砌体，当梁、板下的墙体高度 $h_w < l_n$ 时，应计入梁、板传来的荷载；当梁、板下的墙体高度 $h_w \geqslant l_n$ 时，可不考虑梁、板荷载。

5.1.3　过梁的计算

钢筋砖过梁的工作机理类似于带拉杆的三铰拱，有两种可能的破坏形式：正截面受弯破坏和斜截面受剪破坏。当过梁受拉区的拉应力超过砖砌体的抗拉强度时，则在跨中受拉区会出现垂直裂缝；当支座处斜截面的主拉应力超过砖砌体沿齿缝的抗拉强度时，在靠近支座处会出现斜裂缝，在砌体材料中表现为阶梯形斜裂缝，如图 5.4(a)所示。

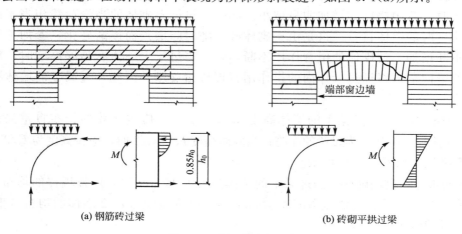

(a) 钢筋砖过梁　　　　　　　　　(b) 砖砌平拱过梁

图 5.4　过梁的破坏形式

砖砌平拱过梁的工作机理类似于三铰拱，除可能发生受弯破坏和受剪破坏外，在跨中开裂后，还会产生水平推力。此水平推力由两端支座处的墙体承受。当此墙体的灰缝抗剪强度不足时，会发生支座滑动而破坏，这种破坏易发生在房屋端部的门窗洞口处墙体上，如图 5.4(b)所示。

由过梁的破坏形式可知，应对过梁进行受弯、受剪承载力验算。对砖砌平拱还应按其水平推力验算端部墙体的水平受剪承载力。

1. 砖砌平拱过梁的承载力计算

（1）正截面受弯承载力可按下式计算：

$$M \leqslant f_{tm} W \qquad (5.1)$$

式中　M——按简支梁并取净跨计算的跨中弯矩设计值；

　　　f_{tm}——沿齿缝截面的弯曲抗拉强度设计值；

　　　W——截面模量。

过梁的截面计算高度取过梁底面以上的墙体高度，但不大于 $l_n/3$。砖砌平拱中由于存在支座水平推力，过梁垂直裂缝的发展得以延缓，受弯承载力得以提高。因此，公式 (5.1)的 f_{tm} 取沿齿缝截面的弯曲抗拉强度设计值。

（2）斜截面受剪承载力可按下式计算：

$$V \leqslant f_v b z \qquad (5.2)$$

$$z = \frac{I}{S} \qquad (5.3)$$

式中　V——剪力设计值；

　　　f_v——砌体的抗剪强度设计值；

　　　b——截面宽度；

　　　z——内力臂，当截面为矩形时取 z 等于 $2h/3$；

　　　I——截面惯性矩；

　　　S——截面面积矩；

　　　h——截面高度。

一般情况下，砖砌平拱的承载力主要由受弯承载力控制。

2. 钢筋砖过梁的承载力计算

（1）正截面受弯承载力可按下式计算：

$$M \leqslant 0.85 h_0 f_y A_s \qquad (5.4)$$

式中　M——按简支梁并取净跨计算的跨中弯矩设计值；

　　　f_y——钢筋的抗拉强度设计值；

　　　A_s——受拉钢筋的截面面积；

　　　h_0——过梁截面的有效高度，$h_0 = h - a_s$；

　　　a_s——受拉钢筋重心至截面下边缘的距离；

　　　h——过梁的截面计算高度，取过梁底面以上的墙体高度，但不大于 $l_n/3$；当考虑梁、板传来的荷载时，则按梁、板下的高度采用。

（2）钢筋砖过梁的受剪承载力计算与砖砌平拱过梁相同。

3. 钢筋混凝土过梁的承载力计算

钢筋混凝土过梁的承载力应按钢筋混凝土受弯构件计算。过梁的弯矩按简支梁计算，计算跨度取(l_n+a)和$1.05l_n$二者中的较小值,其中a为过梁在支座上的支承长度。在验算过梁下砌体局部受压承载力时,可不考虑上部荷载的影响,即取$\psi=0$。由于过梁与其上砌体共同工作,构成刚度很大的组合深梁,其变形非常小,故其有效支承长度可取过梁的实际支承长度,但不应大于墙厚h,并取应力图形完整系数$\eta=1$。

砌有一定高度墙体的钢筋混凝土过梁按受弯构件计算严格地说是不合理的。试验表明,过梁也是偏拉构件。过梁与墙梁并无明确分界定义,主要差别在于过梁支承于平行的墙体上,且支承长度较长;一般跨度较小,承受的梁、板荷载较小。当过梁跨度较大或承受较大梁、板荷载时,应按墙梁设计。

【例 5.1】 已知砖砌平拱过梁净跨$l_n=1.2$m,墙厚 240mm,过梁构造高度为 240mm,采用 MU10 普通烧结砖和 M7.5 混合砂浆砌筑而成,求该过梁所能承受的均布荷载设计值。

解: 查表 3-11 得 $f_{tm}=0.29\text{N/mm}^2$,$f_v=0.14\text{N/mm}^2$

平拱过梁计算高度为 $h=\dfrac{l_n}{3}=\dfrac{1.2}{3}=0.4(\text{m})$

受弯承载力 [由式(5.1)] 为 $f_{tm}W=0.23\times\dfrac{1}{6}\times240\times400^2=1472000(\text{N}\cdot\text{mm})$

平拱的允许均布荷载设计值为

$$q_1=\dfrac{8\times1472000\times10^{-6}}{1.2^2}=8.18(\text{kN/m})$$

受剪承载力 [由式(5.2)] 为

$$z=\dfrac{2}{3}h=\dfrac{2}{3}\times400=267(\text{mm})$$

$$f_v bz=0.14\times240\times267=8971(\text{N})=8.971\text{kN}$$

其允许均布荷载设计值

$$q_2=\dfrac{2\times8.971}{1.2}=14.95(\text{kN/m})$$

取q_1和q_2中的较小值,则$q=8.18\text{kN/m}$。

【例 5.2】 一钢筋砖过梁,其净跨$l_n=1.5$m,墙厚为 240mm(过梁的宽度与墙厚相同),采用 MU10 烧结粘土砖和 M7.5 混合砂浆砌筑而成。在离洞口顶面 600mm 处作用有楼板传来的均布恒荷载标准值$g_{k1}=6\text{kN/m}$,活荷载标准值$q_k=4\text{kN/m}$。砖墙自重$g_{k2}=5.24\text{kN/m}^2$。采用 HPB235 级钢筋。试设计该钢筋砖过梁。

解: 查表 3-11 得$f_v=0.14\text{N/mm}^2$;钢筋的抗拉强度设计值$f_y=210\text{N/mm}^2$。

(1)荷载计算(由可变荷载控制的组合)。

楼板下的墙体高度$h_w=600\text{mm}<$梁的净跨$l_n=1500\text{mm}$,故应考虑梁板荷载。则作用在过梁上的均布荷载设计值为

$$P=\gamma_G(g_{k1}+g_{k2})+\gamma_Q qk=1.2\times\left(6+\dfrac{1.5}{3}\times5.24\right)+1.4\times4=15.944(\text{kN/m})$$

$$M=\dfrac{Pl_n^2}{8}=\dfrac{15.944\times1.5^2}{8}=4.48(\text{kN/m})$$

$$V=\dfrac{Pl_n}{2}=\dfrac{15.944\times1.5}{2}=11.96(\text{kN})$$

（2）受弯承载力计算。

由于考虑梁板传来的荷载，故取梁高 h_b 为梁板以下的墙体高度，即取 $h_b=600mm$。按砂浆层厚度为 $30mm$，则有 $a_s=15mm$。从而截面有效高度 $h_0=h_b-a_s=600-15=585(mm)$。按式(5.4)计算有

$$A_s=\frac{M}{0.85f_yh_0}=\frac{4.48\times10^6}{0.85\times210\times585}=42.9(mm^2)$$

选用 $2\phi6(57mm^2)$，满足要求。

（3）受剪承载力计算。

$$z=\frac{2h}{3}=\frac{2\times600}{3}=400(mm)，由公式(5.2)有$$

$$V=11.96kN<f_vbz=0.14\times240\times400=13.44(kN)$$

受剪承载力满足要求。

（1）荷载计算（由永久荷载控制的组合）

楼板下的墙体高度 $h_w=600mm<$ 梁的净跨 $l_n=1500mm$，故应考虑梁板荷载。则作用在过梁上的均布荷载设计值为

$$P=\gamma_G(g_{k1}+g_{k2})+\gamma_Qqk=1.35\times\left(6+\frac{1.5}{3}\times5.24\right)+1.4\times4=17.237(kN/m)$$

$$M=\frac{Pl_n^2}{8}=\frac{17.237\times1.5^2}{8}=4.85(kN/m)$$

$$V=\frac{Pl_n}{2}=\frac{17.237\times1.5}{2}=12.93(kN)$$

（2）受弯承载力计算。

由于考虑梁板传来的荷载，故取梁高 h_b 为梁板以下的墙体高度，即取 $h_b=600mm$。按砂浆层厚度为 $30mm$，则有 $a_s=15mm$。从而截面有效高度 $h_0=h_b-a_s=600-15=585(mm)$。按式(5.4)计算有

$$A_s=\frac{M}{0.85f_yh_0}=\frac{4.85\times10^6}{0.85\times210\times585}=46.45(mm^2)$$

选用 $2\phi6(57mm^2)$，满足要求。

（3）受剪承载力计算。

$$z=\frac{2h}{3}=\frac{2\times600}{3}=400(mm)，由公式(5.2)有$$

$$V=12.93kN<f_vbz=0.14\times240\times400=13.44(kN)$$

受剪承载力满足要求。

【例5.3】　已知钢筋混凝土过梁净跨 $l_n=2400mm$，在墙上的支承长度 $a=240mm$。砖墙厚度 $h=240mm$，双面粉刷（$2mm$ 厚水泥石灰砂浆，容重为 $17kN/m^3$），墙体自重为 $5.24kN/m^2$（包括抹灰）。采用 MU10 烧结普通砖、M5 混合砂浆砌筑而成。在窗口上方 $1500mm$ 处作用有楼板传来的均布竖向荷载，其恒荷载标准值为 $10kN/m$，活载标准值为 $3kN/m$。混凝土质量密度取 $25kN/m^3$。纵筋采用 HRB335 级钢筋，箍筋采用 HPB235 级钢筋，混凝土采用 C20。试设计该钢筋混凝土过梁。

解： 考虑过梁跨度及荷载等情况，过梁截面取 $b\times h_b=240mm\times300mm$。

（1）荷载计算。

过梁上的墙体高度为 $h_w=1500-300=1100(mm)<l_n$，故要考虑梁、板传来的均布荷

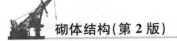

载；因 $h_w>l_n/3=800mm$，所以应考虑 800mm 高的墙体自重。从而得作用在过梁上的均布荷载设计值如下。

① 由可变荷载控制的组合有

$q=1.2[0.24\times0.3\times25+5.24\times0.8+0.02\times(0.3\times2+0.24)\times17+10]+1.4\times3$
$=23.73(kN/m)$

② 由永久荷载控制的组合有

$q=1.35[0.24\times0.3\times25+5.24\times0.8+0.02\times(0.3\times2+0.24)\times17+10]+1.4\times0.7\times3$
$=24.91(kN/m)$

故取 $q=24.91kN/m$。

（2）钢筋混凝土过梁的计算。

过梁的计算跨度为

$$l_0=1.05l_n=1.05\times2400=2520(mm)<l_n+a=2640mm，取 l_0=2520mm$$

正截面受弯承载力计算为

$$M=\frac{1}{8}ql^2=\frac{1}{8}\times24.91\times2.52^2=19.77(kN\cdot m)$$

受压区高度为

$$x=h_0-\sqrt{h_0^2-\frac{2M}{f_cb}}=265-\sqrt{265^2-\frac{2\times19.77\times10^6}{9.6\times240}}=34.64(mm)$$

纵筋面积

$$A_s=\frac{f_cbx}{f_y}=\frac{9.6\times240\times34.64}{300}=266(mm^2)$$

纵筋选用 $2\phi14(A_s=308mm^2)$。

斜截面受剪承载力计算为

$$V=\frac{ql_n}{2}=\frac{1}{2}\times24.91\times2.4=29.89(kN)$$

$$0.7f_tbh_0=0.7\times1.10\times240\times265=48.97(kN)>29.89kN$$

箍筋按构造配置，通长采用 $\phi6@200$。

（3）过梁梁端支承处局部抗压承载力验算。

查得砌体抗压强度设计值 $f=1.5N/mm^2$

过梁的有效支承长度 $a_0=10\sqrt{\frac{h_b}{f}}=10\times\sqrt{\frac{300}{1.5}}=141.4(mm)$

承压面积为 $A_l=a_0h=141.4\times240=33936(mm^2)$

影响面积为 $A_0=(a_0+h)h=(141.4+240)\times240=91536(mm^2)$

由于 $1+0.35\sqrt{\frac{A_0}{A_l}-1}=1+0.35\sqrt{\frac{91536}{33936}-1}=1.456>1.25$

故取局部承压强度提高系数 $\gamma=1.25$，并取压应力图形完整系数 $\eta=1.0$。不考虑上部荷载影响，取 $\psi=0$。则局部压力为

$$N_l=\frac{ql_0}{2}=\frac{24.91\times2.52}{2}=31.39(kN)$$

$$\eta\gamma A_lf=1.0\times1.25\times33936\times1.5=63.63(kN)>31.39kN$$

故过梁支座处砌体局部受压是安全的。

5.2 墙梁的设计计算

5.2.1 概述

由支承墙体的钢筋混凝土梁及其上计算高度范围内墙体所组成的能共同工作的组合构件称为墙梁。其中的钢筋混凝土梁称为托梁。

在多层砌体结构房屋中，为了满足使用要求，往往要求底层有较大的空间，如底层为商店、饭店等，而上层为住宅、办公室、宿舍等小房间的多层房屋，可用托梁承托以上各层的墙体，组成墙梁结构，上部各层的楼面及屋面荷载将通过砖墙及支撑在砖墙上的钢筋混凝土楼面梁或框架梁(托梁)传递给底层的承重墙或柱。此外，单层工业厂房中外纵墙与基础梁、承台梁与其上墙体等也构成墙梁。与多层钢筋混凝土框架结构相比，墙梁节省钢材和水泥，造价低，因此应用广泛。

墙梁按支承情况分为简支墙梁、连续墙梁和框支墙梁，如图 5.5 所示；按墙梁承受荷载情况可分为承重墙梁和自承重墙梁。承重墙梁除了承受托梁和托梁以上的墙体自重外，还承受由屋盖或楼盖传来的荷载；自承重墙梁仅承受托梁和托梁以上的墙体自重。

底层大空间房屋结构，其墙梁不仅承受墙梁(托梁与墙体)的自重，还承受托梁及以上各层楼盖和屋盖荷载，因而属于承重墙梁，如图 5.5 所示。

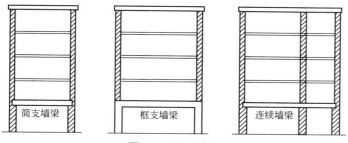

图 5.5　承重墙梁

单层工业厂房中承托围护墙体的基础梁、承台梁等与其上墙体构成的墙梁一般仅承受自重作用，为自承重墙梁，如图 5.6 所示。

墙梁在工程中被广泛应用，但是长期以来墙梁却没有统一、合理的设计方法。过去应用较多的方法有以下两种。

1. 全荷载法

全荷载法即将支撑墙体的托梁视为一个普通的钢筋混凝土梁，托梁上的全部墙体自重和楼面、屋面荷载均由托梁承受，完全没有考虑托梁与其上墙体的组合作用，致使托梁的截面尺寸大、耗用钢材多。在长期应用

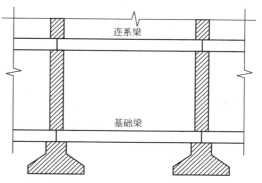

图 5.6　自承重墙梁

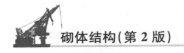

过程中人们逐渐认识到这种方法的不合理性。

2. 弹性地基梁法

20 世纪 30 年代，前苏联日莫契金教授提出的弹性地基梁法在墙梁计算中得到广泛应用。这种方法的基本概念是将托梁上的墙体视为托梁的半无限弹性地基，托梁是在支座反力作用下的弹性地基梁。按弹性理论平面应力问题，解得墙体与托梁界面上的竖向压应力，并将其简化为三角形分布，作为作用在托梁上的荷载，如图 5.7 所示，然后求得托梁的弯矩和剪力，按钢筋混凝土受弯构件计算托梁截面，使托梁的截面和配筋明显减小。但是这种方法由于没有很好地反映墙体与托梁的组合作用，因此计算结果与试验结果相差较大。

1975 年以来，我国《砌体结构设计规范》墙梁专题组对墙梁进行了系统的试验研究，先后完成了 258 个简支墙梁(无洞 159 个、有洞 99 个)构件试验、两栋墙梁房屋实测、近千个构件的弹性有限元分析和 15 个构件的非线性有限元分析，提出考虑墙梁组合作用的极限状态设计方法。在《砌体结构设计规范》(GBJ 3—88)中，首次列入我国自行研究的考虑墙体与托梁组合作用的单跨简支墙梁设计方法，但仍存在一些问题，主要如下。

(1) 主要针对简支墙梁设计，未包括连续墙梁设计。

(2) 简单涉及单跨框支墙梁设计，未包括多跨框支墙梁设计。

(3) 主要针对墙梁的非抗震设计，未包括设置墙梁的房屋的抗震设计。

(4) 简支墙梁设计方法也较烦琐，有待简化。

(5) 虽进行可靠度校准，但作为墙梁的关键构件——托梁的纵筋用量仍偏少，剪力估计偏低、箍筋配置偏少。

经过近年的研究，2011 版《砌体结构设计规范》(GB 50003—2001) 又提出了包括简支墙梁、连续墙梁和(多跨)框支墙梁的设计方法。其修订内容包括：简化了简支墙梁的托梁计算，适当提高了托梁作为混凝土偏心受拉构件的承载力的可靠度；简化了托梁斜截面受剪承载力的计算，增大了托梁剪力的取值，从而较大幅度提高了托梁受剪的可靠度；改进了墙梁的墙体承载力计算，考虑顶梁的作用提高了墙体抗剪承载力；提出了墙梁抗震设计方法，补充了墙梁抗震设计。最新颁布的《砌体结构设计规范》(GB 5000—2011) 则按"增补、简化、完善"的原则进行了修订，其修订的主要内容是：增加了适应节能减排、墙材革新要求、成熟可行的新型砌体材料，并提出相应的设计方法；根据试验研究，修订了部分砌体强度的取值方法，对砌体强度系数进行了简化；增加了提高砌体耐久性的有关规定；完善了砌体结构的构造要求；针对新型砌体材料墙体存在的裂缝问题，增补了防止或减轻因材料变形而引起墙体开裂的措施；完善和补充了夹心墙设计的构造要求；补充了砌体组合墙平面外偏心受压计算方法；扩大了配筋砌块砌体结构的应用范围，增加了框支配筋砌块剪力墙房屋的设计规定；根据地震震害，结合砌体结构特点，完善了砌体结构的抗震设计方法，补充了框架填充墙的抗震设计方法。

5.2.2　墙梁的受力性能及破坏形态

1. 简支墙梁的受力性能及破坏形态

1) 无洞口墙梁

图 5.7 所示为顶面作用均布荷载的无洞口简支墙梁，当处于弹性工作阶段时，按弹性理

论求得墙梁内竖向应力 σ_y、水平应力 σ_x 和剪应力 τ_{xy} 的分布。由 σ_y 的分布图可以看出，竖向压应力 σ_y 自上向下由均匀分布变为向支座集中的非均匀分布；由 σ_x 的分布图看出墙体大部分受压，托梁全截面或大部分截面受拉，由墙体压应力合力与托梁承受的拉力组成力偶来抵抗竖向荷载产生的弯矩，托梁处于偏心受拉状态；由 τ_{xy} 的分布图看出在墙体和托梁中均有剪应力存在，在墙体与托梁的交界面剪应力分布发生较大变化，且在支座有明显的剪应力集中。

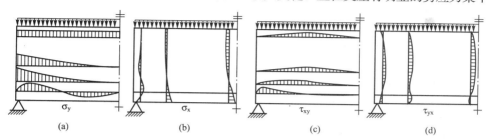

图 5.7　简支墙梁在弹性阶段应力分布

由于墙体参与工作，与托梁组成组合深梁，其内力臂远大于普通钢筋混凝土浅梁，使墙梁具有很大的抗弯刚度和很高的承载力。大量的试验结果表明，墙体与托梁有着良好的组合工作性能，墙梁的承载力往往数倍甚至十数倍于相同配筋的钢筋混凝土浅梁（托梁）的承载力。因此，考虑墙体与托梁的组合作用进行墙体设计，有着良好的经济效益。

图 5.8 所示为根据有限元分析结果绘制的墙梁在竖向荷载作用下弹性阶段的主应力迹线图。可以看出，对无洞口墙梁，两侧主压应力迹线直接指向支座，中部主压应力迹线则呈拱形指向支座，托梁顶面在两支座附近受到较大的竖向压力和剪应力作用。

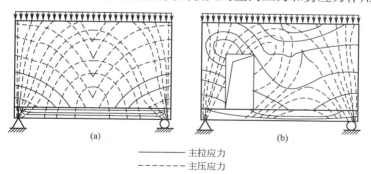

―――――― 主拉应力
- - - - - - 主压应力

图 5.8　墙梁的主应力迹线图

墙体与托梁的界面处作用有竖向拉应力。墙体在支座的斜上方多处于拉、压复合受力状态。托梁内主拉应力迹线基本平行于托梁的轴线。因此，无洞口墙梁可模拟为组合拱受力机构，如图 5.9(a) 所示。托梁作为拉杆，主要承受拉力。同时，由于托梁顶面竖向压应

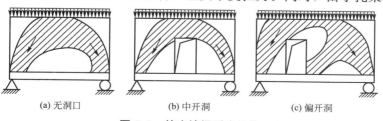

(a) 无洞口　　　　　(b) 中开洞　　　　　(c) 偏开洞

图 5.9　简支墙梁受力机构

力和剪应力的作用，托梁中还存在部分弯矩。一般情况下，托梁处于小偏心受拉状态。

当托梁中的拉应力达到混凝土的抗拉强度、拉应变超过混凝土的极限拉应变时，托梁

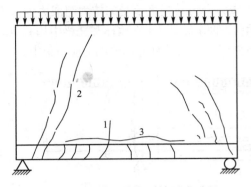

图 5.10 无洞口墙梁裂缝形成过程
1—竖向裂缝；2—斜裂缝；3—水平裂缝

跨中将首先出现多条竖向裂缝，且很快上升至托梁顶及墙中，如图 5.10 所示。托梁刚度削弱引起墙体主压应力进一步向支座附近集中。当墙体的主拉应力超过砌体的抗拉强度时，将在支座上方墙体中出现斜裂缝，很快向斜上方及斜下方延伸；随后穿过界面，形成托梁端部较陡的上宽下窄的斜裂缝；临近破坏时，将在界面出现水平裂缝，但不伸入支座，支座区段始终保持墙体与托梁紧密相连。从墙体出现斜裂缝开始，墙梁逐渐形成以托梁为拉杆，以墙体为拱腹的组合拱受力模型。

2）有洞口墙梁

中开洞墙梁，当洞口宽度不大于 $l/3$（l 为墙梁跨度）、高度不过高时，其应力分布和主应力迹线与无洞口墙梁基本一致，如图 5.8(a)所示。试验与有限元分析表明，偏开洞墙梁的受力情况与无洞口墙梁有很大区别。从图 5.8(b)可以看出，在跨中垂直截面，水平应力的分布与无洞口墙梁相似；但在洞口内侧的垂直截面上，σ_x 分布图被洞口分割成两部分，在洞口上部，过梁受拉、顶部墙体受压，在洞口下部，托梁上部受压、下部受拉，托梁处于大偏心受拉状态。竖向应力 σ_y 在未开洞的墙体一侧托梁与墙梁交界面上分布与无洞口墙梁相似；在开洞口一侧，支座上方和洞口内侧作用着比较集中的竖向压应力；在洞口外侧作用着竖向拉应力。在洞口上边缘外侧墙体的水平截面上，竖向压力 σ_y 近似呈三角形分布，外侧受拉、内侧受压，压应力较集中。托梁与墙体交界面上剪应力分布图形也因洞口存在发生较大变化，在洞口内侧，有明显的剪应力集中。

因而偏洞口墙梁可模拟为梁、拱组合受力机构，如图 5.9(c)所示。托梁不仅作为大拱的拉杆，还作为小拱的弹性支座，承受小拱传来的压力。此压力使托梁在洞口边缘处截面产生较大的弯矩，使托梁一般处于大偏心受力状态。随着洞口向跨中移动，原先的窄墙肢逐渐加宽，大拱作用不断加强，小拱作用逐渐减弱；直至当洞口处于跨中时，小拱作用完全消失，托梁的工作又接近于无洞口的状况，如图 5.9(b)所示。在此过程中，托梁逐渐由大偏心受拉过渡到小偏心受拉。

试验表明，中开洞墙梁的裂缝出现规律和破坏形态与无洞口墙梁基本一致，如图 5.11(a)所示。当墙体靠近支座开门洞时，将先在门洞外侧墙肢沿界面出现水平裂缝，如图 5.11(b)所示，不久在门洞内侧出现阶梯形斜裂缝，随后在门洞顶外侧墙肢出现水平裂缝；加荷至 0.6～0.8 倍破坏荷载时，门洞内侧截面处托梁出现竖向裂缝，最后在界面出现水平裂缝。

3）简支墙梁的破坏形态

试验表明，随着材料性能、墙梁的高跨比、托梁的配筋率等条件的不同，墙梁的破坏形态归纳起来有以下几种。

（1）墙梁的受弯破坏。托梁配筋较少、而墙梁的高跨比较小时（$h_w/l_0 \leqslant 0.3$），发生正

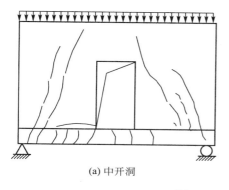 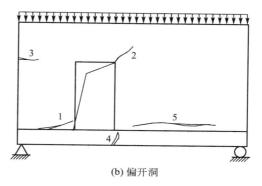

(a) 中开洞   (b) 偏开洞

图 5.11　有洞口墙梁裂缝图

1—水平裂缝；2—斜裂缝；3—水平裂缝；4—竖向裂缝；5—水平裂缝

截面受弯破坏。对无洞口墙梁，在均布荷载作用下，破坏发生在具有最大弯矩的跨中截面。托梁受拉开裂后，起初裂缝开展和延伸都较小；随着荷载增大，钢筋应力不断增大，裂缝开展也因之不断增大，同时也不断向上延伸并贯通托梁而伸入墙体；直至托梁的下部和上部钢筋先后屈服，垂直裂缝迅速进一步伸入墙体，墙梁丧失承载力。墙梁发生受弯破坏时，一般观察不到墙梁顶面受压区砌体压坏的迹象。破坏形式如图 5.12(a)所示。

偏洞口墙梁的受弯破坏发生在洞口边缘截面。托梁下部受拉钢筋屈服后，托梁刚度迅速降低，引起托梁与墙体之间的内力重分布，墙体随之破坏，如图 5.12(b)所示。

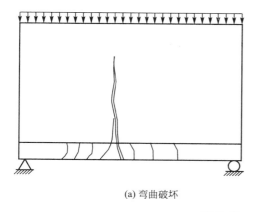 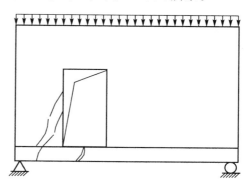

(a) 弯曲破坏   (b) 有洞口墙梁受弯破坏

图 5.12　墙梁的弯曲破坏

(2) 墙梁的受剪破坏。

① 当托梁的箍筋不足时，可能发生托梁斜截面剪切破坏。特别是在靠近支座附近设置洞口时，托梁在洞口范围内承受较大的剪力，且处于拉、弯、剪复合受力状态，受力较为不利。在托梁支座附近，由于梁端从墙体传来的竖向压应力和梁顶端部水平剪力的作用，斜裂缝自托梁顶面向支座方向伸展，托梁一般处于斜压状态，因此有较高的抗剪承载力。

② 墙体的剪切破坏。当托梁配筋较多、砌体强度较低时，一般 h_w/l_0 适中，则由于支座上方墙体出现斜裂缝并延伸至托梁而发生墙体的剪切破坏。墙体剪切破坏有以下几种形式。

当墙体高跨比较小($h_w/l_0 < 0.5$)或者集中荷载作用剪跨比(a_p/l_0)较大时(a_p 为集中荷载到最近支座的距离)，发生斜拉破坏，如图 5.13(a)所示。随着荷载增大，墙体中部的主

拉应力大于砌体沿齿缝截面的抗拉强度而产生斜裂缝；荷载继续增加，斜裂缝延伸并扩展，最后砌体因开裂过宽而破坏。斜拉破坏的承载能力较低。

墙体高跨比较大($h_w/l_0 > 0.5$)或者集中荷载作用剪跨比(a_p/l_0)较小时，发生斜压破坏，如图 5.13(b)所示。随着荷载的增大，墙体在主压应力作用下沿支座斜上方产生较陡的斜裂缝；荷载继续增大，多数穿过灰缝和砖块，最后砌体沿斜裂缝剥落或压碎而破坏。

对有洞口的墙梁，其墙体剪切破坏一般发生在窄墙肢一侧，如图 5.13(c)所示。斜裂缝首先在支座斜上方产生，并不断向支座和洞顶延伸，贯通墙肢高度后，墙梁破坏。

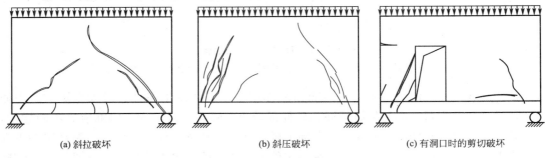

| (a) 斜拉破坏 | (b) 斜压破坏 | (c) 有洞口时的剪切破坏 |

图 5.13　墙梁的剪切破坏

除砌体强度很高而混凝土强度很低的情况外，托梁的剪切破坏一般均后于墙体。破坏斜截面较陡且靠近支座，斜裂缝上宽下窄。

（3）墙梁的局部受压破坏。一般墙体高跨比较大($h_w/l_0 > 0.75$)而砌体强度不高时，墙梁还可能发生梁端砌体局部受压破坏，如图 5.14 所示。在托梁顶面两端，支座上方砌体在较大的垂直压力作用下竖向压应力高度集中，当超过砌体局部抗压强度时，梁端砌体发生局部受压破坏。墙梁两端有与其垂直相连的翼墙时，可显著降低托梁顶面的峰值压应力、提高墙体的局部受压承载力。

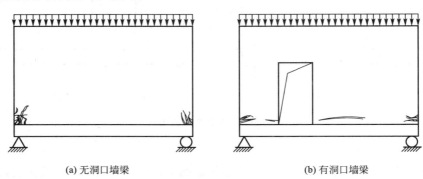

| (a) 无洞口墙梁 | (b) 有洞口墙梁 |

图 5.14　墙梁的局压破坏

除上述主要破坏形态外，墙梁还可能发生托梁端部混凝土局部受压破坏、有洞口墙梁洞口上部砌体剪切破坏等。因此，还必须采取一定的构造措施，防止这些破坏形态的发生。

2. 连续墙梁的受力性能及破坏形态

1）受力性能

由混凝土连续托梁及支承在连续托梁上的计算高度范围内的墙体所组成的组合构件称

为连续墙梁。连续墙梁是多层砌体房屋中常见的墙梁形式，在单层厂房建筑中也应用较多。它的受力特点与单跨墙梁有共同之处。现以两跨连续墙梁为例简单介绍连续墙梁的受力特点。

两跨连续墙梁的受力体系如图5.15所示。墙梁顶面处应按构造要求设置圈梁并宜在墙梁上拉通，称为顶梁。在弹性阶段，连续墙梁如同由托梁、墙体和顶梁组合而成的连续深梁，其应力分布及弯矩、剪力和支座反力均反映连续深梁的受力特点。有限元分析表明，与一般连续梁相比，由于墙梁的组合作用，托梁的弯矩和剪力均有一定程度的降低；同时，托梁中却出现了轴力：在跨中区段出现了较大的轴拉力，在支座附近则受轴压力作用。

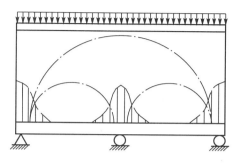

图 5.15 两跨连续墙梁的受力体系

随着裂缝的出现和开展，连续托梁跨中段出现多条竖向裂缝，且很快上升到墙中，但对连续墙梁受力影响并不显著；随后，在中间支座上方顶梁出现通长竖向裂缝，且向下延伸至墙中。当边支座或中间支座上方墙体中出现斜裂缝并延伸至托梁时，将对连续墙梁受力性能产生重大影响，连续墙梁的受力逐渐转为连续组合拱机制；临近破坏时，托梁与墙体界面将出现水平裂缝，托梁的大部分区段处于偏心受拉状态，仅在中间支座附近的很小区段，由于拱的推力而使托梁处于偏心受压和受剪的复合受力状态。顶梁的存在使连续墙梁的受剪承载力有较大提高。无翼墙或构造柱时，中间支座上方的砌体中竖向压应力过于集中，会使此处的墙体发生严重的局部受压破坏，中间支座处也比边支座处更容易发生剪切破坏。

2）破坏形态

连续墙梁的破坏形态和简支墙梁相似也有正截面弯曲破坏、斜截面剪切破坏、砌体局部受压破坏等。

（1）弯曲破坏。连续墙梁的弯曲破坏主要发生在跨中截面，托梁处于小偏心受拉状态而使下部和上部钢筋先后屈服。随后发生的支座截面弯曲破坏将使顶梁钢筋受拉屈服，由于跨中和支座截面先后出现塑性铰而使连续墙梁形成弯曲破坏机构。

（2）剪切破坏。连续墙梁墙体剪切破坏的特征和简支墙梁相似。墙体剪切多发生斜压破坏或集中荷载作用下的劈裂破坏。由于连续托梁分担的剪力比简支托梁更大些，故中间支座处托梁剪切破坏比简支墙梁更容易发生。

（3）局压破坏。中间支座处托梁上方砌体比边支座处托梁上方砌体更易发生局部受压破坏。破坏时，中支座托梁上方砌体产生向斜上方辐射状斜裂缝，最终导致局部砌体压碎。

5.2.3　墙梁设计一般规定

采用烧结普通砖和烧结多孔砖砌体和配筋砌体的墙梁设计应符合表5-1的规定。墙梁计算高度范围内每跨允许设置一个洞口；洞口边至支座中心的距离 a_i，距边支座不应小

于 $0.15l_{0i}$，距中支座不应小于 $0.07l_{0i}$。对多层房屋的墙梁，各层洞口宜设置在相同位置，并宜上、下对齐。

表 5-1　烧结普通砖、烧结多孔砖砌体、配筋砌体墙梁设计规定

墙梁类别	墙体总高度 /m	跨度 /m	墙高 h_w/l_{0i}	托梁高 h_b/l_{0i}	洞宽 b_h/l_{0i}	洞高 h_h
承重墙梁	≤18	≤9	≥0.4	≥1/10	≤0.3	≤$5h_w/6$ 且 h_w-h_h≥0.4m
自承重墙梁	≤18	≤12	≥1/3	≥1/15	≤0.8	

注：(1) 墙体总高度指托梁顶面到檐口的高度，带阁楼的坡屋面应算到山尖墙 1/2 高度处；

(2) 对自承重墙梁，洞口至边支座中心的距离不宜小于 $0.1l_{0i}$，门窗洞口至墙顶的距离不应小于 0.5m；

(3) h_w——墙体计算高度；h_b——托梁截面高度；l_{0i}——墙梁计算跨度；b_h——洞口宽度；h_h——洞口高度，对窗洞取洞顶至托梁顶面距离。

5.2.4　墙梁的构造要求

1. 按非抗震设计时的构造要求

墙梁应符合现行混凝土结构设计规范和下列构造要求。

1) 材料

(1) 梁的混凝土强度等级不应低于 C30。

(2) 纵向钢筋宜采用 HRB335、HRBF335、HRB400、HRB500、HRBF400、HRBF500 或 RRB400 级钢筋。

(3) 承重墙梁的块体强度等级不应低于 MU10，计算高度范围内墙体的砂浆强度等级不应低于 M10(Mb10)。

2) 墙体

(1) 框支墙梁的上部砌体房屋以及设有承重的简支墙梁或连续墙梁的房屋，应满足刚性方案房屋的要求。

(2) 墙梁的计算高度范围内的墙体厚度，对砖砌体不应小于 240mm，对混凝土小型砌块砌体不应小于 190mm。

(3) 墙梁洞口上方应设置混凝土过梁，其支承长度不应小于 240mm；洞口范围内不应施加集中荷载。

(4) 承重墙梁的支座处应设置落地翼墙，翼墙厚度，对砖砌体不应小于 240mm；对混凝土砌块砌体不应小于 190mm。翼墙宽度不应小于墙梁墙体厚度的 3 倍，并与墙梁墙体同时砌筑。当不能设置翼墙时，应设置落地且上、下贯通的构造柱。

(5) 当墙梁墙体在靠近支座 1/3 跨度范围内开洞时，支座处应设置落地且上、下贯通的构造柱，并应与每层圈梁连接。

(6) 墙梁计算高度范围内的墙体，每天可砌高度不应超过 1.5m，否则，应加设临时支撑。

3) 托梁

(1) 有墙梁的房屋的托梁两边各一个开间及相邻开间处应采用现浇混凝土楼盖，楼板

厚度不宜小于 120mm，当楼板厚度大于 150mm 时，宜采用双层双向钢筋网，楼板上应少开洞，洞口尺寸大于 800mm 时应设洞边梁。

（2）托梁每跨底部的纵向受力钢筋应通长设置，不得在跨中段弯起或截断。钢筋接长应采用机械连接或焊接。

（3）墙梁的托梁跨中截面纵向受力钢筋总配筋率不应小于 0.6%。

（4）托梁距边支座边 $l_0/4$ 范围内，上部纵向钢筋面积不应小于跨中下部纵向钢筋面积的 1/3。连续墙梁或多跨框支墙梁的托梁中支座上部附加纵向钢筋，从支座边算起每边延伸不应少于 $l_0/4$。

（5）承重墙梁的托梁在砌体墙、柱上的支承长度不应小于 350mm。纵向受力钢筋伸入支座应符合受拉钢筋的锚固要求。

（6）当托梁高度 $h_b \geqslant 450mm$ 时，应沿梁高设置通长水平腰筋，直径不应小于 12mm，间距不应大于 200mm。

（7）墙梁偏开洞口的宽度及两侧各一个梁高 h_b 范围内直至靠近洞口，支座边的托梁箍筋直径不应小于 8mm，间距不应大于 100mm，如图 5.16 所示。

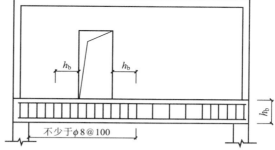

图 5.16　偏开洞时托梁箍筋加密区

2. 按抗震设计时的构造要求

底部框架-抗震墙房屋的结构布置，应符合下列要求。

（1）上部的砌体抗震墙与底部的框架梁或抗震墙应对齐或基本对齐。

（2）房屋的底部应沿纵横两方向设置一定数量的抗震墙，并应均匀对称布置或基本均匀对称布置。6、7 度且总层数不超过五层的底部框架-抗震墙房屋应允许采用嵌砌于框架之间的砌体抗震墙，但应计入砌体墙对框架的附加轴力和附加剪力；其余情况应采用钢筋混凝土抗震墙。

（3）底部框架-抗震墙房屋的纵横两个方向，第二层与底层侧向刚度的比值，6、7 度时不应大于 2.5；8 度时不应大于 2.0，且均不应小于 1.0。

（4）底部两层框架-抗震墙房屋的纵横两个方向，底层与底部第二层侧向刚度应接近；第三层与底部第二层侧向刚度的比值，6、7 度时不应大于 2.0，8 度时不应大于 1.5，且均不应小于 1.0。

（5）底部框架-抗震墙房屋的抗震墙应设置条形基础、筏板基础或桩基。

《高层建筑混凝土结构技术规程》（JGJ 3—2002)中第 10.2.2 条对部分框支剪力墙中落地剪力墙作了具体规定。因为剪力墙和柱侧向刚度差别很大，在刚度突变处结构受力复杂，地震震害表明破坏严重乃至倒塌。在框支剪力墙中，砖墙侧向刚度较混凝土墙小很多，故有可能控制刚度比以保证安全。

在抗震设防地区，一般多层房屋不得采用由砖墙、砖柱支承的简支墙梁和连续墙梁结构。如用墙梁结构，则应优先选用框支墙梁结构。

由于上层墙体的刚度略小于基础，在侧向水平力作用下，可近似取框架柱反弯点距柱底为 0.55 倍柱的净高。

由于墙体在重力荷载和地震作用下的应力分布复杂，根据现有试验结果，框支墙梁计算高度范围内墙体截面抗震承载力验算时，应在普通墙体截面抗震承载力计算的基础上乘以降低系数 0.9。

5.3 圈 梁

在砌体结构房屋中，在墙体内连续设置并形成水平封闭状的钢筋混凝土梁或钢筋砖梁，称为圈梁。在房屋±0.000 以下基础中设置的圈梁称为地圈梁或基础圈梁；位于顶层屋面梁及板下的圈梁称为檐口圈梁。

5.3.1 圈梁的作用

为了增强房屋的整体性和空间刚度，防止由于地基不均匀沉降或较大振动作用等对房屋产生的不利影响，可在墙中设置现浇的钢筋混凝土圈梁，其中以设置在基础顶面部位和檐口部位的圈梁对抵抗不均匀沉降作用最为有效。当房屋中部沉降比房屋两端大时，则位于檐口部位的圈梁作用较大。圈梁与构造柱相配合还有助于提高砌体的抗震性能，同时，在验算壁柱间墙高厚比时圈梁可作为不动铰支座，以减小墙体的计算高度、提高墙体的稳定性。所以，应该根据地基情况、房屋的类型、层数，以及所受的振动荷载等情况决定圈梁的布置。具体规定如下。

(1) 车间、仓库、食堂等空旷的单层房屋应按下列规定设置圈梁。

① 砖砌体房屋，檐口标高为 5～8m 时，应在檐口设置圈梁一道；檐口标高大于 8m 时，宜适当增设。

② 砌块及料石砌体房屋，檐口标高为 4～5m 时，应在檐口标高处设置圈梁一道；檐口标高大于 5m 时，应增加设置数量。

③ 对有吊车或较大振动设备的单层工业房屋，除在檐口或窗顶标高处设置现浇钢筋混凝土圈梁外，尚宜在吊车梁标高处或其他适当位置增设。

(2) 住宅、宿舍、办公室楼等多层砌体民用房屋，当层数为 3 或 4 层时，应在底层和檐口标高处各设置一道圈梁；当层数超过 4 层时，除在底层和檐口标高处设置一道圈梁外，至少在所有纵横墙上隔层设置。

(3) 多层砌体工业房屋，应每层设置现浇钢筋混凝土圈梁。

(4) 设置墙梁的多层砌体房屋，应在每层的所有纵横墙上设置现浇混凝土圈梁。

(5) 采用现浇钢筋混凝土楼屋盖的多层砌体结构房屋，当层数超过 5 层时，除在檐口标高处设置一道圈梁外，可隔层设置圈梁，并与楼(屋)面板一起现浇。未设置圈梁的楼面板嵌入墙内的长度不宜小于 120mm，沿墙长设置的纵向钢筋不应小于 2ϕ10。

(6) 建造在软弱地基或不均匀地基上的砌体房屋，除按上述规定之外，圈梁的设置尚应符合国家现行《建筑抗震设计规范》(GB 50011—2010)的有关规定。

抗震设防的房屋圈案的设置应符合《建筑抗震设计规范》的要求，具体如下。

(1) 装配式钢筋混凝土楼(屋)盖或木楼盖、木屋盖的砖房横墙承重时按表 5-2 的要求设置圈梁。纵墙承重时每层均应设置圈梁，且抗震横墙上的圈梁间距应比表内规定适当加密。现浇或装配整体式钢筋混凝土楼(屋)盖与墙体有可靠连接时，可不设圈梁，但楼板沿墙体周边应加强配筋并应与相应的构造柱钢筋可靠连接。

表5-2 砖房现浇钢筋混凝土圈梁设置要求

墙类别	烈度		
	6、7	8	9
外墙和内纵墙	屋盖处及每层楼盖处	屋盖处及每层楼盖处	屋盖处及每层楼盖处
内横墙	屋盖处及每层楼盖处，屋盖处间距不应大于7m，楼盖处间距不应大于15m，构造柱对应部位	屋盖处及每层楼盖处，屋盖处沿所有横墙，且间距不应大于7m；楼盖处间距不应大于7m；构造柱对应部位	屋盖处及每层楼盖处，各屋所用横墙

当在表5-2要求的间距内没有横墙时，应利用梁或板缝中配筋代替圈梁。圈梁宜与预制板设在同一标高处或紧靠板底。圈梁应闭合，遇有洞口，圈梁应上下搭接。钢筋混凝土圈梁的截面高度不应小于120mm，配筋应符合表5-3的要求。

表5-3 砖房钢筋混凝土圈梁配筋要求

配筋	烈度		
	6、7	8	9
最小纵筋	4ϕ10	4ϕ12	4ϕ14
最大箍筋间距/mm	250	200	150

为了加强基础的整体性和刚性而增设的基础圈梁，其截面高度不应小于180mm，纵筋不应小于4ϕ12。

（2）多层砌块房屋均应按表5-4的要求来设置现浇钢筋混凝土圈梁，圈梁宽度不小于190mm，配筋不应小于4ϕ12，箍筋间距不应大于200mm。

表5-4 多层砌块房屋钢筋混凝土圈梁设置要求

墙类	烈度	
	6、7	8
外墙及内纵墙	屋盖处及每层楼盖处	屋盖处及每层楼盖处
内横墙	屋盖处及每层楼盖处，屋盖处沿所有横墙，楼盖处间距不应大于7m，构造柱对应部位	屋盖处及每层楼盖处，各层所有横墙

（3）蒸压灰砂砖、蒸压粉煤灰砖砌体结构房屋在6度8层、7度7层和8度5层时，应在所有楼(屋)盖处的纵横墙上设置钢筋混凝土圈梁，圈梁的截面尺寸不应小于240mm×180mm，圈梁纵筋不应小于4ϕ12，箍筋采用ϕ6@200。其他情况下圈梁的设置和构造要求应符合上述条款的规定。

5.3.2 圈梁构造要求

为了保证圈梁发挥应有的作用，圈梁必须满足以下构造要求。

（1）圈梁宜连续地设在同一水平面上，并形成封闭状。当圈梁被门窗洞口截断时，应在洞口上部增设相同截面的附加圈梁。附加圈梁和圈梁的搭接长度不应小于其垂直间距的 2 倍，且不得小于 1m，如图 5.17 所示。

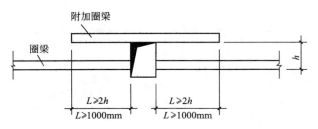

图 5.17 附加圈梁和圈梁的搭接示意

（2）纵横墙交接处的圈梁应有可靠的连接，如图 5.18 所示。刚弹性和弹性方案房屋，圈梁应与屋架、大梁等构件可靠连接。

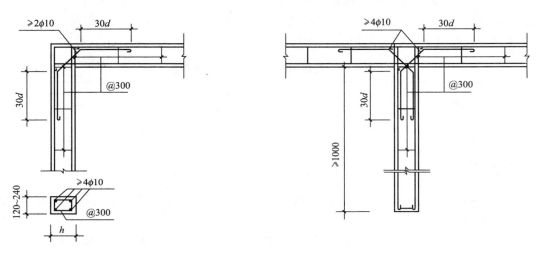

图 5.18 纵横墙交接处的圈梁的连接构造示意

（3）钢筋混凝土圈梁的宽度宜与墙厚相同，当墙厚 $h \geq 240$mm 时，其宽度不宜小于 $2h/3$，圈梁高度不应小于 120mm. 纵向钢筋不应少于 $4\phi10$，绑扎接头的搭接长度按受拉钢筋考虑，箍筋间距不应大于 300mm。

（4）圈梁兼作过梁时，在过梁部分的钢筋应按计算用量另行增配。

5.4 构 造 柱

5.4.1 构造柱的作用

钢筋混凝土构造柱是指先砌筑墙体，而后在墙体两端或纵横墙交接处现浇的钢筋混凝土柱。唐山大地震震害分析和近年来的试验表明：钢筋混凝土构造柱可以明显提高房屋的变形能力，增加建筑物的延性，提高建筑物的抗侧力能力，防止或延缓建筑物在地震影响下发生突然倒塌或减轻建筑物的损坏程度。因此应根据房屋的用途、结构部位的重要性、设防烈度等条件，将构造柱设置在震害较重、连接比较薄弱、易产生应力集中的部位。

5.4.2　构造柱的构造要求

1. 构造柱的设置部位

对于多层普通砖、多孔砖房应按下列要求设置钢筋混凝土构造柱。

（1）构造柱设置部位一般情况下应符合表5-5的要求。

表5-5　砖房构造柱设置要求

房屋层数				设置部位		
6度	7度	8度	9度			
四、五	三、四	二、三		外墙四周，错层部位横墙与外纵墙交接处，大房间内外墙交接处，较大洞口两侧	7、8度时，楼、电梯间的四角；隔15m或单元横墙与外纵墙交接处	
六、七	五	四	三		隔开间横墙（轴线）与外墙交接处，山墙与内纵墙交接处；7~9度时，楼、电梯间的四角	
八	六、七	五、六	三、四		内墙（轴线）与外墙交接处，内墙的局部较小墙垛处；7~9度时，楼、电梯间的四角；9度时内纵墙与横墙（轴线）交接处	

注：较大洞口指宽度大于2m的洞口。

（2）外廊式和单面走廊式的多层房屋，应根据房屋增加一层后的层数，按表5-5的要求设置构造柱；且单面走廊两侧的纵墙均应按外墙处理。在外纵墙尽端与中间一定间距内设置构造柱后，将内横墙的圈梁穿过单面走廊与外纵墙的构造柱连接，以增强外廊的纵墙与横墙连接，保证外廊纵墙在水平地震效应作用下的稳定性。

（3）教学楼、医院等横墙较少的房屋，应根据房屋增加一层后的层数，按表5-5的要求设置构造柱；当教学楼、医院的横墙较少的房屋为外廊式或单面走廊式时。应按表5-5中第2款要求设置构造柱，但6度不超过四层、7度不超过三层和8度不超过二层时，应按增加二层后的层数对待。

2. 构造柱的构造要求

（1）构造柱的作用主要是约束墙体，本身断面不必很大，一般情况下最小截面可采用240mm×180mm。目前在实际应用中，一般构造柱截面多取240mm×240mm。纵向钢筋宜采用4ϕ12，箍筋间距不宜大于250mm，且在柱的上下端宜适当加密；7度时超过六层、8度时超过五层和9度时，构造柱纵向钢筋宜采用4ϕ14，箍筋间距不应大于200mm；房屋四角的构造柱可适当加大截面及配筋。

（2）构造柱与墙连接处应砌成马牙槎，并应沿墙高每隔500mm设2ϕ6拉结钢筋，每边伸入墙内不宜小于1.0m，但当墙上门窗洞边到构造柱边（即墙马牙槎外齿边）的长度小于1.0m时，则伸至洞边上。

（3）构造柱与圈梁连接处，构造柱的纵筋应穿过圈梁，保证构造柱纵筋上下贯通。

（4）构造柱可不单独设置基础，但应伸入室外地面下500mm或与埋深小于500mm的基础圈梁相连。

5.5 挑 梁

在砌体结构房屋中，为了支承挑廊、阳台、雨篷等，常设有埋入砌体墙内的钢筋混凝土悬臂构件，即挑梁。当埋入墙内的长度较大且梁相对于砌体的刚度较小时，梁发生明显的挠曲变形，将这种挑梁称为弹性挑梁，如阳台挑梁、外廊挑梁等；当埋入墙内的长度较短，埋入墙内的梁相对于砌体刚度较大，挠曲变形很小，主要发生刚体转动变形，将这种挑梁称为刚性挑梁。嵌入砖墙内的悬臂雨篷梁属于刚性挑梁。

5.5.1 挑梁的受力特点与破坏形态

埋置于墙体中的挑梁是与砌体共同工作的。在墙体上的均布荷载 P 和挑梁端部集中力 F 的作用下经历了弹性、带裂缝工作和破坏等3个受力阶段。有限元分析及弹性地基梁理论分析都表明，在 F 作用下挑梁与墙体的上、下界面竖向正应力 σ_y 的分布如图5.19(a)所示。此应力应与 P 作用下产生的竖向正应力 σ_0 叠加。由于挑梁以上墙体的前部和挑梁以

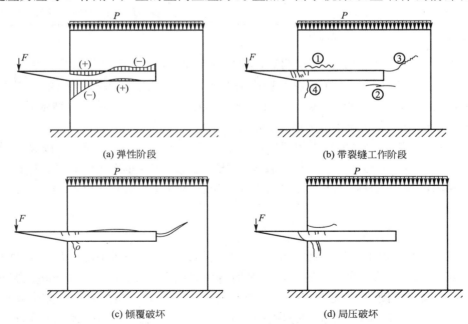

(a) 弹性阶段　　　　　　　　　　　(b) 带裂缝工作阶段

(c) 倾覆破坏　　　　　　　　　　　(d) 局压破坏

图5.19　挑梁的破坏形态

下墙体的后部竖向受拉，当加荷至 $0.2\sim0.3F_u$ 时（F_u 为挑梁破坏荷载），将在挑梁以上墙体出现水平裂缝，随后在挑梁以下墙体出现水平裂缝，如图 5.19(b)所示。挑梁带有水平裂缝工作到 $0.8F_u$ 时，在挑梁尾端的墙体中将出现阶梯形斜裂缝，其与竖向轴线的夹角 α 较大。水平裂缝不断向外延伸，挑梁下砌体受压面积逐渐减少、压应力不断增大，将可能出现局部受压裂缝。而混凝土挑梁在 F 作用下将在墙边稍靠里的部位出现竖向裂缝，在墙边靠外的部位出现斜裂缝。

挑梁可能发生下列 3 种破坏形态。

(1) 挑梁倾覆破坏，如图 5.19(c)所示。当挑梁埋入端的砌体强度较高且埋入段长 l_1 较短时，则可能在挑梁尾端处的砌体中产生阶梯形斜裂缝。如挑梁砌入端斜裂缝范围内的砌体及其他上部荷载不足以抵抗挑梁的倾覆力矩，此斜裂缝将继续发展，直至挑梁产生倾覆破坏。发生倾覆破坏时，挑梁绕其下表面与砌体外缘交点处稍向内移的一点 O 转动。

(2) 挑梁下砌体局部受压破坏，如图 5.19(d)所示。当挑梁埋入端的砌体强度较低且埋入段长度 l_1 较长时，在斜裂缝发展的同时，下界面的水平裂缝也在延伸，使挑梁下砌体受压区的长度减小、砌体压应力增大。若压应力超过砌体的局部抗压强度，则挑梁下的砌体将发生局部受压破坏。

(3) 挑梁弯曲破坏或剪切破坏。挑梁由于正截面受弯承载力或斜截面受剪承载力不足引起弯曲破坏或剪切破坏。

5.5.2 挑梁的承载力验算

对于挑梁，需要进行抗倾覆验算、挑梁下砌体的局部承压验算以及挑梁本身的承载力验算。

1. 抗倾覆验算

砌体墙中钢筋混凝土挑梁的抗倾覆应按下式验算：

$$M_{ov}\leqslant M_r \tag{5.5}$$

式中 M_{ov}——挑梁的荷载设计值对计算倾覆点产生的倾覆力矩；

M_r——挑梁的抗倾覆力矩设计值。

挑梁计算倾覆点至墙外边缘的距离可按下列规定采用。

(1) 当 $l_1\geqslant2.2\,h_b$ 时，

$$x_0=0.3h_b \tag{5.6}$$

且不大于 $0.13\,l_1$。

(2) 当 $l_1<2.2\,h_b$ 时，

$$x_0=0.13l_1 \tag{5.7}$$

式中 l_1——挑梁埋入砌体墙中的长度(mm)；

x_0——计算倾覆点至墙外边缘的距离(mm)；

h_b——挑梁的截面高度(mm)。

当挑梁下有构造柱时，计算倾覆点到墙外边缘的距离可取 $0.5x_0$。

挑梁的抗倾覆力矩设计值可按下式计算：

$$M_r = 0.8G_r(l_2 - x_0) \tag{5.8}$$

式中　G_r——挑梁的抗倾覆荷载,为挑梁尾端上部 45°扩散角的阴影范围(其水平长度为 l_3)内本层的砌体与楼面恒荷载标准值之和,如图 5.20 所示;

　　　l_2——G_r 的作用点至墙外边缘的距离。

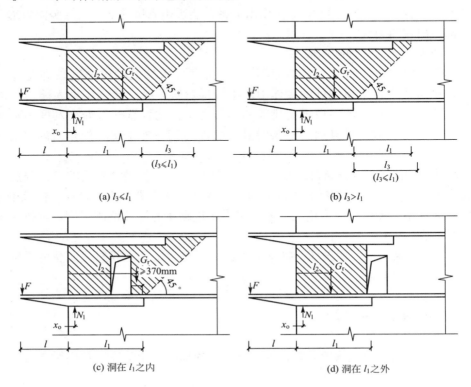

图 5.20　挑梁的抗倾覆荷载 G_r 的取值范围

在确定挑梁的抗倾覆荷载 G_r 时,应注意以下几点。

(1) 当墙体无洞口时,若 $l_3 > l_1$,则 G_r 中不应计入尾端部$(l_3 - l_1)$范围内的本层砌体和楼面恒载,如图 5.20(b)所示。

(2) 当墙体有洞口时,若洞口内边至挑梁层端的距离≥370mm,则 G_r 的取法与上述相同(应扣除洞口墙体自重),如图 5.20(c)所示;否则只能考虑墙外边至洞口外边范围内本层的砌体与楼面恒载,如图 5.20(d)所示。

2. 挑梁下砌体的局部受压承载力验算

挑梁下砌体的局部受压承载力,可按下式验算:

$$N_l \leqslant \eta \gamma f A_l \tag{5.9}$$

式中　N_l——挑梁下的支承压力,可取 $N_l = 2R$,R 为挑梁的倾覆荷载设计值;

　　　η——梁端底面压应力图形的完整系数,可取 0.7;

　　　γ——砌体局部抗压强度提高系数,对如图 5.21(a)所示可取 1.25,对图 5.21(b)可取 1.5;

　　　A_l——挑梁下砌体局部受压面积,可取 $A_l = 1.2bh_b$,b 为挑梁的截面宽度,h_b 为挑梁的截面高度。

3. 挑梁本身的承载力验算

挑梁的最大弯矩设计值 M_{max} 与最大剪力设计值 V_{max} 可按下列公式计算：

$$M_{max}=M_{ov} \tag{5.10}$$

$$V_{max}=V_0 \tag{5.11}$$

式中 V_0——挑梁的荷载设计值在挑梁墙外边缘处截面产生的剪力。

4. 挑梁的构造要求

挑梁的设计除应符合现行混凝土结构设计规范外，尚应满足下列要求。

（1）纵向受力钢筋至少应有 1/2 的钢筋面积伸入梁尾端，且不少于 $2\phi12$；其余钢筋伸入支座的长度不应小于 $2l_1/3$。

（2）挑梁埋入砌体长度 l_1 与挑出长度 l 之比宜大于 1.2；当挑梁上无砌体时，l_1 与 l 之比宜大于 2。

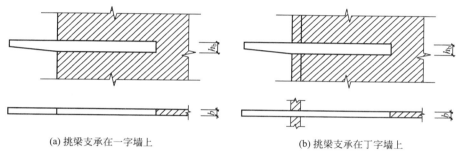

(a) 挑梁支承在一字墙上　　　　　　　　(b) 挑梁支承在丁字墙上

图 5.21　挑梁下砌体局部受压

5.5.3　雨篷设计

对于雨篷、悬挑楼梯等这类垂直于墙段挑出的构件，在挑出部分的荷载作用下，挑出边的墙面受压，另一边墙面受拉。随着荷载的增大，中和轴向受压一边移动。加荷至 $0.5\sim0.6F_u$ 时，在雨篷梁支座处砌体中出现水平裂缝，并沿水平方向平缓延伸，有时形成阶梯形斜裂缝上升或下降。加荷至 F_u 时，将发生突然性的倾覆破坏。当然，也可发生雨篷梁支座下砌体局部受压破坏、雨篷板的弯曲破坏或雨篷梁在弯矩、剪力、扭矩联合作用下的破坏。但倾覆破坏更易发生，且更加危险。

雨篷梁埋置于墙体内的长度 l_1 较小，一般 $l_1<2.2h_b$，属于刚性挑梁，在墙边的弯矩和剪力作用下，绕计算倾覆点 O 发生刚体转动。

雨篷梁等悬挑构件抗倾覆验算可按式(5.16)进行，其抗倾覆荷载 G_r 如图 5.22 所示，图中 G_r 距墙外边缘的距离为 $l_2=l_1/2$，$l_3=l_n/2$。

雨篷板的受弯承载力计算和雨篷梁的受弯、受扭、受剪承载力计算按钢筋混凝土构件有关设计规定进行，此处从略。

【**例 5.5**】　某钢筋混凝土挑梁承受的荷载如图 5.23 所示。其中集中荷载 $F=4.0kN$，均布恒荷载标准值 g_{1k}、g_{2k}、g_{3k} 分别为 $10.0kN/m$、$8.0kN/m$、$12.0kN/m$，均布活荷载

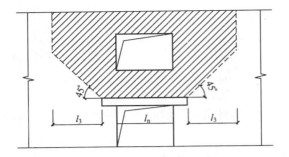
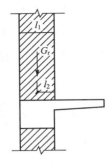

图 5.22　雨篷的抗倾覆荷载

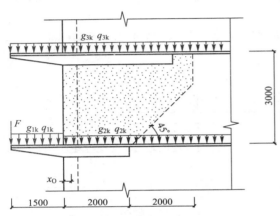

图 5.23　钢筋混凝土挑梁承受的荷载(单位：mm)

标准值 q_{1k}、q_{2k}、q_{3k} 分别为 6.0kN/m、5.0kN/m、5.0kN/m，挑梁自重标准值为 2.1kN/m。挑梁截面为 $b \times h_b = 240mm \times 350mm$，挑出长度 $l = 1.5m$，埋长 $l_1 = 2.0m$，房屋层高 3.00m，墙厚 240mm。挑梁置于 T 形墙体上。若该墙体采用 MU10 普通烧结砖、M5 混合砂浆砌筑，试设计此挑梁。

解： (1) 抗倾覆验算。

$l_1 = 2000mm > 2.2h_b = 2.2 \times 350 = 770(mm)$

故，$x_O = 0.3h_b = 105mm < 0.13l_1 = 260(mm)$

倾覆力矩如下所示。

组合一为

$M_{Ov} = 1.2 \times [4 \times (1.5+0.105) + (10+2.1) \times (1.5+0.105)^2/2] + 1.3 \times 6 \times (1.5+0.105)^2/2$
$= 1.2 \times 22.0 + 1.3 \times 7.73 = 36.45(kN)$

组合二为

$M_{Ov} = 1.35 \times [4 \times (1.5+0.105) + (10+2.1) \times (1.5+0.105)^2/2] +$
$1.3 \times 0.7 \times 6 \times (1.5+0.105)^2/2$
$= 1.35 \times 22.0 + 1.3 \times 0.7 \times 7.73 = 36.73(kN)$

抗倾覆力矩如下所示。

$M_r = 0.8G_r(l_2 - x_O)$

$= 0.8 \times \left[(8+2.1) \times \frac{(2.0+0.105)^2}{2} + 5.24 \times 2 \times 3 \times (1+0.105) + 5.24 \times 2 \right.$
$\left. \times (3-2) \times (1+2-0.105) + \frac{5.24 \times 2^2}{2} \times \left(\frac{2}{3}+2-0.105\right) \right]$

$= 82.77(kN \cdot m)$

$M_r > M_{Ov}$，故挑梁抗倾覆安全。

(2) 挑梁下砌体局部受压验算。

$N_1 = 2R = 2 \times \{1.2 \times [4 + (10+2.1) \times (1.5+0.105)] + 1.3 \times 6 \times (1.5+0.105)\}$

$$=2\times\{1.2\times23.42+1.3\times9.63\}=81.25(kN)$$

按恒载为主的组合计算的 N_l 小于上述值，故 N_l 取上述值。

取压应力图形完整系数 $\eta=0.7$，局部受压强度提高系数 $\gamma=1.5$，查表得砌体抗压强度设计值 $f=1.5N/mm^2$，局部受压面积 $A_l=1.2bh_b=1.2\times240\times350=100800(mm^2)$。从而

$$\eta\gamma fA_l=0.7\times1.5\times1.5\times100800=158760(N)=158.76kN\geqslant N_l$$

挑梁下砌体局部抗压强度满足要求。

（3）挑梁承载力计算。

挑梁最大弯矩 $M_{max}=M_{ov}=36.73kN\cdot m$；最大剪力 $V_{max}=V_0=1.2\times[4+(10+2.1)\times1.5]+1.3\times6\times1.5=38.28(kN)$（以恒载为主时的剪力小于此值）。

采用 C20 混凝土，HRB335 钢筋，算得纵筋面积 $A_s=421.5mm^2$，箍筋按构造配置。选用 $3\phi14$ 纵筋和 $\phi6@200$ 双肢箍筋。

本 章 小 结

本章主要讲述了以下几个方面的内容。

（1）过梁、墙梁和挑梁等是混合结构房屋中的常见构件，都是由钢筋混凝土或砌体结构的梁与其上墙体组合而成的混合结构，其特点是墙与梁共同工作。

（2）过梁上的荷载与过梁上的砌体高度有关，当超过一定高度时，由于拱的卸荷作用，上部的荷载可直接传到支座或洞口两侧的墙体上。过梁的跨度根据过梁类型的不同有较大的限制，跨度过大则应按墙梁设计。

（3）墙梁由托梁和其上墙体组成，由于墙体的拱推作用，其承载能力远高于按钢筋混凝土受弯构件单独计算的托梁。现行《规范》提出了简支墙梁、连续墙梁和框支墙梁的设计方法，并简化了简支墙梁的托梁计算和托梁的斜截面受剪承载力计算，较大地提高了托梁的可靠度。

（4）挑梁的抗倾覆验算关键在于确定倾覆点位置和抗倾覆力矩，在设计中应予以重视。

（5）本章的重点是要理解过梁、墙梁和挑梁的受力特点、破坏过程，了解过梁、墙梁和挑梁在受力过程中存在的差异，也了解其共性——墙与梁共同工作，并在此基础上掌握构件的设计方法。理解并掌握《规范》中规定的相关构件应用范围、荷载取值、设计计算公式及构造要求。

习 题

1. 已知过梁净跨 $l_n=3.3m$，过梁上墙体高度 1.0m，墙厚 240mm，承受梁、板

荷载 12kN/m(其中活荷载 5kN/m)。墙体采用 MU10 粘土砖、M7.5 混合砂浆,过梁混凝土强度等级 C20,纵筋为 HRB335 级钢筋,箍筋为 HPB300 级钢筋。试设计该混凝土过梁。

2. 某单跨五层商住楼的局部平、剖面如图 5.24 所示。托梁 $b_b×h_b=250mm×750mm$,混凝土强度等级为 C30,纵筋为 HRB400 级钢筋,箍筋为 HPB300 级钢筋。托梁支承与 370mm 厚墙体上,托梁上墙体厚 240mm,采用 MU10 混合砂浆,其余用 MU7.5 混合砂浆砌筑,试设计该墙梁。

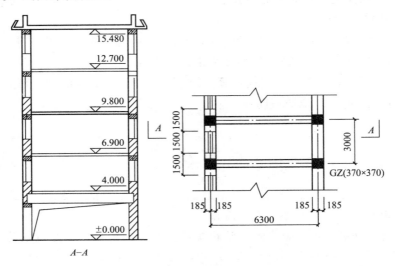

图 5.24 单跨五层窗住楼(单位:mm)

各层荷载标准值:

二层楼面	恒荷载 4.0kN/m²	活荷载 2.0kN/m²
三~五层楼面	恒荷载 3.5kN/m²	活荷载 2.0kN/m²
屋 面	恒荷载 4.5kN/m²	活荷载 0.5kN/m²

3. 一承托阳台的钢筋混凝土挑梁埋置于 T 形截面墙段,如图 5.25 所示,挑出长度 $l=1.8m$,埋入长度 $l_1=2.2m$;挑梁截面 $b=240mm$,$h_b=350mm$,挑出端截面高度为 150mm;挑梁墙体净高 2.8m,墙厚 $h=240mm$;采用 MU10 烧结多孔砖、M5 混合砂浆;荷载标准值:$F_k=6kN$,$g_{1k}=g_{2k}=17.75kN/m$,$q_{1k}=8.25kN/m$,$q_{2k}=4.95kN/m$。挑梁采用 C20 混凝土,纵筋为 HRB335 级钢筋,箍筋为 HPB300 级钢筋;挑梁自重:挑出段为 1.725kN/m,埋入段为 2.31kN/m。试设计此挑梁。

4. 入口处钢筋混凝土雨篷,尺寸如图 5.26 所示。雨篷板上均布恒荷载标准值 2.4kN/m²,均布活荷载标准值 0.8kN/m²,集中荷载标准值 1.0kN。雨篷的净跨度(门洞宽)为 2.0m,梁两端伸入墙内各 500mm。雨篷板采用 C20 混凝土、HPB300 级钢筋,试设计该雨篷。

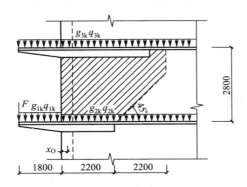

图 5.25 T形截面墙段(单位:mm)

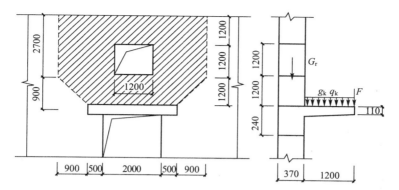

图 5.26 钢筋混凝土雨篷(单位：mm)

第6章

砌体结构的墙体设计

本章旨在让学生了解砌体结构的墙体设计中要注意的一些问题，包括墙、柱的一般构造要求，墙体的布置原则，影响墙体质量的因素，墙体开裂的影响因素及主要防止或减轻墙体开裂的措施。通过本章的学习，应达到以下目标：

(1) 掌握墙体布置原则及构造要求；

(2) 了解墙体质量的影响因素；

(3) 掌握防止或减轻墙体开裂的主要措施。

教学要求

知识要点	掌握程度	相关知识
墙体	掌握	布置原则、构造要求
防止或减轻墙体开裂的主要措施	掌握	裂缝产生原因

引例

目前，关于砌体结构房屋墙体出现开裂的报导常见诸于报端。就裂缝轻重程度而言，轻者影响其美观，重者则影响其安全使用，尤其是住户反映十分强烈。由于多数住户对房屋的结构情况不甚了解，房屋一旦出现裂缝，使住户产生不安全感或恐慌，有的裂缝还会造成屋面、墙面、地面渗漏，门窗变形，外墙抹面脱落等现象，给住户带来许多烦恼。

例如上海某小区的部分居民所居住的房屋女儿墙发生裂缝，造成建筑物墙皮脱落、墙面渗漏等一系列问题，这不仅严重影响建筑物外部美观，而且影响建筑使用功能。更有甚者，沈阳市一建筑物女儿墙外抹灰脱落，造成4名小学生伤亡。其原因也在于女儿墙开裂后，抹灰层与墙体之间产生空鼓，雨水进入里面，冬天结冰膨胀，经过几个冻融循环，最终墙皮脱落而导致悲剧发生。

因此，一旦发现房屋墙体出现开裂，都应高度重视、认真分析。首先应分析裂缝产生的原因，然后针对原因及时找出控制裂缝的解决措施，这样才能有效避免事故的发生。本章所要探讨的重点就是实际工程中砌体结构房屋墙体出现裂缝的原因及其主要防治措施。

6.1 墙、柱的一般构造要求

按极限状态设计除了满足承载能力极限状态设计之外，还应满足正常使用极限状态设计，即砌体结构在设计使用年限内，在正常维护下，必须满足正常使用极限状态的要求，一般可采用相应的构造措施来保证砌体结构的耐久性和整体性。

6.1.1 墙、柱的最小截面尺寸的要求

墙、柱的截面尺寸过小，会造成构件稳定性差和局部缺陷而影响构件的承载力。所以对于承重的独立砖柱截面尺寸不应小于240mm×370mm。毛石墙的厚度不宜小于350mm；毛料石柱较小边长不宜小于400mm。当作用有振动荷载时，墙、柱不宜采用毛石砌体。

6.1.2 墙、柱中设混凝土垫块和壁柱的构造要求

（1）跨度大于6 m的屋架和跨度大于下列数值的梁，应在支承处砌体上设置混凝土或按构造要求配置双层钢筋网的钢筋混凝土垫块。当墙中设有圈梁时，垫块与圈梁宜浇成整体。

① 对砖砌体为4.8m。

② 对砌块和料石砌体为4.2m。

③ 对毛石砌体为3.9m。

（2）当梁跨度大于或等于下列数值时，其支承处宜加设壁柱或采取其他加强措施。

① 对240mm厚的砖墙为6m。

② 对180mm厚的砖墙为4.8m。

③ 对砌块、料石墙为 4.8m。

(3) 支承在墙、柱上的吊车梁、屋架及跨度大于或等于下列数值的预制梁的端部应采用锚固件与墙、柱上的垫块锚固在一起,以增强它们的整体性。同时,在墙、柱上的支承长度不宜小于 180~240mm。

① 对砖砌体为 9m。

② 对砌块和料石砌体为 7.2m。

(4) 混凝土砌块墙体的下列部位,如果没有设置圈梁或混凝土垫块,应采用不低于 Cb20 的灌孔混凝土将孔洞灌实。

① 搁栅、檩条和钢筋混凝土楼板的支承面下,高度不应小于 200mm 的砌体。

② 屋架、梁等构件的支承面下,高度不应小于 600mm、长度不应小于 600mm 的砌体。

③ 挑梁支承面下,距墙中心线每边不应小于 300mm、高度不应小于 600mm 的砌体。

6.1.3 砌块砌体的构造要求

(1) 砌块砌体应分皮错缝搭砌;上下皮搭砌长度不得小于 90mm;当搭砌长度不满足这个要求时,应在水平灰缝内设置不少于 2φ4 的焊接钢筋网片(横向钢筋的间距不宜大于 200mm),网片每端均应超过该垂直缝,其长度不得小于 300mm。

(2) 砌块墙与后砌隔墙交接外,应沿墙高每 400mm 在水平灰缝内设置不少于 2φ4、横筋、间距不大于 200mm 的焊接钢筋网片,如图 6.1 所示。

(3) 混凝土砌块房屋宜将纵横墙交接处,距墙中心线每边不小于 300mm 范围内的孔洞,采用不低于 Cb20 灌孔混凝土灌实,灌实高度应为墙身全高。

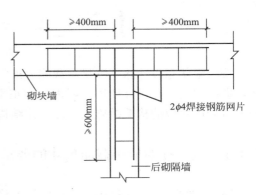

图 6.1　砌块墙与后砌隔墙交接处钢筋网片示意

6.1.4 砌体中留槽洞及埋设管道时的构造要求

如果砌体中由于某些需求,必须在砌体中留槽洞、埋设管道时,应该严格遵守下列规定。

(1) 不应在截面长边小于 500mm 的承重墙体、独立柱内埋设管线。

(2) 不宜在墙体中穿行暗线或预留、开凿沟槽,当无法避免时应采取必要的措施或按削弱后的截面验算墙体的承载力。

(3) 但受力较小或未灌孔的砌块砌体允许在墙体的竖向孔洞中设置管线。

6.1.5 夹心复合墙的构造要求

夹心复合墙是一种具有承重、保温和装饰等多种功能的墙体,一般在北方寒冷地区房屋的外墙使用。它由两片独立的墙体组合在一起，分为内叶墙和外叶墙，中间夹层为高效保温材料。内叶墙通常用于承重，外叶墙用于装饰等作用，内外叶墙之间采用金属拉结件拉结。墙体的材料、拉结件的布置和拉结件的防腐等必须保证墙体在不同受力情况下的安全性和耐久性。因此《砌体结构设计规范》（GB 50003—2011)规定必须符合以下构造要求。

（1）夹心墙应符合下列规定。

① 外叶墙的砖及混凝土砌块的强度等级不应低于 MU10。

② 夹心复合墙的夹层厚度不宜大于 120mm。

③ 夹心复合墙外叶墙的最大横向支承间距不宜大于 9m。

④ 夹心复合墙的有效厚度可取内、外叶墙厚度的平方和开方($h_1=\sqrt{h_1^2+h_2^2}$)。

⑤ 夹心复合墙的有效面积应取承重或主叶墙的面积。

（2）夹心墙内外叶墙的连接应符合下列规定。

① 叶墙应用经防腐处理的拉结件或钢筋网片连接。

② 当采用环形拉结件时，钢筋直径不应小于 4mm；当为 Z 形拉结件时，钢筋直径不应小于 6mm。拉结件应沿竖向梅花形布置，拉结件的水平和竖向最大间距分别不宜大于 800mm 和 600mm；对有振动或有抗震设防要求时，其水平和竖向最大间距分别不宜大于 800mm 和 400mm。

③ 当采用钢筋网片作为拉结件时，网片横向钢筋的直径不应小于 4mm，其间距不应大于 400mm；网片的竖向间距不宜大于 600mm，对有振动或有抗震设防要求时，不宜大于 400mm。

④ 拉结件在内外叶墙上的搁置长度不应小于叶墙厚度的 2/3，且不应小于 60mm。

⑤ 门窗洞口周边 300mm 范围内应附加间距不大于 600mm 的拉结件。

⑥ 对安全等级为一级或设计使用年限大于 50 年的房屋，当采用夹心墙时，夹心墙的内外叶墙间宜采用不锈钢拉结件。

6.1.6 墙、柱稳定性的一般构造要求

（1）预制钢筋混凝土板在墙上的支承长度不宜小于 100mm，这是考虑墙体施工时可能的偏斜、板在制作和安装时的误差等因素对墙体承载力和稳定性的不利影响而确定的。此时，板与墙一般不需要特殊的锚固措施，而能保证房屋的稳定性。如果板搁置在钢筋混凝土圈梁上，则不宜小于 80mm；当利用板端伸出钢筋拉结和混凝土灌缝时，其支承长度可为 40mm，但板端缝宽不宜小于 80mm，灌缝混凝土等级不低于 C20。

（2）纵横墙的交接处应同时砌筑，而且必须错缝搭砌，以保证墙体的整体性，严禁无可靠拉结措施的内外墙分砌施工。对不能同时砌筑而又必须留置的临时间断处，应砌成斜槎，斜槎长度不应小于其高度的 2/3；对留斜槎有困难者，可做成直槎，但应加设拉结筋。拉结筋的数量为每半砖厚，不应小于 1 根直径 $d \geqslant 4mm$ 的钢筋（但每道墙不得少于 2 根），其间距沿墙高不宜超过 500mm，其埋入长度从墙的留槎处算起，每边均不小于 500mm，且其末端应做弯构。

（3）填充墙、隔墙应采取措施与周边构件进行可靠连接。例如在框架结构中的填充墙可在框架柱上预留拉结钢筋，沿高度方向每隔 500mm 预埋两根直径 6mm 的钢筋。锚入钢

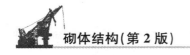

筋混凝土柱内 200mm 深、外伸 500mm（抗震设防时外伸 1000mm），砌砖时将拉结筋嵌入墙体的水平灰缝内。

（4）山墙处的壁柱宜砌至山墙顶部，屋面构件与山墙要有可靠拉结。

6.1.7 多层砌体房屋抗震的一般构造要求

为了加强房屋的整体性、提高结构的延性和抗震性能，除进行抗震验算以保证结构具有足够的承载能力外，《建筑抗震设计规范》和《砌体结构设计规范》还规定了墙体的一系列构造要求。这里只介绍有关多层砖房的混凝土构造柱的设置规定和多层砖房墙体间、楼（层）盖与墙体间的连接，至于圈梁和构造柱的作用和构造要求，在 5.3 节和 5.4 节已做过介绍。对其他砌块房屋的要求可参阅有关规范。

多层砖房墙体间、楼（屋）盖与墙体的连接应符合下列要求。

（1）浇钢筋混凝土楼板或屋面板伸入纵、横墙内的长度均不应小于 120mm。装配式钢筋混凝土楼板或屋面板，当圈梁未设在板的同一标高时，板端伸入外墙的长度不应小于 120mm，伸入内墙的长度不应小于 100mm，在梁上不应小于 80mm。

（2）板的跨度大于 4.8m 并与外墙平行时，靠外墙的预制板侧边应与墙或圈梁拉结。

（3）房屋端部大房间的楼盖、8 度时房屋的屋盖和 9 度时房屋的楼屋盖，当圈梁设在板底时，钢筋混凝土预制板应相互拉结，并应与梁、墙或圈梁拉结。

（4）7 度时长度大于 7.2m 的大房间以及 8 度和 9 度时，房层的外墙转角及内外墙交接外，应沿墙高每隔 500mm 配置 $2\phi6$ 拉结钢筋，且每边伸入墙内不宜小于 1m。

（5）后砌的自承重砌体隔墙应沿墙高每 500mm 配置 $2\phi6$ 钢筋与承重墙或柱拉结，每边伸入墙内长度不应小于 500mm；8 度和 9 度时，长度大于 5m 的后砌隔墙的墙顶，尚应与楼板或梁拉结。

6.2 墙体的质量及裂缝分析

墙体质量的好坏主要是看它是否达到施工验收规范的要求、是否满足使用功能的要求以及设计的要求。而影响墙体质量的因素多而复杂，从大体上讲有施工方面因素、设计方面因素、使用方面因素。每个方面又有许多具体的影响因素，从而造成墙体出现许多形状的裂缝。下面谈谈影响墙体质量的因素，着重讨论形成裂缝的原因及预防措施。

6.2.1 墙体质量

1. 墙体施工因素的影响

众所周知，砖砌体是砖块和砂浆粘结成的组合体，砖与砂浆的接触面是不平整的，砖块处于受压、受弯、受剪、受拉的复杂应力状态下。砖砌体的受压破坏实质上是砖块折断后的竖向裂缝与竖向灰缝相连形成半砖小柱，而后在压力作用下产生失稳破坏。因此，砖砌体的施工质量问题涉及以下几个方面。

1）砂浆灰缝的饱满程度

理论上，砖砌体的全部灰缝都应铺满砂浆，砂浆层愈不饱满、不均匀，砖块在受压砌体中的受力状态愈不利。实际上，不容易100%做到全部灰缝铺满砂浆，施工验收规范要求水平灰缝的砂浆饱满程度不得低于80%；砖柱和宽度小于1m窗间墙的竖向灰缝砂浆饱满程度不得低于60%。

同时，水平砂浆层也不宜过厚、过薄。过厚，在砌体受压时会增加砂浆层的横向变形，使砖块所受的拉力增加；过薄，使砖块受力状态不利。实际上，水平灰缝的厚度和竖向灰缝的宽度均不应小于8mm、不应大于12mm，以10mm为合适。

2）错缝

错缝是关系到砖砌体整体性的重要问题。一般规定上下两皮砖的搭接长度小于25mm的错缝为通缝，上下4皮砖连续通缝为不合格。连续通缝的皮数愈多，在砖砌体受压时愈容易形成纵向通缝和半砖小柱，对砖砌体的强度和整体性的影响就愈大。属于这方面质量问题的还有两点要特别注意：①不得采用先砌四周后填心的包心砌法，因为这是连续通缝中最严重的情况；②所有丁砌层均用整砖砌筑，因为若用半截砖拼砌实际上就形成大面积的通缝情况。

3）接槎

保证墙体转角外和纵横交接处砌体的接槎质量也是确保墙体整体性的重要措施。由于施工时一层墙体的砌筑工作面不可能全面铺开，总存在着怎样留槎的问题。为施工方便多愿意留直槎，但直槎的砖不易砌得平直，灰缝处不易塞满砂浆；又由于接槎时槎口部分往往不再浇水润湿，使得砂浆和砖的粘结很不密实，从而影响了砌体的整体性，故应避免留直槎。砌体的转角处和交接处应同时砌筑；对不能同时砌筑又必须留置的临时间断处，应砌成斜槎，斜槎的长度不应小于高度的2/3。如留斜槎确有困难时，也可做成直槎，但应加设拉结钢筋，而墙转角处不得留直槎。

4）砖砌体酥松脱皮

在北方寒冷地区，许多砌体房屋使用若干年后，发生砖块酥松脱皮现象，使砖表面坑洼不平、砌体内部结构松软，它不但影响建筑物的外形美观，也降低了砖砌体的强度和砖构体的承载力。

2. 砌块、砖、砂浆本身强度的影响

块体和砂浆本身的强度是影响墙体强度的主要因素之一，材料强度越高，砌体的抗压强度越高。实验证明，提高砖的强度等级比提高砂浆的强度等级对增大砌体抗压强度的效果要好。因为砂浆强度等级提高后，水泥用量增多，所以在砖的强度等级一定时，过高地提高砂浆强度等级并不适宜。同时，砂浆具有明显的弹塑性性质，在砌体内采用变形率大的砂浆，单块砖内受到的弯、剪应力和横向拉应力增大，对砌体抗压强度产生不利影响。和易性好的砂浆，可以减小在砖内产生的复杂应力，使砌体强度提高。

3. 设计因素的影响

影响砖体承载力的因素，一方面是前述砖、砂浆和砌体的质量问题，它们多数与施工因素有关，另一方面也可能和设计人员赋予墙、柱等构体的结构做法及截面尺寸有关。而影响给予砖砌体作用力的因素，则是作用于房屋的各种荷载和房屋的墙柱布置。它们往往表现为设计人的意图，但有时也会和施工人员自作主张地变更设计意图有关。所以要保证

墙体的设计质量，设计人员应在以下几个方面把好关。

（1）设计人员充分考查、研究当地的块材的性能及节能要求来选择合适材料。

（2）选择合理的结构方案，确定符合实际的计算方法。

（3）采用合理的构造设计。

（4）注明砌体施工的具体要求。

6.2.2 墙体出现裂缝的原因及主要防治措施

1. 砌体结构裂缝的特征及产生原因

1）因地基不均匀沉降而产生的裂缝

支承整栋房屋的下部地基会发生压缩变形，当地基土质不均匀或作于地基上的上部荷载不均匀时，就会引起地基的不均匀沉降，使墙体发生外加变形而产生附加应力。当这些附加应力超过砌体的抗拉强度时，墙体就会出现裂缝。

（1）正八字形裂缝：当房屋中间部分沉降过大、两边沉降过小时，在砌体结构的顶层墙体上和底下几层墙体上比较容易发生一些斜向裂缝，通常位于窗的上下对角线上，成45°斜向发展，左右对称而形成正八字形裂缝，如图 6.2(a)所示。

（2）倒八字形裂缝：不均匀沉降发生后，沉降大的部分砌体与沉降小的部分砌体产生相对位移，从而在砌体中产生附加的拉力和剪力。当这种附加内力超过砌体强度时，砌体中便产生裂缝。裂缝大致与主拉应力方向垂直，裂缝一般朝凹陷处（沉陷大的部位）。当房屋的一端或两端沉降过大，就出现倒八字裂缝，如图 6.2(b)所示。

（3）斜向裂缝：当房屋高差较大时，荷载严重不均匀，则产生不均匀沉降，在墙上产生斜向裂缝，裂缝指向房屋较高处，如图 6.2(c)所示。

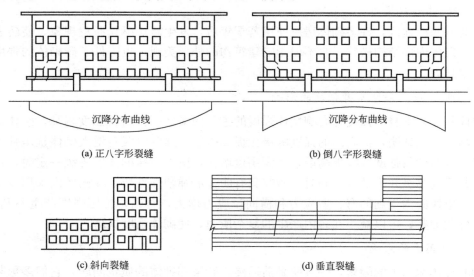

（a）正八字形裂缝　　　　　　　　　　　（b）倒八字裂缝

（c）斜向裂缝　　　　　　　　　　　（d）垂直裂缝

图 6.2　地基不均匀沉降裂缝示意

（4）垂直裂缝：当房屋底层门窗洞口较大、基础埋深较浅时，若发生地基不均匀沉降，则在房屋底层窗台下墙体中产生垂直裂缝，如图 6.2(d)所示。

2）因外界温度变化和砌体干缩变形而产生的裂缝

砌体结构的屋盖一般是采用钢筋混凝土材料，墙体采用砖或砌块。这两者的温度线膨胀系数相差比较大，钢筋混凝土的温度线膨胀系数为 $1.0 \times 10^{-5} ℃^{-1}$，砖墙的温度线膨胀系数为 $0.5 \times 10^{-5} ℃^{-1}$。所以在相同温差下，混凝土构件的变形要比砖墙的变形大一倍以上。两者的变形不协调就会引起因约束变形而产生的附加应力。当这种附加应力大于砌体的抗拉、弯、剪应力时就会在墙体中产生裂缝。

（1）正八字形裂缝：当外界温度升高时，钢筋混凝土楼（屋）盖的膨胀大于砌体结构墙体的膨胀，墙体由于阻止钢筋混凝土楼（屋）盖膨胀，从而导致在墙体内产生向外的拉力，当拉力超过墙体的抗拉强度时就出现了正八字裂缝，如图 6.3(a)所示。

（2）倒八字形裂缝：当外界温度降低时，钢筋混凝土楼（屋）盖的收缩大于砌体结构墙体的收缩，墙体阻止钢筋混凝土楼（屋）盖收缩，从而在墙体内产生向内的拉力，当拉力超过墙体的抗拉强度就出现了倒八字裂缝，如图 6.3(b)所示。

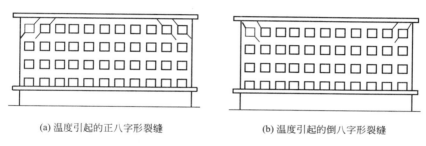

(a) 温度引起的正八字形裂缝   (b) 温度引起的倒八字形裂缝

图 6.3 温度引起的正八字形裂缝和倒八字形裂缝示意

（3）垂直裂缝：房屋在正常使用条件下，当墙体很长时，由于温差和砌体干缩，会在墙体中间出现垂直贯通裂缝，而且可能使楼（屋）盖裂通，如图 6.4(a)所示。同时在房屋楼盖有错层的交界处，圈梁没有交圈的端部，外露现浇雨篷梁的端部会出现局部的垂直裂缝，如图 6.4(b)所示。

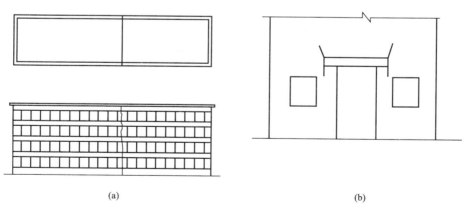

(a)   (b)

图 6.4 温度引起的垂直裂缝示意

（4）水平裂缝：不少房屋的女儿墙建成后不久即发生侧向变形，现象是在女儿墙根部和平屋顶交接处砌体外凸或女儿墙外倾，造成女儿墙墙体开裂。这种开裂缝有的在墙角，有的在墙顶，有的沿房屋四周形成圈状，如图 6.5(a)、(b)所示。其规律大体是短边比长边严重，房屋愈长愈严重。产生这种现象的主要原因是气温升高后，混凝土屋顶板和水泥砂浆面层沿长度方向的伸长比砖墙体大，砖墙阻止这种伸长，因此混凝土对砖墙砌体产生外推力的缘故。温度愈高、房屋长度愈长、面层愈密实愈厚，这种外推力就愈大，裂缝就愈严重。无女儿墙的房屋有时外墙上还会出现端角部的包角缝和沿纵向的水平缝。裂缝位置在屋顶底部附近或顶层圈梁底部附近，裂缝深度有时贯通墙厚。图 6.6 表示这种裂缝的情况和产生的原因。在比较空旷高大房屋的顶层外墙上，常在门窗口上下水平处出现一些通长水平裂缝，有壁柱的墙体常连壁柱一起裂通。其原因也是温度变化后屋面板的纵向变形比墙体大，外墙在屋面板支承处产生水平推力的缘故，如图 6.7 所示。

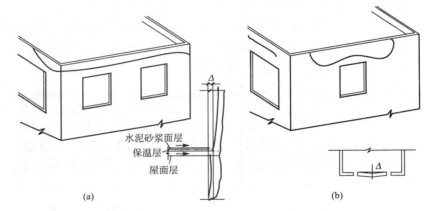

图 6.5　因温差引起的女儿墙水平裂缝示意

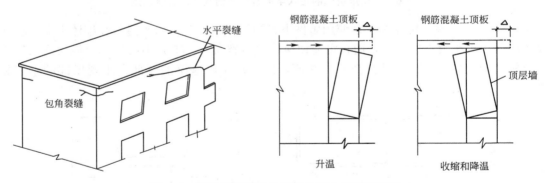

图 6.6　因温差引起的外墙包角和水平裂缝示意

图 6.7　因温差引起的外墙水平裂缝示意

（5）树杈形裂缝：在砌体结构房屋的四周外墙和某些内墙上有时会出现许多杂乱无章的树杈形裂缝，这主要是由温差和水泥砂浆干缩所引起的。例如：外墙采用涂料的建筑物，当它的涂料基层处理不当时，在阳光的长时间照射下就会出现大量的网状或树杈形裂缝。

3）因地基土的冻胀而产生的裂缝

地基土上层温度降到 0℃ 以下时，冻胀性土中的上部水开始冻结，下部水由于毛细管作用不断上升在冻结层中形成水晶，体积膨胀，向上隆起可达几毫米至几十毫米，其折算冻胀力可达 2×10^6 MPa，而且往往是不均匀的。建筑物的自重往往难以抗拒，因而建筑物的某一局部就被顶了起来，引起房屋开裂。

（1）正八字形斜裂缝：当房屋两端冻胀较多、中间较少时，在房屋两端门窗口角部产生正八字形斜裂缝，如图 6.8（a）所示。

（2）倒八字形斜裂缝：当房屋两端冻胀较少、中间较多时，在房屋两端门窗口角部产生倒八字形斜裂缝，如图 6.8（b）所示。

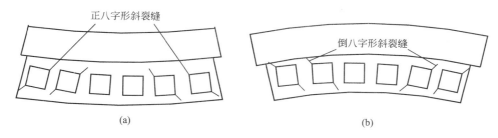

图 6.8 因地基冻胀引起的墙体裂缝示意

4）因地震作用而产生的裂缝

与钢结构和钢筋混凝土结构相比，砌体结构的抗震性是较差的。地震烈度为 6 度时，对砌体结构就有破坏性，对设计不合理或施工质量差的房屋就会引起裂缝。当遇到 7～8 度地震时，砌体结构的墙体大多会产生不同程度的裂缝，标准低的一些砌体房屋还会发生倒塌事故。

（1）"X" 形裂缝：地震引起的墙体裂缝大多呈 "X" 形，如图 6.9 所示。这是由于墙体受到反复作用的剪力所引起的。

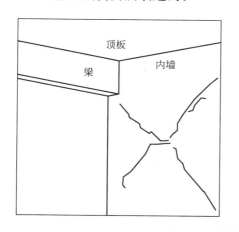
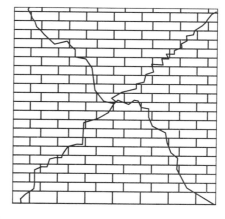

图 6.9 地震引起 "X" 形裂缝示意

(2)水平裂缝：水平地震作用会在墙体上产生沿墙长度方向的水平裂缝，产生的原因有如下几种。

① 因墙体与楼盖的动力性能不同使彼此在水平地震作用下发生错动，以致墙体在砌体截面变化处被剪断，如图6.10所示。

② 因墙体发生局部弯折而产生，常出现在空旷房屋的外纵墙或山墙上，如图6.10所示。

图6.10　地震引起水平裂缝示意

(3)垂直裂缝：由于水平地震作用使墙体发生横向水平位移，会在纵墙或纵横墙交接处产生垂直裂缝，按砌体质量不同大体上分为以下几种情况。

① 当纵墙横墙分别施工，留有"马牙槎"时，垂直裂缝常表现为锯齿形，如图6.11(a)所示。

② 当砖块强度很低或者砌筑中纵墙留有槎时，垂直裂缝表现为直线形，如图6.11(b)所示。

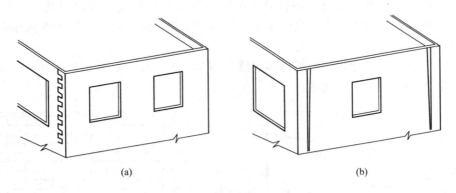

(a)　　　　　　　　　　　　　　　(b)

图6.11　地震引起垂直裂缝示意

③ 当水平地震作用很大而砌筑质量又不佳时，有些纵墙上的垂直裂缝会发展为使纵墙向外倾倒。

5) 荷载作用而产生的裂缝

(1)垂直裂缝。因墙体不同部位的压缩变形差异过大而在压缩变形小的部分出现垂直裂缝，如底层窗下墙上的垂直裂缝，如图6.12(a)所示。

因墙体中心压力过大，在墙体出现垂直裂缝，裂缝平行于压力方向，先在砖长条面中部断裂，沿竖向砂浆缝上下贯通，贯通裂缝之间还可能出现新的裂缝，如图 6.12(b)所示。

因墙体受到与砖顶面平行的拉力，而在墙体中出现垂直裂缝，裂缝垂直于拉力方向，沿竖向砂浆缝和水平砂浆缝形成齿缝或由于砖受拉后断裂，沿断裂面和竖向砂浆缝连成通缝，成为垂直裂缝，如图 6.12(c)所示。

当墙体较小偏心受压时，在近压力的一侧会发生平行于压力方向的垂直裂缝，它沿砖长条面中部断裂并沿竖向砂浆缝上下贯通，如图 6.12(d)所示。

当墙体在局部压力作用下，也会在一定范围内出现垂直裂缝。如果局部面积较大，在局部受压界面附近的局压面积以内形成平行于压力方向的密集竖向裂缝，受压砖块断裂，甚至压酥，如图 6.12(e)所示；如果局压面积较小，在局部受压界面附近的局压面积以内形成大体平行于压力方向的纵向劈裂裂缝，如图 6.12(f)所示。

在水平灰缝中配有网状钢筋的配筋砌体在压力的作用下，会把网状钢筋片之间的砌体压酥，出现大量密集、短小、平行于压力作用方向的裂缝，如图 6.12(g)所示。

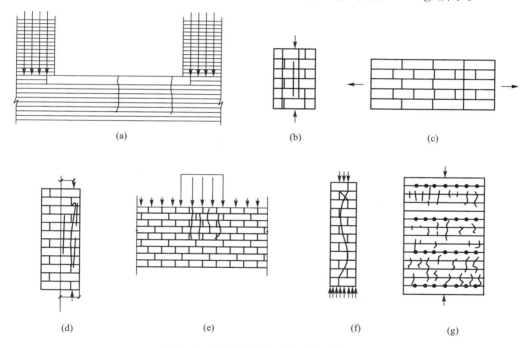

(a)　　　　　　　　　　　(b)　　　　　　　　　　　(c)

(d)　　　　　　(e)　　　　　　(f)　　　　　　(g)

图 6.12　荷载的影响形成垂直裂缝示意

（2）水平裂缝。墙体或砖柱高厚比过大，在荷载的压力下丧失稳定，在墙体中部突然形成水平裂缝，严重时可使墙面倒塌，如图 6.13(a)所示。

当墙体中心受拉(拉力与砖顶面垂直)时，则会产生水平裂缝，裂缝垂直于拉力方向，即在水平砂浆缝与砖的界面上形成通缝，如图 6.13(b)所示。

当墙体受到较大的偏心受压力时，则可能在远离压力一侧出现垂直于压力方向的水平裂缝，即在水平砂浆缝与砖界面上形成通缝，如图 6.13(c)所示。

当墙体受到水平推力时，可能沿水平砂浆缝面形成较长的水平裂缝，这是由于水平推力所产生的剪力超过砂浆的抗剪强度所引起来的。

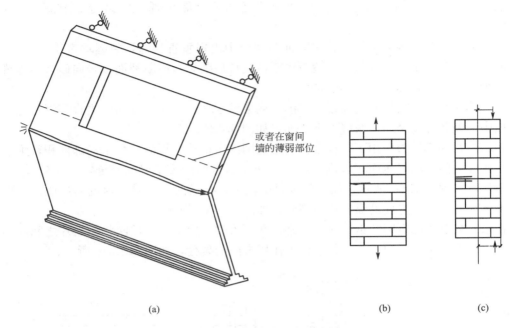

(a)　　　　　　　　　　　　　(b)　　　　　(c)

图 6.13　荷载的影响形成水平裂缝示意

2．砌体结构裂缝的主要防治措施

砌体结构出现裂缝是非常普遍的质量事故之一。砌体轻微细小裂缝影响外观和使用功能，严重的裂缝影响砌体的承载力甚至引起倒塌。在很多情况下裂缝的发生与发展往往是大事故的先兆，对此必须认真分析、妥善处理。如前所述，引起砌体结构出现裂缝的因素非常复杂，往往难以进行定量计算，所以应针对具体情况加以分析，采取适当的措施予以解决。防止裂缝出现的方法主要有两种：①在砌体产生裂缝可能性最大的部位设缝，使此处应力得以释放；②加强该处的强度、刚度以抵抗附加应力。下面根据不同的影响因素，来谈谈所要采取的预防措施。

1）地基不均匀沉降引起的裂缝防止措施

（1）合理设置沉降缝：在房屋体型复杂，特别是高度相差较大时或地基承载相差过大时，则宜用沉降缝将房屋划分为几个刚度较好的单元。沉降缝应从基础开始分开，房屋层数在 2～3 层时，沉降缝宽度为 50～80mm；房屋层数在 4～5 层时，沉降缝宽度为 80～120mm；房屋层数在 5 层以上时，沉降缝宽度不小于 120mm。施工中应保持缝内清洁，应防止碎砖、砂浆等杂物落入缝内。

（2）加强房屋上部的刚度和整体性，合理布置承重墙间距：对于 3 层和 3 层以上的房屋，长高比 L/H 宜小于或等于 2.5；提高墙体的抗剪能力，减少建筑物端部的门、窗洞口，增大端部洞口到墙端的墙体宽度。墙体内加强钢筋混凝土圈梁布置，特别要增大基础圈梁的刚度。

（3）在软土地区或土质变化较复杂的地区利用天然地基建造房屋时，房屋体型力求简单，不宜采用整体刚度较差、对地基不均匀沉降较敏感的内框架房屋。首层窗台下配置适量的通长水平钢筋（一般为 3 道焊接钢筋网片或 2φ6 钢筋，并伸入两边窗间墙不小于

600mm)或采用钢筋混凝土窗台板,窗台板嵌入窗间墙不小于600mm。

(4)不宜将建筑物设置在不同刚度的地基上,如同一区段建筑,一部分用天然地基,一部分用桩基等。必须采用不同地基时,要妥善处理,并进行必要的计算分析。

(5)合理安排施工顺序,先建造层数多、荷载大的单元,后施工层数少、荷载小的单元。

2)温度差和砌体干缩引起裂缝的防止措施

(1)为了防止或减轻房屋在正常使用条件下由温度和砌体干缩引起的墙体竖向裂缝,应在墙体中设置伸缩缝。伸缩缝应设在因温度和收缩变形可能引起应力集中、砌体产生裂缝可能性最大的地方。伸缩缝的间距见表6-1。

表6-1 砌体房屋伸缩缝的最大间距　　　　　　　　　　　单位:m

屋盖或楼盖类别		间距
整体式或装配整体式钢筋混凝土结构	有保温层或隔热层的屋盖、楼盖	50
	无保温层或隔热层的屋盖	40
装配式无檩体系钢筋混凝土结构	有保温层或隔热层的屋盖、楼盖	60
	无保温层或隔热层的屋盖	50
装配式有檩体系钢筋混凝土结构	有保温层或隔热层的屋盖	75
	无保温层或隔热层的屋盖	60
瓦材屋盖、木屋盖或楼盖、轻钢屋盖		100

注:(1)对烧结普通砖、多孔砖、配筋砌块砌体房屋取表中数值,对石砌体、蒸压灰砂砖、蒸压粉煤灰砖和混凝土砌块房屋取表中数值乘以0.8的系数,当有实践经验并采取有效措施时,可不遵守本表规定;

(2)在钢筋混凝土屋面上挂瓦的屋盖应按钢筋混凝土屋盖采用;

(3)层高大于5m的烧结普通砖、多孔砖、配筋砌块砌体结构单层房屋,其伸缩缝间距可按表中数值乘以1.3;

(4)温差较大且变化频繁地区和严寒地区不采暖的房屋及构筑物墙体的伸缩缝的最大间距,应按表中数值予以适当减小;

(5)墙体的伸缩缝应与结构的其他变形缝相重合,在进行立面处理时,必须保证缝隙的伸缩作用。

(2)屋面应设置保温、隔热层。

(3)屋面保温(隔热)层或屋面刚性面层及砂浆找平层应设置分隔缝,分隔缝间距不宜大于6m,并与女儿墙隔开,其缝宽不小于30mm。

(4)采用装配式有檩体系钢筋混凝土屋盖和瓦材屋盖。

(5)在钢筋混凝土屋面板与墙体圈梁的接触面处设置水平滑动层,滑动层可采用两层油毡夹滑石粉或橡胶片等;对于长纵墙,可只在其两端的2~3个开间内设置,对于横墙可只在其两端各$L/4$范围内设置(L为横墙长度)。

(6)顶层屋面板下设置现浇钢筋混凝土圈梁,并沿内外墙拉通,房屋两端圈梁下的墙体内宜适当设置水平钢筋。

(7)顶层挑梁末端下墙体灰缝内设置3道焊接钢筋网片(纵向钢筋不宜少于2φ4,横筋

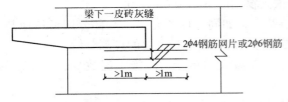

图 6.14 顶层挑梁末端钢筋网片或钢筋示意

间距不宜大于 200mm)或 2φ6 钢筋，钢筋网片或钢筋应自挑梁末端伸入两边墙体不小于 1m，如图 6.14 所示。

（8）顶层墙体有门窗等洞口时，在过梁上的水平灰缝内设置 2～3 道焊接钢筋网片或 2φ6 钢筋，并应伸入过梁两端墙内不小于 600mm。

（9）顶层及女儿墙砂浆强度等级不低于 M7.5(Mb7.5、Ms7.5)。

（10）女儿墙应设置构造柱，构造柱间距不宜大于 4m，构造柱应伸至女儿墙顶并与现浇钢筋混凝土压顶整浇在一起。

（11）房屋顶层端部墙体内适当增设构造柱。

（12）屋面保温层施工时，从屋面结构施工完到做完保温层之间有一段时间间隔，这期间如遇高温季节则易因温度变化急剧而开裂，所以屋面施工最好避开高温季节。

（13）遇有长的现浇屋面混凝土挑檐、圈梁时，可分段施工，预留伸缩缝，以避免混凝土伸缩对墙体的不良影响。

3）地基冻胀引起裂缝的防止措施

（1）一定要将基础的埋置深度到冰冻线以下，不要因为是中小型建筑或附属结构而把基础置于冰冻线以上。有时设计人员对室内隔墙基础因有采暖而未置于冰冻线以下，从而引起事故。

（2）在某些情况下，当基础不能做到冰冻线以下时，应采取换成非冻胀土等措施消除土的冻胀。

（3）用单独基础。采用基础梁承担墙体重量，其两端支于单独基础上，基础梁下面应留有一定孔隙，防止土的冻胀顶裂基础梁和砖墙。

4）地震作用引起裂缝的防治措施

（1）按"大震不倒，中震可修，小震不坏"的抗震设计原则对房屋进行抗震设计计算并符合《建筑抗震设计规范》。

（2）按结构抗震设计规范要求设置圈梁，并应注意圈梁应闭合，遇有洞口时要满足搭接要求。圈梁的截面高度不应小于 120mm，对 6、7 度地震区纵筋至少 4φ10，8 度地震区则至少 4φ12，9 度地震区为 4φ12；箍筋间距不宜过大，对 6、7 度，8 度和 9 度地震烈度分别不宜大于 250mm，200mm 和 150mm。遇到地基不良、空旷房屋等还应适当加强。

（3）设置构造柱，增加房屋整体性。其截面不应小于 240mm×180mm，纵向钢筋宜采用 4φ12，箍筋间距不宜大于 250mm，且在柱上下端宜适当加密；7 度时超过六层、8 度时越过五层和 9 度地震时，构造柱纵向钢筋宜采用 4φ14，箍筋间距不应大于 200mm，房屋四角的构造柱可适当加大截面及配筋。

5）承载力不足产生的裂缝防止措施

当出现由于砌体强度不足而导致的裂缝时，应注意观察裂缝宽度、长度随时间的发展情况，在观测的基础上认真分析原因、及时采取有效措施，以避免重大事故的发生。

6）其他防治措施

（1）墙体粉刷时，在钢筋混凝土和砌体交接处加设 250mm 宽的钢丝网，可以减少裂缝的产生。

（2）墙体转角处和纵横墙交接处宜沿竖向每隔 400～500mm 设拉结钢筋，其数量为每120mm 墙厚不少于 $1\phi6$ 或焊接钢筋网片，埋置长度从墙的转角或交接处算起，每边不小于 600mm。

（3）对灰砂砖、粉煤灰砖、混凝土砌块或其他非烧结砖，宜在各层门、窗过梁上方的水平缝内及窗台下第一和第二道水平灰缝内设置焊接钢筋网片或 $2\phi6$ 钢筋，焊接钢筋网片或钢筋应伸入两边窗间墙内不小于 600mm。

当灰砂砖、粉煤灰砖、混凝土砌块或其他非烧结砖实体墙长大于 5m 时，宜在每层墙高度中部设置 2～3 道焊接钢筋网片或 $3\phi6$ 的通常水平钢筋，竖向间距宜为 500mm。

（4）为防止或减轻混凝土砌块房屋顶层两端和底层第一、第二开间门窗洞处裂缝，可采取以下措施。

① 在门窗洞口两侧不少于一个孔洞中设置不小于 $1\phi12$ 钢筋，钢筋应在楼层圈梁或基础锚固，并采用不低于 Cb20 灌孔混凝土灌实。

② 在门窗洞口两边的墙体的水平灰缝中，设置程度不小于 900mm、竖向间距为400mm 的 $2\phi4$ 焊接钢筋网片。

③ 在顶层和底层设置通长钢筋混凝土窗台梁，窗台梁的高度宜为块高的模数，纵筋不少于 $4\phi10$、箍筋 $\phi6@200$、Cb20 混凝土。

（5）当房屋刚度较大时，可在窗台下或窗台角处墙体内设置竖向控制缝。在墙体高度或厚度突然变化处也宜设置竖向控制缝或采取其他可靠的防裂措施。竖向控制缝的构造和嵌缝材料应能满足墙体平面外传力和防护要求。

（6）灰砂砖、粉煤灰砖砌体宜采用粘结性好的砂浆砌筑，混凝土砌块砌体应采用砌块专用砂浆砌筑。

（7）对防裂要求较高的墙体，可根据情况采取专门措施。

（8）夹心复合墙的外叶墙宜在建筑墙体适当部位设置控制缝，其间距宜取 6～8m。控制缝应采用硅酮胶或其他密封胶嵌缝，控制缝的构造和嵌缝材料应满足墙体平面外传力及伸缩变形和防护的要求。

本 章 小 结

本章主要讲述了以下几个方面的内容。

（1）砌体材料的强度等级与房屋的耐久性有关，五层及五层以上房屋的墙以及受振动或层高大于 6m 的墙、柱所采用材料的最低强度等级，应符合有关规范的要求。

（2）墙、柱的截面尺寸过小会造成构件稳定性差和局部缺陷而影响构件的承载力，所以对于承重的独立砖柱截面尺寸不应小于 240mm×370mm；毛石墙的厚度不宜小于 350mm；毛料石柱较小边长不宜小于 400mm。当存在振动荷载时，墙、柱不宜采用毛石砌体。

（3）墙、柱中设混凝土垫块和壁柱的构造要求要符合砌体结构设计规范的有关规定。

（4）砌块砌体的构造要求要符合砌体结构设计规范的有关规定。

（5）砌体中留槽洞及埋设管道时的构造要求要符合砌体结构设计规范的有关规定。

（6）夹心墙是一种具有承重、保温和装饰等多种功能的墙体，一般在北方寒冷地区房屋的外墙使用。它由两片独立的墙体组合在一起，分为内叶墙和外叶墙，中间夹层为高效保温材料。内叶墙通常用于承重，外叶墙用于装饰等作用，内外叶墙之间采用金属拉结件拉结。墙体的材料、拉结件的布置和拉结件的防腐等必须保证墙体在不同受力情况下的安全性和耐久性。《砌体结构设计规范》（GB 50003—2011)规定必须符合构造要求。

（7）墙、柱稳定性的一般构造要求要符合砌体结构设计规范的有关规定。

（8）多层砌体房屋抗震的一般构造要求，要符合砌体结构设计规范的有关规定。

（9）在砌体结构房屋中，一般由屋盖、楼盖、内外承重纵墙、承重横墙和基础构成承重体系。按结构的承重体系和荷载的传递路线，房屋的结构布置方案可以分为以下4种类型：纵墙承重方案、横墙承重方案、纵横墙承重方案和内框架承重方案。

（10）为了增强房屋的整体性和空间刚度，防止由于地基不均匀沉降或较大振动作用等对房屋产生的不利影响，可在墙中设置现浇的钢筋混凝土圈梁，其中以设置在基础顶面部位和檐口部位的圈梁对抵抗不均匀沉降作用最为有效。

（11）影响墙体质量的因素有墙体施工方因素的影响，砌块、砖、砂浆本身强度的影响，设计因素的影响等。

（12）砌体结构裂缝的形式有正八字形裂缝、倒八字形裂缝、垂直裂缝、水平裂缝、交叉裂缝和树杈形裂缝。产生裂缝的原因有地基不均匀沉降、外界温度变化和砌体干缩变形、地基土的冻胀、荷载作用、地震作用等。

（13）砌体结构出现裂缝是非常普遍的质量事故之一。砌体轻微细小的裂缝影响外观和使用功能，严重的裂缝影响砌体的承载力甚至引起倒塌。在很多情况下裂缝的发生与发展往往是大事故的先兆，对此必须认真分析、妥善处理。防止裂缝出现的方法主要有两种：①在砌体产生裂缝可能性最大的部位设缝，使此处应力得以释放；②加强该处的强度、刚度以抵抗附加应力。具体做法要符合有关规范的有关规定。

思 考 题

1. 砌体结构的一般构造要求有哪些？
2. 多层砌房屋的墙体裂缝有哪几种？
3. 防止基础不均匀沉降引起的墙体裂缝有哪些主要措施？
4. 防止收缩和温差引起的墙体裂缝有哪些主要措施？
5. 防止地震作用引起的墙体裂缝有哪些主要措施？
6. 防止冻胀作用引起的墙体裂缝有哪些主要措施？

7. 论述墙体的构造要求在墙体设计中的重要性。

8. 圈梁有什么作用？简述圈梁的设置原则。

9. 构造柱有什么作用？简述构造柱的设置原则。

10. 圈梁的构造要求有哪些？

11. 构造柱的构造要求有哪些？

12. 引起正八字形裂缝的原因有哪些？

13. 引起倒八字形裂缝的原因有哪些？

14. 引起垂直裂缝的原因有哪些？

15. 引起水平裂缝的原因有哪些？

第7章
课程设计

本章提供了一份砌体结构课程设计任务书和指导书。通过本章的实际工程训练，应达到以下目标：

(1) 了解砌体结构设计的主要过程；

(2) 掌握砌体结构计算方法和设计构造；

(3) 能够正确绘制砌体结构施工图；

(4) 正确、熟练运用结构设计规范解决实际工程问题。

7.1 砌体结构课程设计任务书

7.1.1 课程设计应达到的目的

课程设计应达到的目的有：了解砌体结构设计的主要过程；锻炼砌体结构的计算、设计构造处理、绘制结构施工图的能力；加深对所学理论课程的理解和巩固；培养正确、熟练运用结构设计规范、手册、各种标准图集及参考书的能力；通过实际工程训练，建立结构设计、施工、经济全面协调统一的思想；通过课程设计，进一步建立建筑工程师的责任意识。

7.1.2 课程设计题目及要求

1. 设计题目：某中学教学楼结构设计

2. 设计资料

（1）结构形式：本工程采用混合结构。

（2）建造地点：江苏省南京市某中学院内。

（3）水文地质条件：经工程地质勘察，拟建场地地形平坦，地质情况如附表1所示。

（4）南京市抗震设防烈度为7度，设计基本地震加速度值为0.1g。

3. 要求

（1）每位同学应根据附表8选出自己的设计题目代号，从代号中查找自己所做题目的具体数据。

（2）相关荷载的查阅应参考《建筑结构荷载规范》（GB 50009—2012）。

（3）制图要求应参考《建筑结构制图标准》（GB/T 50105—2010）。

（4）构造要求应参考《建筑构造标准图及通用图集》。

（5）抗震设计应参考《建筑抗震设计规范》（GB 50011—2010）。

（6）基础设计应参考《建筑地基基础设计规范》（GB 50007—2011）。

7.1.3 课程设计任务及工作量要求（包括课程设计计算说明书、图纸等要求）

1. 设计任务

（1）结构布置方案选择。

（2）结构计算。

（3）抗震验算。

（4）楼梯设计。

（5）雨篷设计。

(6) 绘结构施工图。

2. 工作量的要求

(1) 结构布置方案选择的要求：确定墙体的承重方案，确定梁、板的布置及编号。

(2) 结构计算的要求：板的计算、梁的计算、墙体计算。

(3) 抗震验算的要求：确定抗震验算的计算简图、建筑总重量的计算、地震荷载的计算、地震作用对横向墙体强度验算。

(4) 楼梯设计的要求：楼梯梯段板的计算、平台板的计算、平台梁的计算。

(5) 雨篷设计的要求：雨篷板的抗弯设计、雨篷梁的设计、雨篷整体的抗倾覆计算。

上述 5 项计算要求书写规范、工整、清晰，内容完整，并附必要的计算简图与简要说明。

(6) 绘结构施工图的要求：标准层结构平面布置图，圈梁平面布置图，板、梁配筋图，雨篷配筋图，楼梯配筋图一张。

图纸要求严格按现行制图标准执行，要求用铅笔绘制在白纸上，图面布置匀称、线条清晰、字体规范化，图面整洁、干净。

7.1.4 主要参考文献

[1] 何培玲，尹维新. 砌体结构 [M]. 北京：北京大学出版社，2006.

[2] 中华人民共和国国家标准. 建筑结构荷载规范(GB 50009—2012) [S]. 北京：中国建筑工业出版社，2006.

[3] 中华人民共和国国家标准. 混凝土结构设计规范(GB 50010—2010) [S]. 北京：中国建筑工业出版社，2002.

[4] 中华人民共和国国家标准. 房屋建筑制图统一标准(GB/T 50001—2010) [S]. 北京：中国建筑工业出版社，2001.

[5] 中华人民共和国国家标准. 建筑结构制图标准(GB/T 50105—2010) [S]. 北京：中国建筑工业出版社，2001.

[6] 中华人民共和国国家标准. 建筑地基基础设计规范(GB 50007—2010) [S]. 北京：中国建筑工业出版社，2002.

[7] 中华人民共和国国家标准. 建筑抗震设计规范(GB 50011—2010) [S]. 北京：中国建筑工业出版社，2001.

7.1.5 课程设计进度安排

课程设计安排两周时间，每周进度安排如下。

(1) 第一周。

周一：结构方案选择。

周二～周四：结构计算、抗震验算。

周五：楼梯设计、雨篷设计。

(2) 第二周。

周一～周三：绘制施工图，完成设计计算书。

周四：签图并对错误处进行修改。

周五：课程设计答辩(要求携带图纸和计算书)。

7.1.6 成绩考核办法

计算书占40%，施工图占30%，平时成绩(考勤、设计进度情况等)占10%，答辩成绩占20%(不安排设计中期答辩)。按优秀、良好、中等、及格和不及格5级计分。

附表1 地质情况

杂填土	0.5m
粉质粘土 $f_{ak}=185kPa$	6m
粗砂 $f_{ak}=250kPa$	4m

注：地下水位为8.5m，冰冻深度为1.0m。

附图1～附图5为某教学楼建筑设计施工图，图中开间$L1$、进深$L2$、建筑层高H、建筑窗洞尺寸$b×h$、建筑楼面做法及建筑屋面做法见附表2～附表7，附表8为学生选题组号，即：附表2为开间$L1$分组号；附表3为进深$L2$分组号；附表4为建筑层高H分组号；附表5为建筑窗洞尺寸$b×h$分组号；附表6为建筑楼面做法分组号；附表7为建筑屋面做法分组号；附表8为学生选题组号，每个学生题目为6位数。

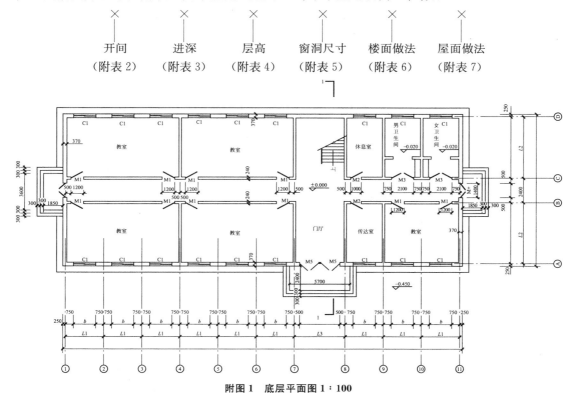

附图1 底层平面图 1:100

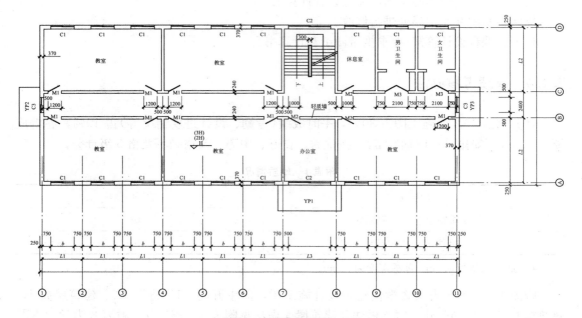

附图 2 标准层平面图 1∶100

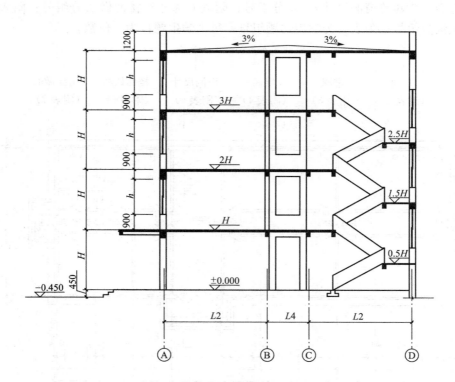

附图 3 1−1 剖面图 1∶100

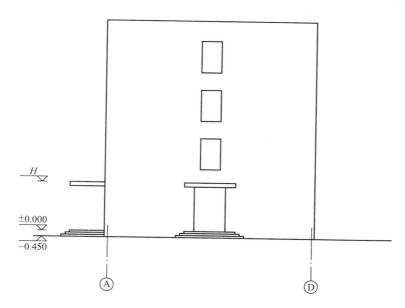

附图4 Ⓐ～Ⓓ立面图 1：100

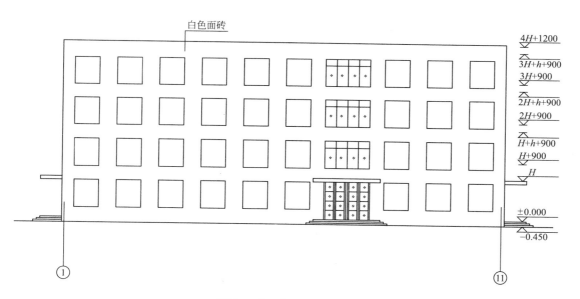

附图5 ①～⑪立面图 1：100

<table>
<tr><td colspan="3">附表2　教学楼教室开间 L1 分组号</td></tr>
</table>

组号	一般开间	最大开间
1	3600	4800
2	3300	4500
3	3000	4200

<table>
<tr><td colspan="2">附表3　教学楼教室进深 L2 分组号</td></tr>
</table>

组号	进深
1	5100
2	5400
3	5700

附表4　建筑层高 *H* 分组号

组号	层高/m
1	3600
2	3300
3	3000

附表5　建筑窗洞尺寸 *b*×*h* 分组号

组号	窗洞尺寸 *b*×*h*
1	2100×2400
2	1800×2100
3	1500×1800

附表6　建筑楼面做法分组号

组号	做法
1	水泥地面
2	现制水磨石地面
3	地板砖地面

附表7　建筑屋面做法分组号

组号	做法
1	水泥蛭石
2	水泥珍珠岩
3	挤塑型聚苯乙烯板

附表8　学生选题组号

学号	1	2	3	4	5	6	7	8
题号	111111	211111	311111	121111	131111	112211	113311	111121
学号	9	10	11	12	13	14	15	16
题号	111112	122222	222222	322222	212222	232222	221122	223322
学号	17	18	19	20	21	22	23	24
题号	222212	222221	133311	233311	333311	313311	323311	331111
学号	25	26	27	28	29	30	31	32
题号	332211	133322	233322	333322	313322	323322	331122	332222
学号	33	34	35	36	37	38	39	40
题号	133312	233312	333312	113312	213312	313312	131112	231112

7.2 砌体结构课程设计指导书

7.2.1　课程设计进度安排

本课程设计的目的是运用已学课程的理论知识解决和处理一般性民用建筑的结构设计技术问题；熟悉一般民用建筑的设计程序和国家制定的《规范》内容、技术政策；培养对各种错综复杂因素的综合分析能力和综合考虑材料、施工经济、构造细节等方面的能力；受到设计工作能力、数字计算、编写整理设计计算书、绘制施工图纸等基本技能的训练。

7.2.2 设计程序

一幢建筑物一般包括建筑设计、结构设计和设备设计 3 个阶段，用框图概括如图 7.1 所示。

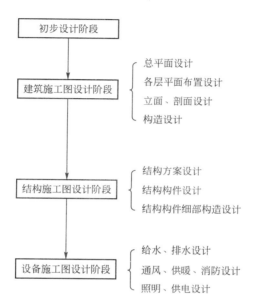

图 7.1 设计程序框图

7.2.3 结构施工图设计

（1）结构方案的确定。根据建筑功能、施工技术力量以及结构材料供应情况等条件，确定主体结构体系，楼盖、屋盖的结构类型，基础埋深和基础类型以及其他构件的形式，尽量做到结构体系受力明确、构件少。

（2）根据已确定的结构体系（方案），初选各部构件的截面尺寸、确定材料强度等级、进行荷载统计。

（3）对各部构件进行结构计算：①确定构件的计算模型；②荷载分析、内力分析；③承载力计算（截面设计）；④构造设计。

（4）绘制结构施工图。结构施工图包括结构布置图，基础图和全部结构构件图。

① 基础图：基础图包括基础平面布置和基础大样图。平面布置图中反映出各类基础的大小、位置、地沟、基础留洞；基础大样图反映基础类型、材料、构造做法、基础与上部结构以及与土质的关系和地基处理情况，并附必要的说明。

② 结构平面图：应反映上部结构构件的布置情况，包括墙柱、层间梁、楼梯、板、圈梁、过梁、挑檐、雨篷、位置以及各构件间的关系。

③ 结构构件图：对于不同的结构构件，按结构计算结果绘制出结构构件的模板图（必要时）和结构构件的配筋图，并附必要的说明。

7.2.4 设计中注意的问题

根据建筑设计工作图提供的平、立、剖面图，确定结构布置方案和结构计算。

（1）板：板采用现浇钢筋混凝土板，根据各区格板块边长比值及边界条件确定单向或双向板，计算出所需配筋，要注意当板顶标高不同时现浇板的结点处理、现浇板的构造筋与合理布置。

（2）房间较大时，设钢筋混凝土梁，梁下设垫块，并验算垫块下砌体局部承压承载能力。梁一般可按简支构件设计，要注意现浇梁与圈梁的搭接。

（3）楼梯：楼梯采用板式楼梯。因层高不同，可能出现折板式梯段，配筋时注意折角处加强与钢筋走向和钢筋锚固。

（4）构造柱与圈梁的布置：按国家《建筑抗震设计规范》和拟建建筑物所在地区的抗震设防烈度，确定圈梁和构造柱的设置。构造柱与墙体、构造柱与圈梁、墙体与墙体连接、构造柱配筋、箍筋加密圈梁加固大样等需反映出来。

（5）女儿墙设计时注意要设置构造柱压顶梁，以防止出屋面墙体在地震时破坏。

（6）本设计中一层结构的门厅部位是难点，注意按抗震规范，应层层设梁，可以考虑梁上墙体采用轻质墙。

（7）注意处理好建筑标高与结构标高关系，使建筑与结构交圈，结构构件之间标高吻合，特别是卫生间的板顶标高，楼梯的结构标高，圈梁、过梁的标高等。

（8）本工程所用材料由设计者选用，建议采用烧结多孔砖、混合砂浆。因楼层不是太高，可以考虑从上到下不改变材料强度等级。

（9）图纸说明部分：凡图上不易表示而又必须反映的内容或特殊要求的问题，均需用文字说明。

（10）构件计算中注意的问题：①要首先确定各部位的工程做法，如屋面、楼面、卫生间、楼梯、墙体、雨篷等；②设计中要注意搞清荷载的传递路线；③在结构构件设计中，要准确地确定结构的计算简图，在计算书中，每一个构件都必须有计算简图和内力图；④在设计中要学会利用和执行现行的有关国家设计规范，要注意处理好构造要求问题。

本 章 小 结

本章提供了一份砌体结构课程设计任务书和指导书，目的在于培养学生运用已学课程的理论知识解决和处理砌体结构民用建筑的结构设计技术问题能力；锻炼学生砌体结构的计算、设计构造处理、绘制结构施工图的能力；加深对所学理论课程的理解和巩固；培养学生正确、熟练运用结构设计规范、手册、各种标准图集及参考书的能力。通过实际工程训练，希望学生建立结构设计、施工、经济全面协调统一的思想，进一步建立建筑工程师的责任意识。

参 考 文 献

[1] 中华人民共和国国家标准. 建筑结构可靠度设计统一标准（GB 50068—2001）［S］. 北京：中国建筑工业出版社，2001.

[2] 中华人民共和国国家标准. 建筑结构荷载规范（GB 50009—2012）［S］. 北京：中国建筑工业出版社，2012.

[3] 中华人民共和国国家标准. 砌体结构设计规范（GB 50003—2011）［S］. 北京：中国建筑工业出版社，2011.

[4] 中华人民共和国国家标准. 建筑抗震设计规范（GB 50011—2010）［S］. 北京：中国建筑工业出版社，2010.

[5] 中华人民共和国国家标准. 混凝土结构设计规范（GB 50010—2010）［S］. 北京：中国建筑工业出版社，2010.

[6] 中华人民共和国国家标准. 砖石结构设计规范（GBJ 3—73）［S］. 北京：中国建筑工业出版社，1973.

[7] 中华人民共和国国家标准. 砌体结构设计规范（GB 50003—2001）［S］. 北京：中国建筑工业出版社，2001.

[8] 赵明华. 土力学与地基基础［M］. 2版. 武汉：武汉理工大学出版社，2000.

[9] 丁大钧. 砌体结构［M］. 北京：中国建筑工业出版社，2004.

[10] 罗福午，方鄂华，叶知满. 混凝土结构及砌体结构下册［M］. 2版. 北京：中国建筑工业出版社社，2003.

[11] 王振东. 混凝土及砌体结构（下册）［M］. 2版. 北京：中国建筑工业出版社，2003.

[12] 罗福午. 土木工程(专业)概论［M］. 2版. 武汉：武汉理工大学出版社，2001.

[13] 许淑芳，熊仲明. 砌体结构［M］. 北京：科学出版社，2004.

[14] 唐岱新. 砌体结构设计规范理解与应用［M］. 北京：中国建筑工业出版社，2002.

[15] 东南大学，郑州工学院. 砌体结构［M］. 2版. 北京：中国建筑工业出版社，1995.

[16] 中国工程建筑标准化协会砌体结构委员会. 现代砌体结构［M］. 北京：中国建筑工业出版社，2000.

[17] 苏小卒. 砌体结构设计［M］. 上海：同济大学出版社，2002.

[18] 龚绍熙，吴承霞. 框支墙梁在均布荷载作用下承载力的试验研究与塑性分析［J］. 建筑结构，1997.

[19] 张建勋. 砌体结构［M］. 2版. 武汉：武汉理工大学出版社，2002.

北京大学出版社土木建筑系列教材(已出版)

序号	书名	主编	定价	序号	书名	主编	定价
1	建筑设备(第2版)	刘源全 张国军	46.00	59	土力学	高向阳	32.00
2	土木工程测量(第2版)	陈久强 刘文生	40.00	60	建筑表现技法	冯 柯	42.00
3	土木工程材料(第2版)	柯国军	45.00	61	工程招投标与合同管理	吴 芳 冯宁	39.00
4	土木工程计算机绘图	袁 果 张渝生	28.00	62	工程施工组织	周国恩	28.00
5	工程地质(第2版)	何培玲 张 婷	26.00	63	建筑力学	邹建奇	34.00
6	建设工程监理概论(第2版)	巩天真 张泽平	30.00	64	土力学学习指导与考题精解	高向阳	26.00
7	工程经济学(第2版)	冯为民 付晓灵	42.00	65	建筑概论	钱 坤	28.00
8	工程项目管理(第2版)	仲景冰 王红兵	45.00	66	岩石力学	高 玮	35.00
9	工程造价管理	车春鹏 杜春艳	24.00	67	交通工程学	李 杰 王 富	39.00
10	工程招标投标管理(第2版)	刘昌明	30.00	68	房地产策划	王直民	42.00
11	工程合同管理	方 俊 胡向真	23.00	69	中国传统建筑构造	李合群	35.00
12	建筑工程施工组织与管理(第2版)	余群舟 宋会莲	31.00	70	房地产开发	石海均 王 宏	34.00
13	建设法规(第2版)	肖 铭 潘安平	32.00	71	室内设计原理	冯 柯	28.00
14	建设项目评估	王 华	35.00	72	建筑结构优化及应用	朱杰江	30.00
15	工程量清单的编制与投标报价	刘富勤 陈德方	25.00	73	高层与大跨建筑结构施工	王绍君	45.00
16	土木工程概预算与投标报价(第2版)	刘 薇 叶 良	37.00	74	工程造价管理	周国恩	42.00
17	室内装饰工程预算	陈祖建	30.00	75	土建工程制图	张黎骅	29.00
18	力学与结构	徐吉恩 唐小弟	42.00	76	土建工程制图习题集	张黎骅	26.00
19	理论力学(第2版)	张俊彦 赵荣国	40.00	77	材料力学	章宝华	36.00
20	材料力学	金康宁 谢群丹	27.00	78	土力学教程	孟祥波	30.00
21	结构力学简明教程	张系斌	20.00	79	土力学	曹卫平	34.00
22	流体力学	刘建军 章宝华	20.00	80	土木工程项目管理	郑文新	41.00
23	弹性力学	薛 强	22.00	81	工程力学	王明斌 庞永平	37.00
24	工程力学	罗迎社 喻小明	30.00	82	建筑工程造价	郑文新	38.00
25	土力学	肖仁成 俞 晓	18.00	83	土力学(中英双语)	郎煜华	38.00
26	基础工程	王协群 章宝华	32.00	84	土木建筑CAD实用教程	王文达	30.00
27	有限单元法(第2版)	丁 科 殷水平	30.00	85	工程管理概论	郑文新 李献涛	26.00
28	土木工程施工	邓寿昌 李晓目	42.00	86	景观设计	陈玲玲	49.00
29	房屋建筑学(第2版)	聂洪达 郄恩田	48.00	87	色彩景观基础教程	阮正仪	42.00
30	混凝土结构设计原理	许成祥 何培玲	28.00	88	工程力学	杨云芳	42.00
31	混凝土结构设计	彭 刚 蔡江勇	28.00	89	工程设计软件应用	孙香红	39.00
32	钢结构设计原理	石建军 姜 袁	32.00	90	城市轨道交通工程建设风险与保险	吴宏建 刘宽亮	75.00
33	结构抗震设计	马成松 苏 原	25.00	91	混凝土结构设计原理	熊丹安	32.00
34	高层建筑施工	张厚先 陈德方	32.00	92	城市详细规划原理与设计方法	姜 云	36.00
35	高层建筑结构设计	张仲先 王海波	23.00	93	工程经济学	都沁军	42.00
36	工程事故分析与工程安全(第2版)	谢征勋 罗 章	38.00	94	结构力学	边亚东	42.00
37	砌体结构(第2版)	何培玲 尹维新	26.00	95	房地产估价	沈良峰	45.00
38	荷载与结构设计方法(第2版)	许成祥 何培玲	30.00	96	土木工程结构试验	叶成杰	39.00
39	工程结构检测	周 详 刘益虹	20.00	97	土木工程概论	邓友生	34.00
40	土木工程课程设计指南	许 明 孟苗超	25.00	98	工程项目管理	邓铁军 杨亚频	48.00
41	桥梁工程(第2版)	周先雁 王解军	37.00	99	误差理论与测量平差基础	胡圣武 肖本林	37.00
42	房屋建筑学(上:民用建筑)	钱 坤 王若竹	32.00	100	房地产估价理论与实务	李 龙	36.00
43	房屋建筑学(下:工业建筑)	钱 坤 吴 歌	26.00	101	混凝土结构设计	熊丹安	37.00
44	工程管理专业英语	王竹芳	24.00	102	钢结构设计原理	胡习兵	30.00
45	建筑结构CAD教程	崔钦淑	36.00	103	土木工程材料	赵志曼	39.00
46	建设工程招投标与合同管理实务	崔东红	25.00	104	工程项目投资控制	曲 娜 陈顺良	32.00
47	工程地质	倪宏革 时向东	25.00	105	建设项目评估	黄明知 尚华艳	38.00
48	工程经济学	张厚钧	36.00	106	结构力学实用教程	常伏德	47.00
49	工程财务管理	张学英	38.00	107	道路勘测设计	刘文生	43.00
50	土木工程施工	石海均 马 哲	40.00	108	大跨桥梁	王解军 周先雁	30.00
51	土木工程制图	张会平	34.00	109	工程爆破	段宝福	42.00
52	土木工程制图习题集	张会平	22.00	110	地基处理	刘起霞	45.00
53	土木工程材料	王春阳 裴 锐	40.00	111	水分析化学	宋吉娜	42.00
54	结构抗震设计	祝英杰	30.00	112	基础工程	曹 云	43.00
55	土木工程专业英语	霍俊芳 姜丽云	35.00	113	建筑结构抗震分析与设计	裴星洙	35.00
56	混凝土结构设计原理	邵永健	40.00	114	建筑工程安全管理与技术	高向阳	40.00
57	土木工程计量与计价	王翠琴 李春燕	35.00	115	土木工程施工与管理	李华锋 徐 芸	65.00
58	房地产开发与管理	刘 薇	38.00				

电子书(PDF版)、电子课件和相关教学资源下载地址:http://www.pup6.com/ebook.htm,欢迎下载。

欢迎免费索取样书,请填写并通过E-mail提交教师调查表,下载地址:http://www.pup6.com/down/教师信息调查表excel版.xls,欢迎订购。

联系方式:010-62750667,donglu2004@163.com,linzhangbo@126.com,欢迎来电来信咨询。